A TEORIA PERFEITA

CB021752

PEDRO G. FERREIRA

A teoria perfeita
Uma biografia da relatividade

Tradução
Érico Assis

COMPANHIA DAS LETRAS

Copyright © 2014 by Pedro G. Ferreira

Grafia atualizada segundo o Acordo Ortográfico da Língua Portuguesa de 1990, que entrou em vigor no Brasil em 2009.

Título original
The Perfect Theory: A Century of Geniuses and the Battle over General Relativity

Capa
Elaine Ramos

Revisão técnica
Rogério Rosenfeld

Preparação
Alexandre Boide

Índice remissivo
Luciano Marchiori

Revisão
Valquíria Della Pozza
Angela das Neves

Dados Internacionais de Catalogação na Publicação (CIP)
(Câmara Brasileira do Livro, SP, Brasil)

Ferreira, Pedro G.
    A teoria perfeita : Uma biografia da relatividade / Pedro G.
Ferreira ; tradução Érico Assis. — 1ª ed. — São Paulo : Companhia
das Letras, 2017.

    Título original: The Perfect Theory : A Century of Geniuses
and the Battle over General Relativity.
    Bibliografia
    ISBN 978-85-359-2809-9

    1. Ciências – História 2. Einstein, Albert, 1879-1955 3. Física
– História 4. Físicos – Biografia 5. Relatividade geral (Física) –
História – Século 20 I. Título.

16-06906   CDD-530.11

Índice para catálogo sistemático:
1. Teoria da relatividade geral : Física   530.11

[2017]
Todos os direitos desta edição reservados à
EDITORA SCHWARCZ S.A.
Rua Bandeira Paulista, 702, cj. 32
04532-002 — São Paulo — SP
Telefone: (11) 3707-3500
Fax: (11) 3707-3501
www.companhiadasletras.com.br
www.blogdacompanhia.com.br
facebook.com/companhiadasletras
instagram.com/companhiadasletras
twitter.com/cialetras

Para Gisa, Bruno e Mia

Sumário

Prólogo 9

1. Se uma pessoa em queda livre... 19
2. A mais valiosa das descobertas 33
3. Matemática correta, física abominável 53
4. Estrelas em colapso 78
5. Totalmente abilolado 102
6. A era do rádio 125
7. Wheelerismos 144
8. Singularidades 167
9. Agruras da unificação 191
10. Enxergando a gravidade 210
11. O universo escuro 237
12. O fim do espaço-tempo 263
13. Uma extrapolação espetacular 283
14. Algo está para acontecer 300

Agradecimentos 317

Notas 319
Bibliografia 337
Índice remissivo 355

Prólogo[1]

Quando Arthur Eddington se pronunciou durante a reunião conjunta da Royal Society e da Royal Astronomical Society, em 6 de novembro de 1919, sua fala derrubou sem grande alarde o paradigma reinante da física gravitacional. Em seu tom solene e monótono, o astrônomo de Cambridge descreveu sua viagem à pequena e exuberante ilha de Príncipe, em São Tomé e Príncipe, na costa oeste da África, onde havia armado um telescópio e tirado fotos de um eclipse total do Sol, com atenção particular a um aglomerado de estrelas de luz fraca dispersas atrás do eclipse. Partindo de medidas das posições das estrelas, Eddington descobrira que a teoria da gravidade inventada pelo santo padroeiro da ciência britânica, Isaac Newton, aceita como verdade havia mais de dois séculos, estava errada. Em seu lugar, afirmava ele, deveria valer uma nova teoria proposta por Albert Einstein, essa sim correta, conhecida como "teoria da relatividade geral".

À época, a teoria de Einstein já era conhecida tanto pelo potencial para explicar o universo como pela incrível complexidade. Após a cerimônia, enquanto plateia e palestrantes se preparavam para encarar a noite londrina, um físico polonês chamado Ludwik Silberstein caminhou timidamente até Eddington. Silberstein já havia escrito um livro sobre a teoria de Einstein e acompanhara a apresentação daquela noite com muito interesse. Ele declarou: "Professor Eddington, o senhor deve ser uma das três únicas pessoas no mundo que conseguem compreender a relatividade geral". Como Eddington demorou a responder, ele acrescentou: "Deixe de modéstia, Eddington".

Eddington encarou-o e disse: "Pelo contrário, estou tentando imaginar quem seria a terceira pessoa".

À época em que descobri a teoria da relatividade geral de Einstein, a contagem de Silberstein provavelmente devia estar ajustada para mais, mas não muito mais. Foi no início dos anos 1980, quando vi Carl Sagan no programa de TV *Cosmos* falando que tempo e espaço podiam encolher ou esticar. Imediatamente pedi a meu pai para explicar a teoria. Ele só conseguiu me dizer que era uma teoria muito, muito difícil. "Praticamente ninguém entende de relatividade geral", ele contou. Eu não me deixei dissuadir. Havia algo de muito atraente naquela teoria bizarra, com suas matrizes distorcidas em que o espaço-tempo envolvia despenhadeiros profundos e desolados do mais absoluto nada. Eu via a relatividade geral em funcionamento nos velhos episódios de *Jornada nas Estrelas*, quando a Enterprise viajava no tempo ao encontrar uma "estrela negra", ou quando James T. Kirk se debatia entre as dimensões do espaço-tempo. Seria mesmo tão difícil assim entender?

Alguns anos depois entrei na universidade, em Lisboa, onde estudei engenharia dentro de um monólito de pedra, ferro e vidro, exemplo perfeito da arquitetura fascista do regime salazarista. A ambientação era adequada às aulas infindáveis, em que nos ensinavam aquilo que era considerado útil: como construir computadores, pontes e máquinas. Alguns de nós conseguíamos fugir da vida maçante lendo sobre física moderna em nosso tempo livre. Todos queríamos ser Albert Einstein. As ideias dele apareciam uma vez ou outra em nossas aulas. Aprendemos que a energia está relacionada à massa e que a luz é constituída por partículas. Quando chegou a hora de estudar ondas eletromagnéticas, fomos apresentados à teoria einsteiniana da relatividade especial. Ele a concebera em 1905, com apenas 26 anos, não muito mais velho que nós. Um dos nossos professores mais esclarecidos recomendou que lêssemos os artigos originais de Einstein. Eram pequenas joias em termos de concisão e clareza, em comparação com exercícios tediosos que nos passavam. Mas a relatividade geral, a grandiosa teoria einsteiniana do espaço-tempo, estava fora do cardápio.

Em algum momento decidi que ia aprender relatividade geral. Esquadrinhei a biblioteca da universidade e encontrei uma coleção impressionante de monografias e cartilhas de alguns dos grandes físicos e matemáticos do século xx. Lá estavam Arthur Eddington, o astrônomo real de Cambridge; Herman Weyl, o geômetra de Gottingen; Erwin Schrödinger e Wolfgang Pauli, dois dos pais da física quântica — cada um com sua versão de como ensinar a teoria de Einstein. Um dos tomos parecia uma lista telefônica grande e preta, com mais de mil páginas de floreios e comentários de um trio de relativistas de Princeton. Outro, escrito pelo físico quântico Paul Dirac, mal chegava a magras setenta páginas. Achei que havia adentrado em um universo totalmente novo, habitado por personagens fascinantes.

Entender aquelas ideias não era fácil. Tive que aprender sozinho a pensar de uma maneira totalmente nova para mim, apoiando-me no que de início parecia geometria ardilosa e matemática obscura. Para decodificar a teoria de Einstein, era preciso dominar um idioma matemático estrangeiro. Mal sabia eu que o próprio Einstein fizera o mesmo para tentar entender sua própria teoria. Assim que entendi o vocabulário e a gramática, fiquei estarrecido com tudo a que a teoria me dava acesso. E assim começou um caso de amor vitalício com a relatividade geral.

Parece o maior dos exageros, mas não consigo resistir: a gratificação em domar a teoria da relatividade geral de Albert Einstein é nada menos que a chave para entender a história do universo, a origem do tempo e a evolução de todas as estrelas e galáxias no cosmos. A relatividade geral pode nos dizer o que existe nos confins mais distantes do universo e explicar como o conhecimento afeta nossa existência aqui e agora. A teoria de Einstein também lança luz sobre as menores escalas da existência, nas quais as partículas de maior energia podem vir a existir do nada. Pode explicar como a trama da realidade, do espaço e do tempo emerge para se tornar a espinha dorsal da natureza.

O que aprendi naqueles meses de estudo intenso foi que a relatividade geral dá vida ao tempo e ao espaço. O espaço deixa de ser apenas um lugar onde existem coisas, assim como o tempo não é só um relógio que controla o horário de cada coisa. De acordo com Einstein, espaço e tempo estão entrelaçados em uma dança cósmica porque reagem a cada pedacinho imaginável do todo, desde partículas até galáxias, urdindo-se em padrões complexos que podem levar aos efeitos mais bizarros. E, desde o instante em que ele a propôs, sua teoria tem sido usada para explorar o mundo natural e revelar o universo como um local dinâmico, que se expande a uma velocidade acachapante, tomado de buracos negros, furos aniquiladores no espaço e no tempo e grandes ondas de energia, cada uma portando quase tanta energia quanto uma galáxia inteira. A relatividade geral permitiu-nos chegar mais longe do que algum dia imaginamos.

Outra coisa me marcou quando aprendi relatividade geral. Embora Einstein tenha levado pouco menos de uma década para desenvolver a ideia, desde então ela segue imutável. Há um século é considerada por muitos a teoria perfeita, uma fonte de admiração profunda a quem tem o privilégio de se deparar com ela. A relatividade geral se tornou icônica por sua resiliência, por ser uma peça central do pensamento moderno e um colosso das façanhas culturais nos moldes da Capela Sistina, das suítes para violoncelo de Bach ou de um filme de Antonioni. A relatividade geral pode ser sintetizada sucintamente em um conjunto de equações e regras fáceis de resumir e de anotar. E elas não são apenas lindas — também dizem muito sobre o mundo real. Já foram utilizadas para fazer previsões sobre o universo que se provaram via observação, e acredita-se firmemente que no fundo da relatividade geral estão enterrados mais segredos profundos sobre o universo que ainda precisam vir à tona. O que mais eu poderia querer?

Durante quase 25 anos, a relatividade geral tem sido parte da minha vida cotidiana. Está no cerne de boa parte das minhas pesquisas e sustenta muito do que eu e meus colaboradores tentamos entender. Minha primeira experiência com a teoria de Einstein está longe de ser única; já conheci gente do mundo inteiro fisgada por essa teoria, que dedicou a vida a desvendar seus segredos. E estou falando realmente do mundo inteiro. De Kinshasa a Cracóvia, e de Canterbury a Santiago, sempre recebo artigos científicos nos quais os autores tentam encontrar soluções novas ou mesmo possíveis modificações na relatividade geral. Pode ser difícil entender a teoria de Einstein, mas ela ainda é democrática; de sua própria dificuldade e austeridade se depreende que ainda há muito a fazer antes que todas as suas implicações sejam expostas. Há oportunidades para qualquer pessoa com caneta, papel e vigor.

Muitas vezes ouvi orientadores de doutorado dizerem aos alunos para não trabalhar com a relatividade geral, por medo de que isso os torne inempregáveis. Para muitos, é uma teoria hermética demais. Dedicar a vida à relatividade geral sem dúvida é algo que se faz por paixão, uma vocação que beira a irresponsabilidade. Mas, quando a pessoa é mordida por esse bicho, torna-se praticamente impossível deixar a relatividade para trás. Recentemente conheci um dos luminares dos modelos de mudanças climáticas — pioneiro na sua área, *fellow* da Royal Society, especialista em fazer previsões atmosféricas e climáticas em um campo de pesquisa que continua diabolicamente complicado. Ele não trabalhou a vida inteira nisso. Aliás, quando jovem, nos anos 1970, estudava a relatividade geral. Foi há quase quarenta anos, mas, quando nos conhecemos, ele me disse com um sorriso torto: "Na verdade, sou um relativista".

Tenho um amigo que abandonou o mundo acadêmico há um bom tempo, depois de trabalhar quase vinte anos com a teoria de Einstein. Hoje trabalha para uma empresa de softwares, criando e instalando mecanismos para armazenamento de enormes quantidades de dados. Passa a semana viajando mundo afora para configurar sistemas caríssimos e de alta complexidade em bancos, grandes empresas e entidades governamentais. Quando nos encontramos, contudo, ele sempre quer me perguntar da teoria de Einstein, ou compartilhar comigo suas últimas ideias sobre a relatividade geral. Ele não consegue largar o osso.

Uma das coisas que sempre me deixaram perplexo em relação à relatividade geral é que, apesar de existir há quase um século, a teoria continua rendendo resultados novos. Seria de esperar que, dado o calibre dos cientistas que se dedicaram a ela, a teoria estivesse esgotada há décadas. Por mais complexa que seja, não haveria um limite ao que ela pode nos dar? Buracos negros e o universo em expansão já não bastam? Mas, como sigo me debatendo com as ideias que saem da teoria de Einstein e encontrando muitas mentes brilhantes que trabalharam com ela, me ocorre que a história da relatividade geral é uma narrativa fascinante e magnífica, talvez tão complexa quanto a teoria em si. A chave para entender por que a teoria permanece tão viva é seguir as tribulações por que passou ao longo de seu século de existência.

Este livro é a biografia da relatividade geral. A ideia de Einstein a respeito de como tempo e espaço se unem ganhou vida própria e, ao longo do século xx, foi fonte de prazeres e desprazeres para mentes que têm lugar entre as mais brilhantes do mundo. A relatividade geral é uma teoria que constantemente lança surpresas, ideias mirabolantes sobre o mundo natural que mesmo Einstein tinha dificuldade em aceitar. Conforme foi passando de cabeça para cabeça, novas e inesperadas descobertas surgiram em situações das mais estranhas. Buracos negros foram concebidos pela primeira vez nos campos de batalha da Primeira Guerra Mundial e chegaram à maturidade nas mãos dos pioneiros das bombas atômicas — *tanto* a americana *como* a soviética. A expansão do universo foi proposta inicialmente por um padre belga e um matemático e meteorologista russo. Objetos astrofísicos novos e estranhos que tiveram papel crucial para fundar a relatividade geral foram descobertos por acaso. Jocelyn Bell descobriu estrelas de nêutrons nos charcos de Cambridge usando tela de arame amarrada a uma estrutura capenga de madeira e pregos.

A teoria da relatividade geral também esteve no cerne de algumas das maiores batalhas intelectuais do século xx. Foi alvo de perseguição na Alemanha de Hitler, caçada na Rússia de Stálin, e desprezada nos Estados Unidos dos anos 1950. Colocou alguns dos grandes nomes da física e da astronomia em uma disputa pela busca da teoria definitiva do universo. As contendas se deram em torno de o universo ter começado com uma explosão ou sempre ter sido eterno, além da estrutura fundamental do espaço e do tempo. A teoria também uniu comunidades distantes; em meio à Guerra Fria, cientistas soviéticos, britânicos e norte-americanos se juntaram para resolver o problema da origem dos buracos negros.

A história da relatividade geral não está restrita ao passado. Nos últimos dez anos, ficou aparente que, caso a relatividade geral esteja correta, a maior parte do universo é escura, preenchida por uma coisa que não apenas não emite luz, mas também não a reflete nem absorve. As provas observáveis são abundantes. Quase um terço do universo é constituído aparentemente por matéria escura, uma coisa pesada e invisível que se enxameia pelas galáxias como uma nuvem de abelhas raivosas. Os outros dois terços têm a forma de uma substância etérea, a energia escura, que tensiona o espaço. Apenas 4% do universo é composto das coisas com que temos familiaridade: átomos. Somos insignificantes. Isso *se* a teoria de Einstein estiver correta. É possível que estejamos chegando ao limite da relatividade geral e que a teoria de Einstein comece a fraquejar.

A teoria de Einstein também é essencial para a nova teoria fundamental da natureza, que tantas disputas acaloradas vem causando entre os físicos teóricos. A teoria das cordas, que tenta superar Newton e Einstein unificando *tudo que há na natureza*, depende de espaço-tempos complicados com propriedades geométricas estranhas em dimensões mais elevadas. Ainda mais hermética que a teoria de Einstein, é aclamada por alguns como teoria definitiva e ridicularizada por outros como ficção romântica, que nem mesmo merece ser chamada de ciência. Tal como um culto sectário, a teoria das cordas não existiria se não fosse a teoria da relatividade geral, porém é vista com ceticismo por muitos relativistas praticantes.

A matéria escura, a energia escura, os buracos negros e a teoria das cordas são todos crias da teoria de Einstein, e são predominantes na física e na astronomia. Dando palestras em universidades, vou a congressos ou participo de reuniões na Agência Espacial Europeia, responsável por alguns dos satélites científicos mais importantes do mundo, passei a perceber que estamos em meio a uma transformação monumental na física moderna. Temos jovens cientistas de talento examinando a relatividade geral com um conhecimento que se apoia em um século de gênios. Eles exploram a teoria de Einstein se valendo de uma potência computacional nunca antes vista, buscando teorias alternativas da gravidade que possam destronar a de Einstein, e procurando objetos exóticos no cosmos que poderiam confirmar ou refutar os princípios fundamentais da relatividade geral. Ao mesmo tempo, a comunidade científica em geral vê-se estimulada a construir máquinas colossais para enxergar o espaço à maior distância e com mais clareza do que nunca, satélites que partirão em busca das previsões mirabolantes que a relatividade geral aparentemente nos deixou de legado.

A história da relatividade geral é magnífica, abrangente e precisa ser contada. Afinal, já adentrados no século XXI, estamos nos deparando com muitas de suas grandes descobertas e perguntas sem respostas. Algo de realmente importante vai acontecer nos próximos anos, e precisamos entender de onde vem isso tudo. Desconfio que, se o século XX foi o século da física quântica, o XXI proporcionará um um terreno fértil para a teoria da relatividade geral de Einstein.

1. Se uma pessoa em queda livre...

Albert Einstein estava sob pressão no segundo semestre de 1907. Ele fora convidado a entregar a explanação definitiva de sua teoria da relatividade ao *Yearbook of Electronics and Radioactivity* [Anuário de Eletrônica e Radioatividade]. Não era pouca coisa resumir uma obra tão importante em prazo tão curto, especialmente porque era algo que ele só poderia fazer em seu tempo livre. Das oito da manhã às seis da tarde, de segunda-feira a sábado, Einstein trabalhava no Instituto Federal de Propriedade Intelectual em Berna, no recém-construído Prédio dos Correios e Telégrafos, onde revisava meticulosamente planos de engenhocas elétricas de última geração e avaliava se possuíam algum mérito. Seu chefe aconselhara: "Quando pegar um formulário, considere que tudo que o inventor afirmou está errado".[1] Ele seguia o conselho à risca. Na maior parte do dia, as anotações e os cálculos de suas teorias e descobertas tinham que ser relegados à segunda gaveta de sua escrivaninha, batizada de "gabinete de física teórica".

A explanação recapitularia a união triunfante que ele fizera da antiga mecânica de Galileu Galilei e Isaac Newton com as novidades no campo da eletricidade e do magnetismo de Michael Faraday e James Clerk Maxwell. Explicaria boa parte das estranhices que Einstein havia descoberto alguns anos antes, por exemplo, que um relógio andava mais devagar se estivesse em movimento, ou que objetos encolhiam quando em alta velocidade. Explicaria sua fórmula estranha e mágica, mostrando que a massa e a energia eram intercambiáveis, e que nada podia ser mais rápido que a velocidade da luz. Sua explanação do princípio da relatividade revelaria que quase toda a física deveria ser gerida por um novo conjunto de regras em comum.

Em 1905, ao longo de um período de poucos meses, Einstein escrevera uma sequência de artigos que já vinham transformando o estudo da física. Nesse surto de inspiração, ele afirmara que a luz se comporta como feixes de energia, tal como partículas de matérias. Também havia demonstrado que as trajetórias conturbadas e caóticas de pólen e poeira que adernam por um prato de água podiam advir do tumulto nas moléculas d'água, que quicam e vibram em contato umas com as outras. E havia encarado um problema que atormentava físicos fazia quase meio século: o fato de as leis da física parecerem se comportar de maneira distinta a depender do ponto de vista do observador. Ele reunira tudo em seu princípio da relatividade.

Todas essas descobertas já compunham uma façanha assombrosa, e Einstein as fizera enquanto trabalhava como analista técnico do instituto suíço de patentes em Berna, peneirando os avanços científicos e tecnológicos de sua época. Em 1907, ele ainda trabalhava lá, sem conseguir acesso ao fechado mundo acadêmico, que parecia se esquivar dele. Aliás, para alguém que havia acabado de reescrever as leis fundamentais da física, Einstein não tinha absolutamente nada de especial. Em seus estudos no Instituto Politécnico de Zurique, fora um aluno inexpressivo que matava as aulas que não lhe interessavam e hostilizava justamente aqueles que podiam fomentar seu gênio. Um de seus professores lhe disse: "Você é um garoto muito esperto... Mas tem um grande defeito: nunca deixa que lhe digam o que fazer".[2] Quando o orientador de Einstein não deixou que ele trabalhasse num tema de sua escolha, Einstein entregou um trabalho final requentado, o que reduziu sua nota a ponto de se tornar inapto ao cargo de assistente em todas as universidades na qual se inscreveu.

Desde sua formatura, em 1900, até conseguir o emprego no instituto de patentes, em 1902, a carreira de Einstein foi uma sequência de fracassos. Para agravar sua frustração, a tese de doutorado que entregara à Universidade de Zurique em 1901 foi recusada um ano depois. Nela, Einstein estava determinado a demolir algumas das propostas de Ludwig Boltzmann, um dos grandes físicos teóricos do final do século XIX. A demonstração de iconoclastia não caiu bem. Foi só em 1905, quando ele apresentou um de seus artigos revolucionários, "Sobre uma nova determinação das dimensões moleculares", que finalmente obteve seu doutorado. O diploma, descobriu o agora polido Einstein, "facilita consideravelmente as relações com as pessoas".[3]

Enquanto Einstein seguia um caminho tortuoso, seu amigo Marcel Grossmann escalava a passos rápidos os degraus da carreira acadêmica rumo ao posto de professor catedrático. Organizado, estudioso e amado por seus tutores, Grossmann salvara Einstein de sair dos trilhos, mantendo cadernos com anotações claras e minuciosas das aulas. Grossmann virou amigo muito próximo de Einstein e sua futura esposa, Mileva Marić, quando eram estudantes em Zurique, e os três se formaram no mesmo ano. Ao contrário de Einstein, a carreira de Grossman vinha progredindo sem sustos desde então. Ele fora nomeado assistente em Zurique, e, em 1902, conseguira seu doutorado. Depois de um curto período lecionando no ensino médio, Grossmann virou professor de geometria descritiva na Eidgenössische Technische Hochschule, conhecida como ETH, em Zurique. Einstein não conseguira ser indicado nem para professor de colégio. Foi só por meio da recomendação do pai de Grossmann a um conhecido, o diretor do instituto de patentes em Berna, que Einstein finalmente garantira o emprego de analista técnico.

O emprego de Einstein no instituto de patentes foi uma bênção. Depois de anos de instabilidade financeira e de dependência do pai para obter uma renda, ele enfim conseguiu se casar com Mileva e formar uma família em Berna. A monotonia relativa do escritório de patentes, com suas tarefas bem definidas e distração zero, parecia ser ambiente ideal para reflexões profundas. O trabalho designado a Einstein tomava apenas algumas horas por dia, o que lhe deixava tempo para se concentrar em seus quebra-cabeças. Sentado na mesinha de madeira com poucos livros e os artigos de seu "gabinete de física teórica", ele realizava experimentações mentais. Nesses experimentos (*gedankenexperimenten*, como os chamava em alemão), Einstein imaginava situações e construções nas quais extrapolava as leis físicas para descobrir o que poderiam causar no mundo real. Na falta de um laboratório de verdade, ele criava jogos cuidadosamente articulados em sua mente, encenando acontecimentos que eram analisados em detalhes. Com o resultado desses experimentos, Einstein usava seu respeitável conhecimento em matemática para pôr as ideias no papel, criando joias de lapidação requintada que mudariam os rumos da física.

Seus chefes no instituto de patentes estavam contentes com o trabalho de Einstein e o promoveram a analista técnico de segunda classe, mas continuaram indiferentes a sua crescente reputação nos meios acadêmicos. Einstein ainda tinha sua cota diária de patentes a analisar em 1907, quando o físico alemão Johaness Stark convidou-o a escrever sua explanação "Sobre o princípio da relatividade e suas implicações". Ele tinha dois meses para escrever, e foi durante esse período que Einstein percebeu que o princípio da relatividade estava incompleto. Seria necessária uma reformulação completa para que sua teoria fosse geral *de fato*.

O artigo no *Yearbook* seria um resumo do princípio da relatividade original de Einstein. O princípio afirma que as leis da física deveriam ser as mesmas em qualquer sistema de referencial inercial. A ideia principal por trás do princípio não era nova e circulava havia séculos.

As leis da física e da mecânica são regras para determinar como as coisas se mexem, ganham velocidade ou perdem velocidade quando sujeitas a forças. No século XVII, o físico e matemático inglês Isaac Newton expôs um conjunto de leis para tratar de como os objetos reagem a forças mecânicas. Suas leis do movimento explicam de forma consistente o que acontece quando duas bolas de bilhar se chocam, ou quando uma bala é disparada de um revólver, ou quando uma bola é jogada para cima.

Um sistema de referencial inercial é aquele que se movimenta a velocidade constante. Se você está lendo este livro em um local estacionário, como uma poltrona em sua sala ou uma mesa de um café, está num sistema inercial. Outro exemplo clássico é o do trem que corre pelos trilhos suavemente com as janelas fechadas. Se a pessoa está sentada lá dentro, assim que o trem adquire velocidade não há como saber se está em movimento. Em princípio, deveria ser impossível ver a diferença entre dois sistemas inerciais mesmo que um esteja em alta velocidade e o outro, em repouso. Se você fizer um experimento que mede as forças que agem sobre um objeto, deverá ter o mesmo resultado que em outro sistema inercial. As leis da física são idênticas, independentemente do sistema.

O século XIX trouxe um conjunto totalmente novo de leis que entrelaçou duas forças fundamentais: eletricidade e magnetismo. À primeira vista, eletricidade e magnetismo parecem dois fenômenos distintos. Vemos eletricidade nas luzes da nossa casa ou nos raios do céu, e o magnetismo em ímãs colados na nossa geladeira ou no polo Norte, que atrai a agulha da bússola. O físico escocês James Clerk Maxwell demonstrou que as duas forças podiam ser vistas como manifestações distintas de uma força subjacente, o eletromagnetismo, e a forma como eram percebidas dependeria da movimentação do observador. Uma pessoa sentada perto de um ímã sentiria magnetismo, mas não eletricidade. Por sua vez, uma pessoa que passasse correndo sentiria não só o magnetismo, mas também um pouquinho de eletricidade. Maxwell unificou as duas forças em uma que permanece equivalente qualquer que seja a posição ou a velocidade do observador.

Ao tentar combinar as leis do movimento de Newton com as leis do eletromagnetismo de Maxwell, surgem problemas. Se o mundo obedece de fato a esses dois grupos de leis, é possível, em princípio, construir um instrumento com ímãs, fios e polias que não sentirá força alguma em um sistema inercial, mas poderá registrar uma força em outro sistema inercial, violando a regra de que sistemas inerciais deveriam ser indistintos um do outro. As leis de Newton e as leis de Maxwell parecem inconsistentes entre si. Einstein queria consertar essas "assimetrias" nas leis da física.[4]

Nos anos anteriores a seus artigos de 1905, Einstein concebeu seu princípio conciso da relatividade através de uma série de experimentos mentais voltados a resolver o problema. Sua engenhosidade abstrata culminou em dois postulados. O primeiro era apenas uma reafirmação do princípio: as leis da física devem parecer as mesmas em qualquer sistema inercial. O segundo postulado era mais radical: em *qualquer* sistema inercial, a velocidade da luz sempre tem o mesmo valor, que é de 299 792 quilômetros por segundo. Tais postulados poderiam ser usados para ajustar as leis do movimento e mecânica de Newton de forma que, quando se combinassem às leis do eletromagnetismo de Maxwell, os sistemas inerciais ficariam totalmente indistintos. O novo princípio da relatividade de Einstein também levou a resultados inesperados.

O postulado seguinte exigia alguns ajustes às leis de Newton. No universo newtoniano clássico, a velocidade é cumulativa. A luz emitida da frente de um trem em movimento se desloca mais depressa que a luz que vem de um ponto estacionário. No universo de Einstein, as coisas não funcionam mais assim. Em vez disso, existe um limite de velocidade cósmica fixado em 299 792 quilômetros por segundo. Nem o foguete mais potente conseguiria romper tal limite. Isso produz desdobramentos notáveis. Por exemplo: uma pessoa num trem que se movimenta a uma velocidade próxima à da luz envelhecerá mais devagar quando observada por alguém sentado numa estação e que vê o trem passar. E o trem em si vai parecer mais curto quando estiver em movimento do que quando parado. O tempo se dilata e o espaço se contrai. Esses fenômenos estranhos são sinais de que algo muito profundo está acontecendo: no mundo da relatividade, tempo e espaço estão entrelaçados e são intercambiáveis.

Com seu princípio da relatividade, Einstein parecia ter simplificado a física, apesar dos desdobramentos estranhos. Mas, no segundo semestre de 1907, quando Einstein foi escrever sua explanação, foi obrigado a admitir que, embora sua teoria aparentemente funcionasse bem, ainda não estava completa. A teoria da gravidade de Newton não se encaixava no seu retrato da relatividade.

Antes do aparecimento de Albert Einstein, Isaac Newton era uma espécie de deus no mundo da física. A obra de Newton era tida como o sucesso mais estrondoso do pensamento moderno. No final do século XVII, ele havia unificado a força da gravidade, que agia da mesma maneira sobre os corpos muito pequenos e sobre os muito grandes em uma equação simples, que explicava tanto o cosmos como a vida cotidiana.

A lei da atração universal de Newton, ou "lei do inverso do quadrado", é das mais simples que há. Ela afirma que a atração gravitacional entre dois objetos é diretamente proporcional à massa de cada objeto e inversamente proporcional ao quadrado da distância entre eles. Portanto, ao duplicar a massa de um dos objetos, a atração gravitacional também duplica. E, se for duplicada a distância entre os dois objetos, a atração *diminui* por um fator de quatro. Ao longo de dois séculos, a lei de Newton continuou rendendo explicações de fenômenos físicos variados. Ela se provou espetacular não apenas para explicar órbitas de planetas conhecidos, mas também para prever a existência de outros.

Desde fins do século XVIII, havia pistas de que a órbita do planeta Urano tinha uma oscilação misteriosa. À medida que os astrônomos acumulavam observações da órbita de Urano, aos poucos conseguiam mapear sua trajetória no espaço com precisão cada vez maior. Prever a órbita de Urano não foi um exercício simples. Foi necessário usar a lei da gravidade de Newton e descobrir como os outros planetas influenciavam o movimento de Urano, exigindo ajustes para lá e para cá, o que deixa sua órbita um pouquinho mais complicada. Astrônomos e matemáticos publicavam as órbitas em forma de tabelas que previam, em dias e anos distintos, onde Urano ou qualquer outro planeta estaria no céu. E, quando comparavam suas previsões com observações subsequentes da posição real de Urano, sempre havia uma discrepância que não sabiam explicar.

O astrônomo e matemático francês Urbain Le Verrier era particularmente hábil em calcular órbitas celestiais e descobrir as órbitas de vários planetas no sistema solar. Quando concentrou sua atenção em Urano, partiu do pressuposto de que a teoria de Newton fosse *perfeita*, já que funcionava bem no caso dos outros planetas. Se a teoria de Newton estava correta, depreendeu ele, a única outra possibilidade era a existência de algo que não fora levado em conta. Le Verrier, então, deu o passo ousado de prever a existência de um planeta novo, hipotético, e de criar sua própria tabela astronômica. Para sua alegria, um astrônomo alemão de Berlim, Gottfried Galle, apontou seu telescópio para a direção que a tabela de Le Verrier indicava e viu um planeta grande e desconhecido tomar forma no seu campo de visão. Como Galle expôs em carta a Le Verrier: "Monsieur, o planeta cuja posição o senhor indicou existe de fato".

Le Verrier deu um passo a mais na teoria de Newton em relação a todos que o precediam e foi bem recompensado pela ousadia. Netuno ficou conhecido durante décadas como "planeta de Le Verrier". Marcel Proust usou a descoberta de Le Verrier como analogia para revelar a corrupção em seu *Em busca do tempo perdido*,[5] e Charles Dickens se referiu a ele ao descrever o trabalho vigoroso dos investigadores em seu conto "The Detective Police".[6] Era um belo exemplo de uso das regras fundamentais da dedução científica. Le Verrier, gozando da glória de sua descoberta, voltou sua atenção para Mercúrio. O planeta também parecia ter uma órbita incomum e inesperada.

Na gravidade newtoniana, um planeta isolado que gira em torno do Sol segue uma órbita simples e fechada na forma de um círculo achatado, conhecido como elipse. O planeta dará voltas e voltas, seguindo infinitamente o mesmo trajeto, de tempos em tempos se aproximando e depois se distanciando do Sol. O ponto na órbita em que o planeta fica mais próximo do Sol — chamado de periélio — é constante. Alguns planetas, como a Terra, têm órbitas quase circulares — a elipse mal chega a ser achatada —, enquanto outros, como Mercúrio, seguem trajetos bem mais elípticos.

Mesmo levando em consideração o efeito de todos os outros planetas na órbita de Mercúrio, Le Verrier descobriu que a órbita real do planeta não batia com as previsões da gravidade newtoniana; o periélio variava em aproximadamente quarenta segundos de arco por século. (Um segundo de arco é uma unidade de medida angular; o domo completo do céu é constituído de aproximadamente 1,3 milhão de segundos de arco, ou 360 graus). Tal anomalia, conhecida como precessão do periélio de Mercúrio, Le Verrier não conseguia explicar a partir da aplicação das regras de Newton. Havia outra coisa envolvida.

Mais uma vez, Le Verrier presumiu que Newton tinha que estar certo, e assim, em 1859, conjecturou que um novo planeta, Vulcano, mais ou menos do tamanho de Mercúrio, devia existir muito próximo do Sol. Foi uma conjectura ousada, bizarra. Como ele próprio admitiu: "Como que um planeta, extremamente claro e sempre próximo do Sol, não seria identificado durante um eclipse total?".[7]

A conjectura de Le Verrier desatou uma corrida para descobrir o novo planeta Vulcano. Nas décadas seguintes, por vezes se relataram visões de um objeto próximo ao Sol, mas nenhum deles se sustentava para análise. Embora a busca por Vulcano não tenha se encerrado com a morte de Le Verrier, a precessão do periélio de Mercúrio permaneceu firmemente arraigada no folclore astronômico. Alguma coisa que não fosse um planeta invisível teria que explicar a anomalia de quarenta segundos de arco.

Quando Einstein parou para analisar a gravidade, em 1907, teve que conciliar a teoria de Newton com seu princípio da relatividade. Como uma preocupação secundária, ele sabia que também precisaria explicar a órbita anômala de Mercúrio. Seria uma tarefa árdua.

* * *

A gravidade tal como explicada por Newton viola os dois postulados do belo e conciso princípio da relatividade de Einstein. Para começar, na teoria de Newton, o efeito da gravidade é instantâneo. Se dois objetos se encontram repentinamente um perto do outro, a força da gravidade entre eles entraria imediatamente em efeito — não precisaria de tempo para viajar de um objeto ao outro. Mas como isso é possível se, de acordo com o novo princípio da relatividade de Einstein, nada, nenhum sinal, nenhum efeito, pode se movimentar mais rápido que a velocidade da luz? Igualmente crucial e irritante era o fato de que, embora harmonizasse mecânica e eletromagnetismo, o princípio da relatividade de Einstein deixava a lei da gravidade de Newton de fora. A gravidade newtoniana parecia diferente em sistemas inerciais distintos.

O primeiro passo de Einstein em sua longa jornada para redefinir a gravidade e generalizar sua teoria da relatividade surgiu no dia em que estava à sua mesa no instituto de patentes de Berna, perdido em pensamentos. Anos depois, lembrou-se da ideia que lhe ocorreu e que o levou a sua teoria da gravidade: "Se uma pessoa está em queda livre, ela não sente o próprio peso".[8]

Imagine a si mesmo como Alice no buraco do coelho, em queda livre, sem nada a detê-lo. Em uma queda de acordo com a atração da gravidade, a velocidade cresce em ritmo constante. A aceleração será um equivalente exato da atração gravitacional, e o resultado é que a queda parecerá sem esforço — você não sentirá nenhuma força que puxa ou empurra —, embora sem dúvida será aterrorizante ser lançado pelo espaço. Agora imagine um monte de coisas caindo junto com você: um livro, uma xícara de chá, um coelho branco também em pânico. Todos os outros objetos vão se acelerar no mesmo ritmo para compensar a atração da gravidade, e portanto vão pairar à sua volta em uma queda conjunta. Se tentar armar um experimento com esses objetos para medir como se movimentam com relação ao seu corpo, para determinar a força gravitacional, você não vai conseguir. Você vai se sentir sem peso, e os objetos parecerão não ter peso. Tudo isso em tese sugere que existe uma relação íntima entre movimento acelerado e atração da gravidade — neste caso, um está exatamente compensando o outro.

Talvez a queda livre seja um exemplo extremo demais. Há muita coisa acontecendo ao seu redor: o vento nos ouvidos e o medo de se estatelar no chão tornam desafiador raciocinar com lucidez. Vamos tentar uma coisa um pouco mais simples, e um pouco mais serena. Imagine que você acabou de entrar num elevador no andar térreo de um prédio muito alto. O elevador começa a subir e, naqueles primeiros segundos, conforme acelera, você se sente um pouquinho mais pesado. Agora imagine que você está no alto do prédio, e o elevador começa a descer. Nesses momentos iniciais em que o elevador vai ganhando velocidade, você se sente mais leve. Claro que, assim que o elevador chegar à velocidade máxima, você não se sentirá nem mais pesado nem mais leve. Mas, durante os momentos nos quais o elevador acelera ou desacelera, sua sensação quanto ao próprio peso — e, portanto, da gravidade — se altera. Em outras palavras, o que você sente da gravidade depende totalmente de estar em aceleração ou desaceleração.

Naquele dia de 1907 em que Einstein concebeu seu homem em queda livre, ele percebeu que devia haver uma ligação profunda entre a gravidade e a aceleração, que seria a chave para trazer a gravidade a sua teoria da relatividade. Se ele pudesse modificar seu princípio da relatividade de forma que as leis da física permanecessem as mesmas não só em referenciais se movimentando a uma velocidade constante, mas também em referenciais que esti-

30

vessem acelerando ou desacelerando, talvez conseguisse equiparar a gravidade ao grupo do eletromagnetismo e da mecânica. Ele não sabia bem como, mas essa percepção brilhante foi o primeiro passo para tornar a relatividade mais geral.

Sob pressão de seu editor alemão, Einstein escreveu sua explanação, "Sobre o princípio da relatividade e suas implicações". Incluiu uma seção que tratava do que aconteceria caso generalizasse seu princípio para incluir a gravidade. Com poucas palavras, indicou algumas consequências: a presença da gravidade alteraria a velocidade da luz e faria relógios correrem mais devagar. Os efeitos desse princípio generalizado da relatividade talvez até explicassem a variação na órbita de Mercúrio. Tais efeitos, encaixados de forma apressada no fim do artigo, em um momento futuro poderiam ser usados para testar sua ideia, porém precisavam ser trabalhados com mais detalhes e com mais atenção em outra oportunidade. Seria preciso esperar. Einstein passaria anos sem nem tocar na sua teoria.

Ao fim de 1907, o período de produção brilhante de Einstein na obscuridade estava chegando ao fim. Seus artigos de 1905 começaram, de maneira lenta mas inegável, a provocar impacto. Ele passou a receber uma pilha de cartas de físicos de renome, requisitando suas separatas e discutindo suas ideias. Einstein ficou animado com tais desdobramentos e comentou com um amigo: "Meus artigos alcançaram grande reconhecimento e estão suscitando novas pesquisas".[9] Um de seus admiradores gracejou: "Devo confessar que fiquei estupefato ao ler que você passa oito horas por dia sentado em um escritório. Mas a história está cheia de ironias amargas!".[10] Não era que ele tivesse uma vida ruim. Seu emprego em Berna permitira que ele formasse família com Mileva. Em 1904, eles tiveram um filho chamado Hans Albert. A carga horária sempre estável de Einstein no instituto de patentes possibilitava que ele tivesse tempo livre para passar em casa construindo brinquedos para o filho, mas a essa altura Einstein estava prestes a adentrar o mundo acadêmico.

Em 1908, finalmente foi aceito como professor convidado na Universidade de Berna, posição que lhe permitia dar aulas a alunos pagantes, porém sem vínculo empregatício com a instituição. Ele considerou a docência absurdamente trabalhosa e ganhou péssima reputação como professor. Ainda assim, em 1909 foi seduzido pela Universidade de Zurique a assumir o cargo de professor assistente. Einstein ficou pouco mais de um ano em Zurique. Em 1911, foi-lhe oferecido o cargo de professor titular na Universidade Alemã em Praga. Dessa vez, no entanto, ele não teria obrigações como docente. Sem o peso dos deveres relativos à sala de aula, Einstein retornou ao estado mental do qual desfrutava no ambiente ordenado e isolado do instituto de patentes. Ele poderia voltar a pensar em generalizar a relatividade.

2. A mais valiosa das descobertas

Albert Einstein certa vez confidenciou a seu amigo e colega de área, o físico Otto Stern: "Olha, quando começa a calcular, você caga nas calças sem nem perceber".[1] Não que ele não entendesse, e muito, de matemática. Na verdade, Einstein se destacava na matéria no colégio e entendia o suficiente de matemática para pôr suas ideias no papel. Seus artigos tinham o equilíbrio perfeito entre o raciocínio no âmbito da física e o toque de matemática necessário para assentar suas ideias em terreno firme. Mas suas previsões de 1907 quanto à teoria generalizante haviam sido feitas com uma gambiarra matemática — um de seus professores de Zurique descreveu que sua apresentação fora "matematicamente problemática".[2] Einstein tinha desdém pela matemática, que descrevia como "erudição supérflua",[3] e gracejava: "Desde que os matemáticos se lançaram sobre a teoria da relatividade, eu mesmo não a entendo mais".[4] Mas, em 1911, quando reviu as ideias que havia anotado em sua explanação, Einstein percebeu que a matemática poderia ajudar a levá-las ainda mais longe.

33

Einstein encarou seu princípio da relatividade e voltou a pensar em luz. Imagine que você esteja dentro de uma espaçonave em movimento, longe de planetas e de estrelas. Agora imagine que o raio de luz de uma estrela distante entra por uma janelinha exatamente à sua direita, atravessa o interior da nave e sai pela janela à sua esquerda. Se a nave estiver parada e a luz atingir a janela em linha perpendicular perfeita, vai sair pela janela exatamente à sua esquerda. Entretanto, caso a nave esteja se movimentando a uma velocidade alta e constante no momento que o raio de luz entrar, quando a luz atingir o outro lado a nave terá se deslocado, e o raio sairá por uma janela mais atrás. Do seu ponto de vista, o raio de luz entra por um ângulo e encurta o caminho numa linha reta. Se a nave estiver *acelerando*, a aparência será totalmente outra: o raio de luz vai fazer uma *curva* na nave e sair mais atrás.

É aqui que entra em jogo a percepção de Einstein quanto à natureza da gravidade. Estar em uma espaçonave em aceleração não deveria ser diferente de estar em uma espaçonave em repouso, sujeita à atração da gravidade. Como Einstein se dera conta, a aceleração, em seu nível mais simples, é indistinguível de gravidade. Uma pessoa sentada na nave quando pousasse na superfície de um planeta veria exatamente a mesma coisa que o passageiro no veículo em aceleração: um raio de luz que se curva em razão da gravidade. Em outras palavras, Einstein percebeu que a gravidade desvia a luz, tal como uma lente.

A atração gravitacional teria que ser fortíssima para um desvio como esse ser detectável — um planeta inteiro talvez não bastasse. Einstein propôs um teste observacional simples, usando um objeto muito maior: a medição do desvio da luz de estrelas distantes ao roçar as beiradas do Sol. As posições angulares de estrelas distantes têm uma variação minúscula quando o Sol passa na frente delas, mais ou menos um quadrimilésimo de grau, quase imperceptível, mas cuja medição já era possível com os telescópios na época. Esse experimento teria que ser feito durante um eclipse solar total, de forma que a claridade intensa de seus raios não impossibilitasse as tentativas de identificar as estrelas no céu. Embora Einstein houvesse encontrado uma maneira de testar a validade de suas novas ideias, ele não obtivera nenhum avanço real no sentido de finalizar sua nova teoria. Ainda estava progredindo a passos lentos com a ideia que tivera no escritório de patentes — a do homem em queda livre. E, apesar de não ter obrigações docentes e dispor de todo o tempo do mundo para fazer experimentos mentais e conduzir reflexões profundas sobre sua nova teoria, ele não estava feliz. Sua família havia crescido, com um segundo filho, Eduard, nascido pouco antes de sua chegada a Praga. Sua esposa, porém, estava se sentindo infeliz e sozinha, distante do mundo ao qual se acostumara em Berna e, depois, em Zurique. Por isso, em 1912, Einstein não desperdiçou uma oportunidade que surgira de se mudar para Zurique e ser professor titular da ETH.

Durante sua curta estada em Praga, Einstein começara a perceber que precisava de um idioma diferente para explorar suas ideias. Embora relutasse em recorrer à matemática, cujo aspecto impenetrável podia turvar as belas ideias que estava tentando conectar no campo da física, algumas semanas depois de chegar a Zurique ele chamou um de seus amigos de longa data, o matemático Marcel Grossmann, e implorou: "Você tem que me ajudar, caso contrário vou ficar louco".[5] Grossmann era cético quanto à maneira atabalhoada com que físicos resolviam seus problemas, mas aceitou a empreitada para ajudar o amigo.

Einstein queria saber como as coisas se movimentavam caso estivessem se acelerando ou sendo atraídas pela gravidade. Suas trajetórias eram curvas no espaço, não as linhas geométricas simples e retas que se viam na observação de sistemas inerciais. O formato e a natureza desse movimento eram mais complicados, e exigiriam de Einstein ir além da geometria básica. Grossmann deu a Einstein um manual de geometria não euclidiana, também conhecida como geometria riemanniana.

Quase cem anos antes de Einstein começar a pensar em seu princípio da relatividade, nos anos 1820, o matemático alemão Carl Friedrich Gauss dera o ousado passo de romper com a geometria de Euclides, que havia estabelecido as regras de linhas e formas em espaços planos. A geometria euclidiana ainda é a que aprendemos no colégio; é a que nos ensina que linhas paralelas nunca se cruzam e que duas linhas retas se cruzam no máximo uma vez. Aprendemos que a soma dos ângulos de um triângulo é 180 graus e que quadrados são constituídos por quatro ângulos retos. Há um conjunto completo de regras que aprendemos e aplicamos. Desenhamos tudo isso na superfície plana do papel ou do quadro-negro, e tudo se encaixa.

Mas e se nos pedissem para desenhar em um papel curvo? E se tentássemos desenhar nossos objetos geométricos na superfície de uma bola de basquete? Nossas regras simplórias cairiam por terra. Por exemplo: se desenhamos duas linhas que partem de uma intersecção em ângulo reto com o equador, elas deviam ser paralelas. E de fato são. Porém, se as acompanharmos, elas terminam se cruzando em um dos polos. Ou seja: em uma esfera, as linhas paralelas se cruzam. Podemos ir mais longe e deixar que as linhas paralelas se iniciem a tal distância no equador que se cruzem em ângulo reto no polo. Ao fazer isso, traçamos um triângulo no qual os ângulos somam 270 graus, e não 180. Mais uma vez, nossas regras habituais a respeito de triângulos não se aplicam.

Na verdade, toda superfície que tem algum contorno — uma esfera, uma rosquinha, um papel amassado — tem sua própria geometria e suas próprias regras. Gauss quis tratar de regras geométricas que se aplicassem a *qualquer* superfície concebível. Sua visão era democrática: todas as superfícies deveriam ser consideradas iguais, e precisaria haver um conjunto geral de regras que desse conta de todas. A geometria de Gauss era rígida e poderosa. Nos anos 1850, foi desenvolvida mais a fundo por outro matemático alemão, Bernhard Riemann, até se tornar um ramo sofisticado e complicado da matemática, tão difícil que até Grossmann, que havia orientado Einstein a seguir aquele rumo, considerava que Riemann fora longe demais na sua obra para trazer algo de útil a um físico. A geometria de Riemann era uma confusão, com diversas funções soltas, constituída sobre uma edificação assustadoramente não linear. Mas era poderosa. Se Einstein conseguisse lidar com ela, talvez conseguisse consolidar sua teoria.

A nova geometria era diabolicamente difícil, mas, diante do impasse para generalizar sua teoria da relatividade, Einstein começou a se empenhar em dominá-la. Foi um desafio monumental, como aprender sânscrito do zero e escrever um livro no novo idioma.

No início de 1913, Einstein já havia adotado a nova geometria e colaborado com Grossmann em dois artigos que descreviam seu esboço — ou *Entwurf* em alemão — de teoria. Como ele disse a um colega: "O caso da gravitação está esclarecido a meu contento".[6] Com os pés na nova matemática, valendo-se de uma seção escrita por Grossmann para explicar a nova geometria a uma comunidade de físicos que provavelmente não a entendia, a teoria incorporava as previsões que Einstein havia proposto em suas primeiras incursões. Ele tivera sucesso em fazer todas as leis da física parecerem as mesmas em qualquer sistema de referência, não só no inercial sem aceleração. E poderia contemplar o eletromagnetismo e as leis do movimento de Newton da mesma forma que havia feito em sua primeira teoria da relatividade, mais restrita. Na verdade, Einstein conseguira se pôr em conformidade com quase todas as leis da física, *exceto* com a gravidade. A nova lei da gravidade que Einstein e Grossmann propunham *ainda* era o patinho feio, que agora se recusava a ceder a um princípio geral de relatividade. Mesmo com a nova matemática acoplada para reforçar sua intuição no campo da física, a gravidade não se encaixava. Apesar disso, Einstein estava convencido de que dera um grande passo na direção certa e só precisava amarrar pontas soltas para completar sua teoria. Estava errado. A última jornada de Einstein em sua teoria do espaço-tempo se pareceria mais com um tropeço do que com um simples ajuste de rota.

Em 1914, Einstein finalmente se estabeleceu na vida. Fora convidado para presidir o recém-criado Instituto de Física Kaiser Wilhelm em Berlim, onde teria um salário polpudo e se tornaria *fellow* da venerável Academia de Ciências da Prússia. Era o pináculo do mundo acadêmico europeu, no qual estaria cercado por colegas brilhantes como Max Planck e Walther Nernst, e não precisaria lecionar. Era o emprego perfeito, mas que acarretaria em um prejuízo na vida pessoal. A família de Einstein se cansara de ficar vagando pela Europa e dessa vez não o acompanhou ao novo posto. Sua esposa, Mileva, ficou em Zurique com os filhos. Eles viveriam separados durante cinco anos, e se divorciariam em 1919. Einstein começaria uma vida nova e um relacionamento com sua prima mais velha, Elsa Lowenthal, com quem se casaria em 1919 e viveria até a morte dela, em 1936.

Einstein chegou a Berlim no início da Grande Guerra e se viu no meio "da casa de loucos", de acordo com suas próprias palavras, do nacionalismo alemão.[7] Quase toda a população foi afetada. Colegas eram despachados para o front ou desenvolviam novas armas para o campo de batalha, como o temível gás mostarda. Em setembro de 1914, foi publicado um manifesto nacionalista de apoio ao governo alemão com o título de "Apelo ao mundo civilizado". Assinado por 93 cientistas, escritores, artistas e figuras de destaque da cultura alemã, o texto se propunha a contra-atacar os equívocos sobre a Alemanha propagados pelo mundo. Ou pelo menos era essa sua intenção. O manifesto afirmava que os alemães não eram os responsáveis pela guerra que acabara de eclodir, convenientemente deixando de lado o fato de que a Alemanha tinha invadido a Bélgica e devastado a cidade de Louvain, afirmando apenas que "[nem] a vida nem propriedade de um único cidadão belga foi tocada por nossos soldados".[8] Tratava-se de um texto faccioso, contestador e em grande parte mentiroso.

Einstein ficou chocado com o que acontecia à sua volta. Pacifista e internacionalista convicto, entrou na disputa ideológica com um contramanifesto intitulado "Apelo aos europeus". Em seu texto, Einstein e meia dúzia de colegas se distanciavam do "Manifesto dos 93", condenando com firmeza seus pares e rogando a "homens instruídos de todos os Estados" para lutar contra a guerra devastadora no continente.[9] O "Apelo aos europeus" foi ignorado por completo. Para o mundo lá fora, Einstein era só mais um dos cientistas alemães que apoiaram o documento dos 93, e por isso era o inimigo. Pelo menos era esta a visão que se tinha na Inglaterra.

O inglês Arthur Eddington era famoso por pedalar longas distâncias. Ele havia concebido um número, E, para determinar sua resistência como ciclista. Grosso modo, E era o maior número de dias na vida em que ele havia pedalado mais do que E milhas. Duvido que meu número E seja maior que 5 ou 6. Não pedalei seis milhas em um dia mais do que seis vezes na vida — e bem sei que é uma marca patética. Quando Eddington faleceu, seu número E era 87 — ou seja, ele havia feito 87 percursos individuais de bicicleta cuja extensão fora maior que 87 milhas. Sua resistência e perseverança singulares eram notáveis e levariam-no a alcançar resultados espetaculares em todos os setores da vida. Enquanto Einstein precisou dar duro para iniciar a carreira científica, Eddington entrou rapidamente no coração da vida acadêmica inglesa. Às vezes era arrogante, depreciativo e assombrosamente teimoso quando defendia suas ideias, mas também era um cientista tenaz que quase nunca desanimava diante de observações astronômicas traiçoeiras e complicadas ou diante da nova e hermética configuração da matemática. Fora criado numa família de quacres devotos, e desde muito cedo sobressaía nos estudos. Aos dezesseis anos foi estudar matemática e física em Manchester. Acabou indo parar em Cambridge, onde foi o aluno com as notas mais altas do seu ano, ou o "Senior Wrangler", título dado ao primeiro aluno da sala. Ao finalizar o mestrado, foi quase imediatamente alçado a assistente do astrônomo real e a *fellow* do Trinity College de Cambridge.

Cambridge concentrava a elite da elite, e Eddington estava cercado por acadêmicos brilhantes. Estavam lá J. J. Thomson, que descobriu o elétron, e A. N. Whitehead e Bertrand Russell, que juntos escreveram o *Principia Mathematica*, uma verdadeira bíblia da lógica matemática. Com o passar do tempo, teria também a companhia de Ernest Rutherford, Ralph Fowler, Paul Dirac e uma lista de notáveis da física do século xx. Era o lugar certo para Eddington. Depois de passar alguns anos no Observatório Greenwich de Londres, ele retornou a Cambridge. Com apenas 31 anos, foi nomeado para o prestigioso cargo de professor da Cadeira Plumian de Astronomia e Filosofia Experimental da Universidade de Cambridge. Também foi nomeado diretor do Observatório de Cambridge, nos arredores da cidade, e lá se estabeleceu com sua mãe e irmã para se tornar o grande nome da astronomia britânica. Eddington permaneceria lá pelo resto da vida, participando da vida universitária, com seus jantares formais e debates sisudos, fazendo visitas regulares à Royal Astronomical Society para apresentar seus resultados, e vez por outra viajando a confins distantes do mundo para obter medidas e observar os céus. Foi numa viagem como essa que Eddington se deparou pela primeira vez com as novas ideias de Einstein sobre a gravidade. A curvatura da luz que ele propunha havia despertado a curiosidade de alguns astrônomos, que assumiram a tarefa de medi-la. Eles se espalharam pelo planeta, dirigindo-se aos Estados Unidos, à Rússia e ao Brasil, tentando captar um eclipse no momento exato, com o Sol na posição correta, de forma que pudessem medir os mínimos desvios de estrelas distantes. Enquanto observava um eclipse no Brasil, Eddington conheceu um desses astrônomos, o norte-americano Charles Perrine, e ficou intrigado com o seu trabalho.[10] Quando voltou a Cambridge, Eddington decidiu conferir as novas ideias de Einstein.

Quando a Grande Guerra eclodiu, Eddington foi uma das vozes solitárias a se opor à onda de nacionalismo virulento que tomava não apenas seu país, mas também seus colegas. Aquilo o levou ao desespero. Em uma série de textos raivosos para o periódico *The Observatory*, porta-voz dos astrônomos britânicos, as manifestações contrárias a colaborações com cientistas alemães foram explicitadas de forma vigorosa por diversos astrônomos respeitados. O professor da Cadeira Savilian de Astronomia em Oxford, Herbert Turner, foi quem expôs a questão de maneira mais sucinta: "Podemos readmitir a Alemanha na sociedade internacional e rebaixar nossos padrões jurídicos internacionais até seu nível, ou podemos excluí-la e elevar a lei. Não há meio-termo".[11] A animosidade contra qualquer coisa que fossse alemã era tamanha que o presidente da Royal Astronomical Society, de ascendência alemã, foi convidado a renunciar. As relações dos cientistas britânicos com seus pares alemães permaneceram cortadas enquanto durou a guerra.

Eddington pensava e agia de outra maneira. Por ser um quacre, ele se opunha fervorosamente ao conflito. Durante a cólera crescente contra a intelligentsia alemã, acabou em uma posição de dissidência. "Não imagine um alemão médio, mas sim, por exemplo, seu velho amigo, o Prof. X", ele argumentava com seus colegas. "Tente chamá-lo de huno, de assassino de bebês, e assim atiçar sua fúria. A tentativa se despedaça pelo absurdo."[12] Eddington não apenas defendeu os alemães; ele se recusou a ser enviado ao combate. Depois de ver alguns de seus amigos e pares serem mandados para a linha de frente e morrerem, Eddington passou a fazer campanha contra a guerra. Como recebera a dispensa por "importância nacional" — era mais importante para o país como astrônomo do que como soldado raso —, fez poucos amigos nesse período.

Sozinho em Berlim, cercado pelo caos da guerra, Einstein trabalhava no aperfeiçoamento de sua teoria. Parecia correta, mas ele precisava de mais cálculos para deixar tudo redondo. Ele partiu para a Universidade de Göttingen, a meca da matemática moderna na época, para visitar o matemático David Hilbert. Hilbert era um colosso, e dominava o mundo da matemática. Havia transformado todo um ramo de estudos, tentando assentar fundamentos formais inabaláveis a partir dos quais toda a matemática pudesse ser constituída. Não poderia haver flexibilidade na matemática. Tudo teria que ser deduzido a partir de um conjunto básico de princípios, utilizando regras formais bem estabelecidas. As verdades matemáticas eram verdades *de fato* apenas se demonstradas de acordo com essas regras. Foi o que passou a se chamar de "Programa de Hilbert".

Hilbert havia se cercado dos matemáticos de maior proeminência mundial. Um de seus colegas era Hermann Minkowski, que mostrara a Einstein como sua teoria da relatividade especial podia ser escrita em uma linguagem matemática bem mais elegante — a "erudição supérflua" que Einstein desprezava alguns anos antes. Os alunos e assistentes de Hilbert — entre eles Hermann Weyl, John von Neumann e Ernst Zermelo — formariam a vanguarda da matemática do século XX. Com seu grupo reunido em Göttingen, Hilbert tinha planos grandiosos: criar uma teoria completa do mundo natural baseada em princípios iniciais, como a matemática. Ele via o trabalho de Einstein como parte integrante desse projeto.

Durante sua curta visita a Göttingen, em junho de 1915, Einstein deu palestras e Hilbert fez anotações. Eles conversaram, discutiram e rediscutiram os detalhes. Einstein tinha como forte a física, e Hilbert, a matemática. Mas eles não avançaram em nada. Ainda reticente em relação à matemática e sem um entendimento pleno da geometria riemanniana, Einstein não conseguiu compreender plenamente as questões técnicas e minuciosas levantadas por Hilbert.

Pouco depois de encerrar o que parecia ser uma visita infrutífera, Einstein passou a duvidar da sua nova teoria da relatividade. Já sabia que não era geral de fato — quando ele e Grossmann finalizaram seus artigos, em 1913, estava claro que a teoria *ainda* não estava em conformidade com a lei da gravidade. E algumas das suas previsões estavam erradas. Por exemplo, sua teoria previa um desvio em Mercúrio, muito similar ao que Le Verrier havia observado quase cinquenta anos antes, mas seu cálculo não era *preciso*. Ainda estava errado por um fator de dois. Einstein teve que refazer suas equações.

Ao longo de um período de apenas três semanas, Einstein decidiu descartar a nova lei da gravidade que havia proposto com

Grossmann, que não obedecia ao princípio geral da relatividade. Ele buscava uma lei da gravidade que fosse válida em qualquer sistema de referência, como já havia feito em grande parte com as outras leis da física. E queria pôr em prática a nova geometria riemanniana aprendida com Grossmann. A cada poucos dias, tentava algum ajuste no que já havia feito, revisava uma lei, flexibilizava algumas suposições e impunha outras. Ao fazer isso, começou a deixar para trás noções preconcebidas da física que o amarravam e penetrou cada vez mais fundo na matemática que aprendera. Einstein percebeu que, embora sua intuição física tivesse sido útil ao longo da espetacular carreira, ele precisava ser cauteloso para não deixar que isso nublasse o extenso panorama oferecido pela matemática.

Enfim, nos últimos dias de novembro, ele sentiu que havia conseguido. Finalmente descobrira uma lei geral da gravidade que satisfazia o princípio da relatividade geral. Na escala do sistema solar, era uma aproximação precisa da gravidade newtoniana, tal como deveria. Além do mais, previa a precessão do periélio de Mercúrio, proposta por Le Verrier, de forma exata. E previa também que, quando raios de luz atravessavam um objeto pesado, eles se dobravam ainda mais — na verdade, duas vezes mais do que ele previra inicialmente, quando especulou pela primeira vez sobre essa ideia, em Praga.

A versão finalizada da teoria da relatividade geral de Einstein trazia uma forma totalmente nova de entender a física, suplantando a visão newtoniana que reinou durante séculos. Sua teoria fornecia um conjunto de equações que passaram a ser conhecidas como "as equações de campo de Einstein". Embora a ideia por trás delas, que relacionava a geometria de Gauss e Riemann com a gravidade, fosse belíssima — "elegante", como preferem os físicos —, as equações detalhadas podiam aparentar certa confusão. Na prática, formavam um conjunto de dez equações de dez funções da geometria do espaço e do tempo, todas enredadas e entrelaçadas de forma não linear a ponto que, no geral, era impossível resolver uma função de cada vez. Todas precisavam ser tratadas em conjunto, sem subterfúgios — uma perspectiva absolutamente desafiadora. Ainda assim eram muito promissoras, pois suas soluções podiam ser usadas para prever o que aconteceria no mundo natural, desde a trajetória de uma bala ou uma maçã caindo de uma árvore até o movimento dos planetas no sistema solar. Os segredos do universo, ao que parecia, estavam prontos para ser descobertos com a resolução das equações de Einstein.

Em 25 de novembro de 1915, Einstein apresentou suas novas equações à Academia de Ciências da Prússia em um artigo de apenas três páginas. Sua nova lei da gravidade era radicalmente diferente de tudo que já havia sido proposto. Em essência, Einstein defendia a ideia de que aquilo que percebemos como gravidade são objetos se movendo na geometria do espaço-tempo. Objetos de grande massa afetam a geometria, fazendo o espaço e o tempo se curvarem. Einstein finalmente chegara à sua teoria da relatividade de fato geral.

Mas Einstein não estava só. Hilbert vinha refletindo sobre as palestras de Einstein em Göttingen e, sem seu conhecimento, estava tentando chegar por conta própria a novas equações gravitacionais. De maneira independente, Hilbert havia chegado à messíssima lei gravitacional. Em 20 de novembro, cinco dias antes da apresentação de Einstein à academia em Berlim, Hilbert apresentou seus resultados à Royal Society of Sciences em Göttingen. Parecia que Hilbert tinha furado o anúncio de Einstein.

Durante as semanas que se seguiram às apresentações, as relações entre Hilbert e Einstein ficaram tensas. Hilbert escreveu a Einstein afirmando que não se lembrava da parte das palestras em que foram discutidas suas tentativas de construir as equações gravitacionais e, no Natal daquele ano, Einstein se convenceu de que não houvera má-fé. Em carta a Hilbert, Einstein afirmou que "houve entre nós algo como um sentimento desagradável", mas ele havia superado o acontecido, garantindo ao matemático que "volto a pensar em você em termos de uma amizade irrestrita".[13] Eles de fato continuariam sendo amigos e colegas, pois Hilbert recuou em relação às afirmações quanto ao crédito pela *magnum opus* de Einstein. Aliás, até falecer, Hilbert sempre se referiu às equações que ele e Einstein descobriram como "as equações de Einstein".*

Einstein finalizara sua jornada. Foi sucumbindo pouco a pouco ao poder da matemática até chegar a suas equações finais. Dali em diante, ele se guiaria não apenas por seus experimentos mentais, mas também pela matemática. A evidente beleza matemática de sua teoria final deixou-o atordoado. Einstein descreveu suas equações como "a descoberta mais valiosa da minha vida".[14]

Eddington vinha recebendo o lento fluxo de separatas vindas de Praga, depois de Zurique, e finalmente de Berlim, por intermédio de um amigo, o astrônomo Willem De Sitter, da Holanda. Estava intrigado e seduzido por aquela forma totalmente nova de enxergar a gravidade por meio de uma linguagem dificílima. Embora fosse astrônomo e seu trabalho consistisse em fazer medições, observações e interpretações, ele aceitou o desafio de aprender a nova matemática da geometria riemanniana que Einstein usara para escrever sua teoria. E valeu muito a pena, principalmente porque Einstein havia feito previsões claríssimas, que podiam ser usadas para testar sua teoria. Havia inclusive a previsão de que ocorreria um eclipse no dia 29 de maio de 1919, oportuni-

* Hilbert mostrou como as equações de Einstein podem ser derivadas de um princípio geral que ficou conhecido como "ação de Einstein-Hilbert". (N. R. T.)

dade ideal para um teste como esse, e Eddington seria a pessoa mais indicada para comandar uma equipe de observadores. Havia um único problema, e não era nada pequeno. A Europa estava em guerra, Eddington era um pacifista e Einstein estava do lado do inimigo. Ou pelo menos era assim que seus colegas queriam que Eddington pensasse. À medida que a guerra se aproximava de seu clímax, em 1918, crescia o risco de o Exército alemão tragar por completo as forças britânicas e francesas, o que levou a uma nova onda de recrutamento forçado. Eddington foi chamado ao combate, mas tinha outros planos em mente.

Ao se tornar um defensor entusiasmado da nova lei da gravidade de Einstein, Eddington atraiu a antipatia de seus colegas. Em uma tentativa de desmerecer a ciência alemã como algo sem valor, um de seus colegas proclamou: "Tentamos acreditar que as afirmações exageradas e falsas feitas por alemães hoje se devem a uma doença puramente temporária cuja disseminação é bastante recente. Mas um caso como esse nos faz questionar se a triste verdade não tem raízes mais profundas".[15] E, embora Eddington tivesse o apoio do Astrônomo Real, Frank Dyson, para liderar a expedição de observação do eclipse, teve que fugir de um mandado de prisão por recusar a convocação à frente de batalha. O governo britânico acionou um tribunal em Cambridge para examinar a postura de Eddington. À medida que a audiência prosseguia, o tribunal passou a encará-lo com cada vez mais hostilidade. Eddington estava prestes a perder sua dispensa quando Frank Dyson interveio. O astrônomo era peça crucial na expedição de observação do eclipse, argumentou Dyson, e, além disso, "nas condições presentes, o eclipse será observado por pouquíssimas pessoas. O professor Eddington é qualificadíssimo a fazer essas observações, e espero que o tribunal lhe dê permissão para empreender a tarefa".[16] O argumento do eclipse despertou o interesse do tribunal, e Eddington mais uma vez recebeu uma dispensa por "importância nacional". Einstein o havia salvado do front.

* * *

A partir da teoria de Einstein foi possível uma previsão: a luz emitida por estrelas distantes iria se curvar ao passar próxima de um corpo de grande massa, como o Sol. O experimento de Eddington se propunha a observar um aglomerado de estrelas distante, as Híades, em duas épocas distintas do ano. Ele primeiro mediria com precisão as posições das estrelas no aglomerado de Híades em noite clara, quando nada obscurecesse sua visão e nada pelo caminho distorcesse seus raios de luz. Depois refaria as medições, dessa vez com o Sol na frente. Isso teria que ser realizado durante um eclipse total, quando quase toda a luz brilhante do Sol seria bloqueada pela Lua. No dia 29 de maio de 1919, as Híades estariam logo atrás do Sol, e as condições seriam perfeitas. Uma comparação das duas medidas — uma com o Sol e uma sem — mostraria se havia algum desvio. E, se o desvio fosse de aproximadamente quatro milésimos de graus — ou 1,7 segundo de arco —, seria exatamente o que Einstein afirmava. Era uma meta muito clara e muito simples.

Mas não *tão* simples assim. Os poucos lugares na Terra onde seria possível observar o eclipse total eram remotos e distantes. Num mundo que havia acabado de sair de uma guerra devastadora, os astrônomos teriam que viajar uma longa distância para montar seus equipamentos. Eddington, acompanhado de Edward Cottingham, do Observatório de Greenwich, montou a barraca na ilha de Príncipe. Uma equipe de apoio com dois astrônomos, Andrew Crommelin e Charles Davidson, foi despachada para a cidadezinha de Sobral, no interior do Nordeste brasileiro, região árida e pobre próxima ao equador.

Príncipe é uma pequena ilha no Golfo da Guiné, uma colônia portuguesa conhecida pela produção de cacau. Verdejante, quente, úmida e periodicamente atingida por tempestades tropicais, tinha enormes fazendas nas quais alguns poucos proprietários de terra portugueses se serviam dos moradores locais para cuidar da terra. Durante décadas, foi de lá que veio o cacau para a empresa Cadbury. No início do século xx, surgiram acusações de que as plantações de cacau usavam trabalho escravo, o que levou ao cancelamento de contratos e à aniquilação da economia de Príncipe. Quando Eddington chegou, a ilha estava caindo no esquecimento. Eddington armou seu aparato num canto remoto da Fazenda Sundy, onde foi bem recebido pelo proprietário. Entre partidas de tênis diárias na única quadra da ilha, ele aguardava o dia do eclipse, rezando para que as tempestades recorrentes e o céu cinzento não sabotassem sua missão. Cottingham preparou o telescópio torcendo para que o calor não fosse distorcer as imagens.

Na manhã do eclipse, choveu forte e o céu ficou totalmente fechado, até que, menos de uma hora antes do ápice do fenômeno, começou a se abrir. Eddington e Cottingham tiveram o primeiro vislumbre do eclipse que estava acontecendo já com parte do céu obscurecido. Às 2h15 da tarde, o céu se abriu de vez, e Eddington e Cottingham puderam tirar suas medidas — dezesseis placas fotográficas do Sol com o aglomerado das Híades ao fundo. Ao final do eclipse, o céu estava belíssimo, sem nenhuma nuvem. Eddington telegrafou uma mensagem a Frank Dyson: "Céu aberto. Esperançoso".[17]

O início nublado do experimento em Príncipe no fim podia ter salvado a expedição. Em Sobral, no Nordeste brasileiro, havia um dia perfeitamente límpido e quente no qual foi possível acompanhar o eclipse desde o começo. Crommelin e Davidson foram cercados pelos deslumbrados habitantes locais ao testemunhar o evento histórico e conseguiram produzir dezenove placas para complementar as dezesseis que Eddington e Cottingham fizeram. Em júbilo, eles responderam também via telégrafo: "Esplêndido eclipse".[18] Naquele primeiro momento, eles não perceberam que

49

as boas condições de visibilidade, o clima quente e o céu límpido no Brasil tinham sabotado seu experimento principal. O calor havia empenado o aparato a tal ponto que as medidas nas placas fotográficas ficaram inutilizadas. Foi apenas por meio de observações de apoio, com um telescópio menor, que a expedição a Sobral conseguiu contribuir com dados para o experimento.

Os astrônomos não tiveram como voltar rapidamente ao seu país, e foi só no final de julho que as diversas placas fotográficas começaram a ser analisadas. Das dezesseis que Eddington havia registrado, apenas duas tinham estrelas suficientes para uma medição exata do desvio. O valor que obtiveram foi de 1,61 segundo de arco, com uma margem de erro de 0,3 segundo, compatível com a previsão de 1,7 segundo de arco de Einstein. Quando as placas de Sobral foram analisadas, os resultados foram preocupantes. O valor medido foi de 0,93 segundo de arco, longe da previsão relativística e muito perto da conclusão newtoniana — mas aquelas eram as placas deformadas pelo calor. Quando as observações de apoio em Sobral, realizadas no telescópio menor, foram analisadas, o desvio ficou em 1,98 segundo de arco, com uma margem de erro muito pequena, de 0,12 segundo. Dentro da previsão de Einstein, mais uma vez.

Em 6 de novembro de 1919, a equipe de exploradores apresentou seus resultados em uma reunião conjunta da Royal Society e da Royal Astronomical Society. Numa série de falas comandadas por Frank Dyson, as medidas tomadas na expedição de observação do eclipse foram expostas a uma plateia de seus pares de maior renome. Assim que o percalço com que se deparou a expedição a Sobral foi explicado, os palestrantes mostraram que as medidas do eclipse confirmavam de maneira espetacular a previsão de Einstein.

J. J. Thomson, o presidente da Royal Society, descreveu os dados apresentados como "o resultado mais importante que se obteve em ligação com a teoria da gravitação desde os tempos de Newton". E acrescentou: "Caso se sustente que o raciocínio de Einstein é válido — e que sobreviva a dois testes minuciosos relacionados ao periélio de Mercúrio e o eclipse presente —, então trata-se do resultado de uma das maiores realizações do pensamento humano".[19]

No dia seguinte à reunião na Burlington House, as palavras de Thomson saíram no *Times* londrino. Ladeada por um apanhado de manchetes que comemoravam a celebração do armistício e elogiando os "Gloriosos Falecidos", havia uma matéria com a chamada "Revolução na ciência. Nova teoria do universo. Ideias de Newton derrubadas", descrevendo os resultados das expedições de observação do eclipse.[20] Notícias e opiniões sobre a nova teoria de Einstein e a expedição de Eddington se espalharam como fogo em mato seco pelo mundo anglófono. Em 10 de novembro, a notícia havia chegado aos Estados Unidos, onde o *New York Times* publicou suas próprias manchetes chamativas: "Todas as luzes se curvam no céu"; "Teoria de Einstein triunfa"; e a mais confusa: "Estrelas não estão onde pareciam ou calculava-se estar, mas não há motivo para preocupação".[21]

A aposta de Eddington se mostrara acertada. Com seu entendimento posto à prova da nova teoria da relatividade geral de Einstein, ele se estabeleceu como o profeta da nova física. Dali em diante, Eddington seria um dos poucos estudiosos a quem todo mundo teria que se referir ao discutir a nova relatividade, e suas opiniões seriam solicitadas, mais do que a de qualquer outro, como guia para a interpretação ou o desenvolvimento da teoria de Einstein.

E a missão bem-sucedida de Eddington, obviamente, elevou Einstein à condição de superastro. Suas descobertas transformariam sua vida e proporcionariam à teoria da relatividade geral, pelo menos por algum tempo, um nível de popularidade e fama raramente vivido por um cientista. Einstein havia destronado Newton, que reinara supremo durante centenas de anos. Muito embora fosse de difícil compreensão e calcada numa linguagem matemática que pouquíssima gente entendia, sua teoria passara no teste de Eddington com sucesso total. Além disso, Einstein deixara de ser o inimigo. A guerra havia acabado e, apesar de certa animosidade residual contra os cientistas alemães, Einstein estava absolvido. Já era pública a informação de que ele não assinou o "Manifesto dos 93" e que na verdade não era nem alemão, e sim um judeu suíço. Como Einstein escreveu em artigo no *Times* pouco após o pronunciamento histórico de Eddington na RAS: "Na Alemanha, sou chamado de cientista alemão, e na Inglaterra sou tratado como judeu suíço. Caso eu venha a ser representado como *bête noire*, as descrições serão invertidas, e deverei tornar-me judeu suíço para os alemães e cientista alemão para os ingleses".[22]

O desconhecido analista de patentes com tendência à insolência, admirado por alguns poucos especialistas em sua área, havia sido elevado a ícone cultural, convidado a dar palestras nos Estados Unidos, no Japão e por toda a Europa. E sua teoria da relatividade geral, surgida de um simples experimento mental em seu escritório em Berna, agora estava completamente consolidada como uma forma inovadora, totalmente distinta, de encarar a física. A matemática oferecera bases sólidas para a física da relatividade, o que resultou num conjunto de equações complicadas e belas que estavam prontas para se difundir mundo afora. Era chegada a hora de outros começarem a entender o que elas queriam dizer.

3. Matemática correta, física abominável

As equações de campo de Einstein eram complicadas, um emaranhado de funções obscuras, mas que em princípio poderiam ser resolvidas por qualquer pessoa com a devida capacidade e determinação. Nas décadas que se seguiram à descoberta de Einstein, um eclético matemático e meteorologista soviético chamado Alexander Friedmann, assim como o abade Georges Lemaître, um pároco belga brilhante e determinado, usaram as equações da relatividade geral para elaborar uma visão inédita e radical do universo, uma perspectiva que o próprio Einstein se recusou a aceitar por muito tempo. Através do trabalho dos dois, a teoria ganhou vida própria, independente do controle de Einstein.

Quando formulou suas equações de campo, em 1915, Einstein queria resolvê-las ele mesmo. Encontrar uma solução para as equações que pudesse gerar um modelo preciso do universo como um todo parecia bom lugar para começar. Em 1917, ele se dispôs a fazer justamente isso, partindo de algumas suposições bem simples. Na teoria de Einstein, a distribuição da matéria e da energia ditava o comportamento do espaço-tempo. Para criar um modelo abrangente do universo, ele precisaria levar em conta *toda* a matéria e energia do universo. A suposição mais simples e mais lógica, e a que Einstein adotou na sua primeira tentativa, era a de que matéria e energia são distribuídas de maneira uniforme por todo o espaço. Einstein estava apenas dando continuidade a uma linha de raciocínio que havia transformado a astronomia no século XVI. Na época, Nicolau Copérnico havia feito a ousada afirmação de que a Terra não era o centro do cosmos e que, na verdade, orbitava o Sol. A revolução "copernicana", ao longo dos séculos, foi tornando nossa posição no cosmos cada vez mais insignificante. Em meados do século XIX, ficou claro que nem mesmo o Sol era de grande relevância e ficava localizado em algum ponto desimportante de um dos braços espirais da Via Láctea, a nossa galáxia. Quando Einstein encarou suas equações, estava apenas extrapolando até suas consequências lógicas a ideia de que qualquer ponto no universo pareceria mais ou menos igual: não deveria haver lugar preferencial ou algum ponto central que se destacasse.

A suposição de que o universo estava preenchido de matéria, e que essa matéria estaria distribuída de maneira uniforme, tornava as equações de campo muito mais simples, mas também levava a um resultado bem estranho: a previsão de que um universo configurado dessa maneira começaria a evoluir. Em algum momento, todos os pedacinhos de energia e matéria distribuídos uniformemente começariam a se movimentar um em relação ao outro, de maneira organizada. Em uma escala mais ampla, nada ficaria estático. Por fim, tudo poderia até ruir sobre si mesmo, puxando junto o espaço-tempo e fazendo o universo inteiro entrar em colapso e deixar de existir.

Em 1916, a perspectiva geral dos astrônomos quanto ao cosmos era, no mínimo, provinciana. Embora houvesse um mapa

54

bastante apropriado da Via Láctea, havia pouca — se é que alguma — noção do que existia além da nossa galáxia. Ninguém possuía indicativo claro de como o universo se comportava como um todo. Todas as observações mostravam que, aparentemente, as estrelas se movimentavam um pouquinho, mas não de maneira drástica e com certeza não de maneira organizada, orquestrada, considerando uma escala mais ampla. Para Einstein, assim como para a maioria das pessoas, o céu parecia estático, e não havia evidências de que o universo estava entrando em colapso ou se expandindo. Deixando que a intuição física e as noções preconcebidas o vencessem, Einstein propôs um remendo para erradicar da sua teoria o universo em evolução. Ele anexou uma nova constante a suas equações de campo. Essa *constante cosmológica* estabilizaria o universo ao criar uma compensação para exatamente todas as coisas nele contidas. Todas as coisas existentes, a energia e a matéria que Einstein havia distribuído de maneira uniforme pelo cosmos, tentavam puxar o espaço sobre si, e a constante cosmológica empurrava de volta, impedindo assim que o universo entrasse em colapso. Era esse puxa e empurra que mantinha o universo em um delicado equilíbrio: fixo e estático, como Einstein achava que deveria ser.

Fugir da conclusão de que o universo estava em evolução complicava imensamente a teoria para o próprio Einstein. Como ele mesmo viria a admitir: "A introdução dessa constante implica uma renúncia considerável à simplicidade lógica da teoria".[1] Com o acréscimo da constante, ele disse a um amigo que havia "cometido algo na teoria da gravitação que ameaça render minha internação no hospício".[2] Mas ela teve sua função.

Na escalada que levou à descoberta da relatividade, Einstein muitas vezes viria a escrever e discutir seu trabalho com Willem de Sitter, astrônomo holandês da Universidade de Leiden, na Holanda. Morando em território neutro durante a Primeira Guerra

Mundial, De Sitter fora fundamental para transmitir informações sobre a teoria de Einstein à Inglaterra, onde Eddington a estudara em detalhes; De Sitter era o homem oculto que desempenhara papel de grande relevância nos preparos para a expedição de observação do eclipse de 1919.

Matemático de formação, De Sitter tinha preparo para lidar com as equações de campo de Einstein. No momento em que recebeu um esboço do artigo que descrevia um universo estático a partir das equações de campo, mutilado pela constante cosmológica, De Sitter percebeu que a solução de Einstein não era a única possível. Na verdade, ressaltou ele, era possível conceber um universo que contivesse nada além da constante cosmológica. Ele propôs um modelo cosmológico do universo que pudesse conter estrelas, galáxias e outros tipos de matéria, mas em quantidades tão ínfimas que não teriam efeito sobre o espaço-tempo e seriam incapazes de equilibrar a constante cosmológica. Por conta disso, a geometria do universo de De Sitter seria totalmente determinada pelo remendo de Einstein, a constante cosmológica.

Em ambas as concepções, o universo era estático e sem evolução, exatamente como as noções preconcebidas de Einstein o levavam a crer. O universo de De Sitter, porém, tinha uma propriedade estranha que o próprio astrônomo notou em seus artigos. De Sitter havia concebido seu universo de maneira que o espaço-tempo fosse estático, da mesma forma que Einstein. A geometria do universo, tal como a curvatura que o espaço teria em cada ponto, ficaria inalterada ao longo do tempo. Mas, espalhando algumas estrelas e galáxias pelo universo de De Sitter — exercício mental que fazia sentido, dado que nosso universo parece ser cheio de matéria —, elas todas começariam a se movimentar de maneira orquestrada, numa deriva que as distanciaria do centro do universo. Mesmo que a *geometria* no universo de De Sitter fosse totalmente estática e permanecesse a mesma o tempo todo, os objetos no seu universo não ficariam imóveis.

Algumas semanas depois de receber o artigo de Einstein que descrevia o universo estático, De Sitter já havia anotado sua própria solução e enviado-a de volta. Embora reconhecesse que o modelo de De Sitter fosse matematicamente válido, Einstein não se impressionou e detestou a ideia de um universo totalmente esvaziado dos planetas e das estrelas que conseguimos enxergar no céu noturno. Todas essas coisas eram essenciais, eram o que nos fazia ter noção de que estávamos em movimento. Seria apenas em relação ao firmamento das estrelas que poderíamos determinar se estávamos acelerando, desacelerando ou girando. Era nossa referência para aplicar todas as leis da física. Sem todas essas coisas, a intuição de Einstein não vinha mais ao caso. Ele respondeu a Paul Ehrenfest em carta, expressando sua irritação diante de tal mundo destituído de matéria. "Admitir tais possibilidades", ele escreveu, "me parece algo sem sentido."[3] Apesar da queixa de Einstein, em questão de poucos anos de sua criação, a relatividade geral havia rendido dois modelos estáticos do universo que, em seu cerne, eram muito diferentes.

Enquanto Einstein trabalhava na sua teoria da relatividade geral, Alexander Friedmann bombardeava a Áustria. Piloto do Exército russo, Friedmann se apresentara como voluntário em 1914, servindo primeiro na unidade de reconhecimento aéreo no front norte e depois em Lvov. Durante curto período, chegou-se a achar que a Rússia iria levar a melhor contra o inimigo. Em voos noturnos regulares sobre o sul da Áustria, ele acompanhava os colegas que forçavam a rendição de cidades cercadas pelo Exército russo. Cidade por cidade, o Exército de ocupação russo assumia o controle.

Friedmann era diferente dos outros pilotos. Enquanto seus colegas soltavam bombas a olho, fazendo estimativas grosseiras sobre o local em que iam cair, Friedmann era mais cauteloso. Ele criara uma fórmula que levava em consideração a velocidade do avião, a velocidade da bomba, o peso dos explosivos e previa onde teria que soltá-la para atingir o alvo desejado. Por conta disso, as bombas de Friedmann sempre atingiam o alvo. Ele foi premiado com a Cruz de São Jorge por bravura em combate.

Especialista em matemática pura e aplicada antes da guerra, Friedmann tinha grande talento para o cálculo. Era comum que se dedicasse a problemas dificílimos de resolver com precisão na era pré-computador. Friedmann era destemido e resumia suas equações até o essencial, simplificando a confusão onde fosse possível e livrando-se de toda bagagem extra. Se ainda assim não conseguisse resolvê-las, desenhava diagramas e imagens que se aproximassem em alguma medida dos resultados corretos, obtendo as respostas que queria. Com apetite voraz para resolver problemas, Friedmann encarava de tudo, desde previsão do tempo até o comportamento de ciclones, mecânica de fluidos e trajetórias de bombas. Era do tipo que não se deixava intimidar diante das dificuldades.

No início do século XX, a Rússia estava em transformação. O regime tsarista se arrastava de crise em crise, despreparado para conter o descontentamento crescente, com uma população imensamente empobrecida e precisando o turbilhão de uma Europa cada vez mais instável. Friedmann estava entusiasmado em desempenhar um papel nas mudanças sociais ao seu redor. Quando estudante de ensino médio, lutou ao lado de seus colegas durante a primeira Revolução Russa, em 1905, que levou a algumas manifestações estudantis que abalaram o país. Quando era graduando na Universidade de São Petersburgo, destacou-se pelo brilhantismo. E durante a guerra comandava tropas no front, pilotava aviões, soltava bombas, ensinava aeronáutica e gerenciava uma fábrica que produzia instrumentos de navegação.

Depois da guerra, Alexander Friedmann assumiu um posto de professor em Petrogrado (que viria a ser chamada de Leningrado). O "circo da relatividade", como Einstein o chamava, havia chegado à Rússia. Intrigado com a matemática bizarra, Friedmann decidiu empregar suas formidáveis habilidades no cálculo para tentar resolver as equações de Einstein. Assim como Einstein, Friedmann desfez o nó complicado das equações presumindo que o universo era simples em uma escala mais ampla, que a matéria era distribuída de maneira uniforme e que a geometria do espaço podia ser descrita simplesmente em termos de um número, sua curvatura total. Einstein defendera a ideia de que esse número fora fixado de uma vez por todas como resultado de um equilíbrio delicado entre seu termo cósmico, a constante cosmológica e a densidade da matéria, na forma de estrelas e planetas espalhados pelo espaço.

Friedmann ignorou os resultados de Einstein e começou do zero. Estudando como a matéria e a constante cosmológica afetavam a geometria do universo, ele se deparou com um fato surpreendente: que apenas um número, a curvatura total do espaço, evoluía com o tempo. As coisas mais comuns do universo, as estrelas e as galáxias espalhadas por toda parte, fariam o espaço se contrair e desabar sobre si mesmo. Se a constante cosmológica fosse um número positivo, empurraria o espaço de volta e o faria se expandir. Einstein havia equilibrado esses dois efeitos, o puxa e empurra, de forma que o espaço ficasse estático. Mas Friedmann descobriu que a solução estática era apenas um caso especial e particular. A solução geral era que o universo *precisava* evoluir, contraindo-se ou expandindo-se — a depender se era a matéria ou a constante cosmológica que tinham papel predominante.

Em 1922, Friedmann publicou seu artigo de importância seminal, "Sobre a curvatura do espaço", no qual mostrou que não apenas o universo de Einstein mas também o de De Sitter eram meramente casos muito específicos de um leque muito mais amplo de comportamentos possíveis para o universo. Aliás, as soluções mais gerais eram de universos que ou se contraíam ou se expandiam com o tempo. Uma certa categoria de modelos podia até se expandir e crescer e depois se contrair de novo, levando a uma sucessão infinita de ciclos. Os resultados de Friedmann também desvincularam a constante cosmológica de Einstein da sua função de manter o universo estático. Não havia nada que fixasse a constante cosmológica a um valor específico, ao contrário do que constava do modelo original de Einstein. Nas conclusões de seu artigo, Friedmann escreveu com certo desprezo: "A constante cosmológica [...] é indeterminada [...] já que é uma constante arbitrária".[4] Ao se desvencilhar do postulado de que o universo seria estático, Friedmann havia demonstrado que a constante cosmológica de Einstein era, para todos os efeitos, irrelevante. Se o universo estava em evolução, não havia necessidade de complicar a teoria com um remendo arbitrário, tal como Einstein havia feito.

Era o tipo de artigo que surgia do nada. Friedmann não tomara parte em discussões com Einstein, nem havia comparecido à série de palestras na Academia de Ciências da Prússia. Era alguém de fora que ficara entusiasmado com a onda de euforia que se seguira à expedição de observação do eclipse de Eddington. Um físico dedicado em primeiríssimo lugar à matemática, tudo que Friedmann fez foi empregar as mesmas habilidades e técnicas que usava para estudar as bombas e o clima, encontrando um resultado que ia contra o instinto de Einstein.

Para Einstein, a possibilidade de que o universo estivesse evoluindo era absurda. Quando Einstein leu o artigo de Friedmann pela primeira vez, recusou-se a aceitar que sua teoria pudesse comportar aquela possibilidade. Friedmann *só podia* estar errado, e Einstein estava determinado a provar o erro. Ele revisou cuidadosamente o artigo de Friedmann e encontrou o que entendeu como um equívoco fundamental. Assim que esse erro era corrigido, o cálculo de Friedmann apresentava um universo estático, tal como Einstein havia previsto. Einstein rapidamente publicou uma observação na qual afirmava que "a relevância" do trabalho de Friedmann estava em provar que o comportamento do universo era constante e imutável.[5]

Friedmann ficou perplexo com a observação de Einstein. Ele tinha certeza de que não havia cometido erro nenhum, e que fora Einstein quem se equivocou nos cálculos. Friedmann escreveu uma carta a Einstein mostrando onde estava enganado e emendou ao final: "Caso considere corretos os cálculos que apresento em minha carta, favor fazer a gentileza de informar aos editores da *Zeitschrift für Physik*".[6] Ele despachou sua carta para Berlim na esperança de que Einstein agisse depressa.

Einstein nunca viria a receber a carta. Sua fama o empurrara a uma sucessão infinita de seminários e conferências, que o obrigavam a viajar pelo mundo, da Holanda à Suíça, da Palestina ao Japão, e o mantinha sempre distante de Berlim, onde a carta de Friedmann estava esquecida, juntando pó. Foi por puro acaso que Einstein encontrou um dos colegas de Friedmann, de passagem no Observatório de Leiden, e ficou sabendo da resposta. E foi assim que, seis meses depois, Einstein publicou uma errata à correção que *ele mesmo* havia apresentado ao artigo de Friedmann, reconhecendo devidamente o primeiro resultado de Friedmann e admitindo que "existem soluções com variação de tempo" para o universo.[7] O universo poderia de fato evoluir na teoria da relatividade geral. Porém, ainda assim, tudo que Friedmann havia feito fora mostrar que havia soluções na teoria de Einstein que levavam a um universo em evolução. Era só matemática, segundo Einstein, não realidade. Suas noções preconcebidas ainda o levavam a acreditar que o universo deveria ser estático.

Friedmann ganhou notoriedade por ter corrigido o figurão. Mas, embora tenha incumbido seus alunos de doutorado a levar adiante suas ideias, e ele mesmo tenha continuado a divulgar publicamente o trabalho de Einstein naquilo que então havia se tornado a União Soviética, Friedmann voltou a trabalhar com meteorologia. Faleceu em 1925, aos 37 anos, da febre tifoide que contraiu enquanto estava de férias na Crimeia, e seu modelo matemático de um universo em evolução viria a ficar adormecido por vários anos.

Georges Lemaître começou na matemática e na religião em idade precoce. Era bom com equações, capaz de encontrar soluções claras e inovadoras dos dilemas matemáticos que lhe passavam na escola. Depois de frequentar um colégio jesuíta em Bruxelas, Lemaître se tornou estudante de engenharia de minas e ainda era um universitário quando foi convocado para a guerra, em 1914. Enquanto Einstein e Eddington faziam campanha pela paz, Georges Lemaître foi lutar nas trincheiras quando os alemães invadiram a Bélgica. Os alemães destruíram a cidade de Louvain e deixaram a comunidade internacional ultrajada, o que levou ao infame manifesto dos 93 cientistas alemães que envenenou as relações entre as academias de ciências inglesa e alemã. Lemaître era soldado exemplar, um apontador-atirador que ganhou patentes até se tornar oficial de artilharia. Assim como Alexander Friedmann, aplicava seu dom para resolver problemas complicados — no caso, referentes à balística. Quando a guerra acabou, foi condecorado por bravura nas Ordens do Exército belga.

A experiência de Lemaître na carnificina do campo de batalha, o efeito devastador do gás cloro nas trincheiras e a brutalidade do front o afetaram profundamente. Após deixar o Exército, além de estudar física e matemática, ele entrou para a Maison

Saint Rombaut em 1920, e em 1923 foi ordenado padre jesuíta. Pelo resto da vida, Lemaître prosseguiria com seu fascínio pela matemática aliado à devoção espiritual, subindo fileiras na igreja Católica até se tornar presidente da Academia Pontifícia de Ciências. Era um padre cientista, que voltaria seu olhar para resolver as equações do universo.

Desde a época da universidade Lemaître já se mostrara atraído pela teoria da relatividade geral de Einstein, falando em seminários e escrevendo breves análises sobre o tema na Universidade de Louvain. Em 1923, ele passou algum tempo na Inglaterra, em Cambridge, dividindo-se entre uma pensão para clérigos católicos e os trabalhos sobre a relatividade com Eddington. O astrônomo inglês revelou a Lemaître as fundações da relatividade, garantindo-lhe um ponto de observação enquanto se descortinava a busca pela verdadeira teoria do universo. Eddington ficou impressionado com Lemaître, que considerava "um aluno brilhante, incrivelmente perspicaz e lúcido, e de grande capacidade matemática".[8] Quando Lemaître se mudou para os Estados Unidos, em 1924, o problema ainda não resolvido de como criar um modelo preciso do universo se tornou seu maior interesse, no qual se aprofundaria em seu doutorado no MIT.

Quando Lemaître se voltou para a cosmologia, em 1923, os modelos de mundo de Einstein e de De Sitter ainda estavam em disputa. Na época, ainda eram os dois únicos modelos matemáticos saídos das equações de Einstein, mas permaneciam apenas isso: dois modelos matemáticos sem observação alguma que apontasse a supremacia de um em relação ao outro. O universo em evolução de Alexander Friedmann não tivera impacto nenhum, e a noção preconcebida de Einstein, contrária à ideia de um universo em movimento, tinha peso suficiente para impedir que alguém se interessasse em investigá-la a fundo. Conforme a visão predominante, o universo ainda era estático. Mas Eddington ficara intrigado com o modelo de De Sitter, no qual estrelas e galáxias se distanciavam do centro do universo. De Sitter defendia que poderia haver uma distinção observável de seu universo. Nele, objetos distantes apareceriam de maneira peculiar. Sua luz teria um *desvio para o vermelho*.

Podemos conceber a luz como um conjunto de ondas de comprimentos variados que correspondem a níveis energéticos distintos. A luz vermelha tem comprimento de onda maior e nível de energia menor que a luz azul, que fica na outra ponta do espectro. Quando olhamos para uma estrela ou galáxia, ou qualquer objeto que brilha, a luz emitida é uma mistura dessas ondas, algumas de nível energético maior que outras. O que De Sitter descobriu foi que a luz de qualquer objeto distante invariavelmente tenderia para o vermelho, parecendo ter um comprimento de onda maior e menos energia que objetos similares mais próximos. Quanto mais distante estivesse um objeto, mais vermelho seria. Uma maneira segura de testar o modelo de De Sitter seria procurar pelo fenômeno no universo real.

O desvio para o vermelho, efeito em razão do qual galáxias distantes pareciam tender mais para o vermelho do que as mais próximas, sugeria que alguma coisa não fora perfeitamente entendida no modelo de De Sitter. Junto com Hermann Weyl, um dos discípulos de David Hilbert em Göttingen, Eddington analisou a solução de De Sitter mais de perto e descobriu que, caso se espalhassem estrelas ou galáxias por todo o espaço-tempo, surgia uma relação muito próxima e linear entre os desvios para o vermelho e as distâncias de cada estrela ou galáxia.[9] Um objeto que estivesse duas vezes mais distante da Terra que outro teria um desvio para o vermelho que seria, de maneira correspondente, duas vezes maior. O padrão de desvio para o vermelho passou a ser conhecido como *efeito De Sitter*.

Quando, em 1924, Lemaître examinou de forma mais minuciosa o universo de De Sitter e as descobertas de Eddington e Weyl, percebeu que as equações no artigo do astrônomo holandês estavam escritas de maneira estranha. De Sitter formulara sua teoria partindo de um universo estático com uma propriedade esquisita: seu universo tinha um centro e, para um observador posicionado nesse centro, havia um horizonte além do qual nada era visível. Isso conflitava com as suposições básicas de Einstein com relação ao universo, segundo as quais todos os lugares seriam iguais. Quando Lemaître reformulou o universo de De Sitter de forma que o horizonte ficasse de fora e todos os pontos no espaço fossem considerados iguais, descobriu um padrão totalmente diferente. De acordo com o modo mais simples de Lemaître de observar o universo, a curvatura do espaço evoluía com o tempo, e a geometria evoluía como se pontos no espaço estivessem se deslocando um para longe do outro. Era essa evolução que podia explicar o efeito De Sitter. Assim como Friedmann alguns anos antes, Lemaître havia se deparado com o universo em evolução. A descoberta de Lemaître, de que o desvio para o vermelho estava associado a um universo em expansão, revelava algo que a descoberta anterior de Friedmann não contemplava: era possível testar a hipótese com observações do mundo real.

Lemaître seguiu adiante em sua análise e procurou mais soluções. Para sua surpresa, descobriu que os modelos estáticos que Einstein e De Sitter vinham promovendo eram casos muito específicos, quase aberrações da teoria de Einstein em relação ao espaço-tempo. Enquanto o modelo de De Sitter podia ser reformulado como um universo em evolução, o de Einstein sofria de uma instabilidade que podia levar rapidamente ao desequilíbrio. Se no modelo de Einstein houvesse o mínimo grau de desequilíbrio entre matéria e a constante cosmológica, o universo rapidamente começaria a se expandir ou se contrair, saindo de seu tão desejado estado plácido. Aliás, como Lemaître descobrira, os modelos de Einstein e de De Sitter eram apenas dois numa vasta família, e todos se expandiam com o passar do tempo.

O efeito De Sitter não havia passado despercebido entre os astrônomos. Aliás, em 1915, antes mesmo de De Sitter propor seu modelo, um astrônomo norte-americano, Vesto Slipher, havia medido os desvios para o vermelho em manchas de luz espalhadas pelo céu conhecidas como nebulosas.[10] Ele conseguira isso medindo os espectros das nebulosas. Os elementos individuais que constituem um objeto que emite luz — seja uma lâmpada, um carvão em brasa, uma estrela ou uma nebulosa — emitem um padrão singular de comprimentos de onda. Quando medidos com um espectrômetro, esses comprimentos de onda aparecem como uma série de linhas, tal como um código de barras. Esse código de barras é conhecido como espectro do objeto.

Slipher usou seus equipamentos no Observatório Lowell, em Flagstaff, no Arizona, para medir os espectros das nebulosas espalhadas pelo céu. Em seguida, comparou esses espectros com o que teria obtido caso houvesse medido um objeto composto dos mesmos elementos parado na mesa de seu escritório. (Os espectros desses elementos que constituíam as nebulosas eram perfeitamente conhecidos, de forma que não foi necessário repetir o experimento em seu escritório.) Slipher descobriu que suas medidas dos espectros das nebulosas ficaram todas deslocadas em relação ao esperado. Os códigos de barras desviavam ou para a esquerda ou para a direita.

A variação nos espectros significava que os objetos medidos estavam em movimento. Quando uma fonte de luz está se distanciando do observador, os comprimentos de onda em seu espectro parecem se esticar. O efeito na prática é que a luz vai parecer mais vermelha. Por outro lado, se uma fonte de luz está se movendo na direção do observador, seu espectro varia para comprimentos de onda menores, e a luz vai parecer mais azul. Esse efeito, conhecido como efeito Doppler, é algo que você provavelmente já vivenciou no contexto sonoro. Imagine uma ambulância que corre em alta velocidade na sua direção — o timbre da sirene varia conforme ela passa, ficando mais grave à medida que o veículo se distancia. O mesmo efeito na luz levou Slipher a descobrir como as coisas se movimentavam no universo.

Os resultados de Slipher o pegaram absolutamente de surpresa. Ele esperava que as coisas se movimentassem impelidas pela atração gravitacional de objetos próximos. Aliás, uma de suas primeiras medidas parecia indicar que uma das nebulosas mais brilhantes, Andrômeda, estava se aproximando de nós: sua luz tinha desvio para o azul. Slipher, porém, foi sistemático e seguiu registrando espectros de outras nebulosas. O que ele descobriu foi desconcertante — quase todas as nebulosas pareciam estar tomando distância de nós. Havia uma tendência.

Em 1924, um jovem astrônomo suíço chamado Knut Lundmark pegou os dados de Slipher e fez uma estimativa da distância a que ficavam as diferentes nebulosas.[11] Lundmark ainda não era capaz de determinar exatamente a que distância cada nebulosa estava, e não tinha absoluta certeza de seus resultados. Mas a tendência reveladora era bem evidente: quanto mais distantes as nebulosas, mais depressa pareciam se mover.

Em 1927, o abade Lemaître redefiniu a tendência que aparecia no modelo de De Sitter e que Slipher aparentemente encontrara nos dados. Seus cálculos previam que a medição dos desvios para o vermelho *e* das distâncias de galáxias longínquas deveria revelar uma relação linear entre as duas. Em um gráfico com a distância representada no eixo horizontal e o desvio para o vermelho no eixo vertical, as galáxias deveriam ficar todas mais ou menos em uma linha reta. Sem conhecer a obra de Friedmann, Lemaître anotou os resultados para seu doutorado e os publicou numa obscura revista científica belga.[12] Ele incluiu seus cálculos e uma seção curta que discutia a evidência observacional, explorando a vertente da reação linear que Eddington, Weyl e ele mesmo haviam encontrado. A evidência observacional da expansão era provisória e continha vários erros — mas era fascinante ver como tudo aparentemente combinava.

Para a desolação de Lemaître, seu trabalho fora completamente ignorado pelos principais teóricos da relatividade, incluindo Eddington, seu ex-orientador. Quando encontrou Lemaître em um congresso, no final daquele ano, Einstein não se mostrou nem um pouco impressionado com o trabalho do belga. Einstein elegantemente apontou a Lemaître que seu trabalho meramente replicava as descobertas de Alexander Friedmann. Apesar de ter admitido que os cálculos de Friedmann estavam corretos, Einstein se agarrava à crença de que essas estranhas soluções eram curiosidades matemáticas, que não representavam o universo real, que para ele só poderia ser estático. Ele concluiu sua apreciação do trabalho de Lemaître com uma tirada depreciativa: "Embora seus cálculos estejam corretos, seu conhecimento de física é abominável".[13] E, com isso, pelo menos por algum tempo, o universo de Lemaître sumiu de vista.

Edwin Hubble era muito mais respeitado por sua capacidade de resolver problemas do que por sua personalidade extravagante. Era formado na Universidade de Chicago, onde foi campeão de boxe, ou assim dizia. Depois passou alguns anos como bolsista Rhodes na Universidade de Oxford, onde adotou um irritante sotaque pseudobritânico que manteria pelo resto da vida. Para complementar a postura pomposa, havia o terno de tweed e o cachimbo, a personificação do fazendeiro inglês. Depois de passar por Oxford, Hubble foi mandado para a Grande Guerra, tal como Friedmann e Lemaître, mas chegou à frente de batalha assim que a guerra terminou.

Em fins dos anos 1920, o trabalho de Hubble atraía atenção porque poucos anos antes ele havia tirado a sorte grande. No início do século XX, já era sabido que vivemos em um vasto redemoinho de estrelas que constituem nossa galáxia, a Via Láctea. Na época, uma pergunta sem resposta pairava sobre a astronomia: a Via Láctea era a única galáxia, uma ilha solitária no vazio do espaço, ou uma de muitas no cosmos? Olhando para o céu noturno, entre as estrelas e os planetas, é possível ver manchas desfalecidas e misteriosas de luz, as mesmas nebulosas que Slipher havia observado e medido. Essas nebulosas seriam só estrelas em desenvolvimento na Via Láctea ou galáxias distantes em construção? Se as nebulosas fossem de fato galáxias, então a Via Láctea seria apenas uma entre muitas.

Hubble respondeu a essa pergunta medindo a distância de uma nebulosa em particular, Andrômeda.[14] Ele notara que podia usar estrelas muito brilhantes, conhecidas como Cefeidas, como balizas. Ao medir quanto as Cefeidas observadas em Andrômeda eram mais escuras em relação às mais próximas, conseguiu estabelecer a distância de Andrômeda à Terra. Quanto mais fraca fosse a luz, mais distante a nebulosa seria. A distância de Andrômeda afirmada por Hubble era imensa: quase 1 milhão de anos-luz, cinco a dez vezes mais do que se estimava, à época, em relação ao tamanho da Via Láctea. Andrômeda não podia fazer parte da Via Láctea, pois estava muito distante. A explicação mais óbvia era que simplesmente se tratava de outra galáxia, assim como a Via Láctea. E, se isso valia para Andrômeda, por que não valeria para várias outras nebulosas? Com essa medição, em 1925, Hubble fez o universo virar um lugar muito maior.

Em 1927, Hubble participou de uma reunião da União Astronômica Internacional na Holanda, onde ouviu a comoção causada pela previsão de De Sitter, Eddington e Weyl do desvio para o vermelho nas nebulosas e ficou sabendo que as medidas de Slipher poderiam ser a primeira pista de que o efeito aparecia nos números. A tentativa de Lundmark de montar um gráfico que comparasse velocidades com distância e mostrasse uma relação entre as duas grandezas fora publicada em 1924, pouco antes da medição de Hubble da distância até Andrômeda, e seus resultados foram aceitos com desconfiança. O abade Lemaître usara as medições de Hubble para seu artigo de 1927, mas seu texto foi publicado em uma revista científica belga obscura, em francês, e não fora lido por ninguém. Hubble viu uma oportunidade de entrar no jogo e detectar o efeito De Sitter, suplantando todas as tentativas prévias e se posicionando como um desbravador.

Hubble recrutou um integrante da equipe técnica no Observatório Monte Wilson, Milton Humason. Noite após noite, Hubble fez Humason preparar os prismas no telescópio do Monte Wilson, no alto das montanhas nos arredores de Pasadena, na Califórnia, para medir espectros. Foi um trabalho inglório.[15] O domo do observatório era frio e escuro, e o assoalho de ferro deixava os pés de Humason dormentes e doloridos. Suas costas ardiam por ter que se curvar para olhar pelo visor, tentando encontrar as linhas espectrais de sua seleção de nebulosas. Ele sabia que precisava ir além de Slipher e observar nebulosas bem fracas. Quanto mais fracas fossem, mais distantes estariam. Porém havia dificuldades com o instrumento, que não estava ajustado para fazer medições como aquelas. Humason levava dois ou três dias para captar um espectro, enquanto outros telescópios podiam fazê-lo em poucas horas.

Enquanto Humason procurava desvios para o vermelho, Hubble se concentrava em determinar distâncias. Ele media a

70

quantidade de luz que cada nebulosa emitia e comparava os resultados. A partir daí, podia ter uma ideia aproximada da distância a que ficavam os objetos, usando como base de comparação sua medição da distância de Andrômeda. Hubble então combinava suas medições de distância com as medições de desvios para o vermelho de Slipher e de Humason para encontrar uma relação linear entre as duas, o que revelaria o efeito De Sitter.

Por volta de janeiro de 1929, Hubble e Humason já tinham computado desvios para o vermelho de 46 nebulosas.[16] Hubble já calculara as distâncias de 24 — as mais próximas, nas quais Slipher tinha medido os desvios para o vermelho. Ele compilou os dados em um gráfico: o eixo x marcava as distâncias, enquanto o eixo y mostrava as velocidades aparentes determinadas pelos desvios para o vermelho observados. Ainda havia muita dispersão, mas parecia um trabalho mais promissor que as tentativas de Lundmark ou Lemaître, e revelava uma tendência particular: quanto mais distantes ficavam as nebulosas, maior o desvio para o vermelho.

Hubble enviou para publicação, sem dar crédito a Humason, um artigo curto: "Uma relação entre distância e velocidade radial nas nebulosas extragaláticas", no qual apresentou os dados do gráfico. Lundmark chegara lá antes, mas, embora citasse de passagem o trabalho do suíço, Hubble preferia exaltar a importância de seu próprio resultado. No último parágrafo, ele escreveu: "A característica excepcional, todavia, é a possibilidade de que a relação velocidade-distância possa representar o efeito De Sitter e, portanto, os dados numéricos possam ser introduzidos em discussões sobre a curvatura geral do espaço". Em um artigo curto e modesto submetido no mesmo dia, Humason publicou as medições de desvio para o vermelho e de distância para uma nebulosa que ficava duas vezes mais distante do que todas as outras das quais Hubble tratava em seu artigo. Ela também parecia entrar na relação de desvio para o vermelho que Hubble vinha encontrando. Lá estava, portanto, o efeito De Sitter.

Embora Lundmark e Lemaître já houvessem chegado lá, a descoberta de Hubble da relação linear entre desvio para o vermelho e distância foi o catalisador que uniu a cosmologia. Nos anos que se seguiram ao artigo seminal de Hubble de 1929, as ideias de Einstein, De Sitter, Friedmann e Lemaître, que vinham fermentando mais ou menos ao longo de toda a década anterior, enfim seriam conciliadas em um único contexto. E, ainda que as evidências de recessão das galáxias já estivessem nos dados de Slipher e nas análises provisórias de Lundmark e Lemaître, foram os artigos de Hubble e Humason que convenceram os astrônomos de que o efeito De Sitter podia existir de fato.

Um ano depois do artigo de Hubble ser submetido a publicação, Eddington pôs no papel uma discussão do efeito De Sitter e as observações de Hubble em *The Observatory*, o mesmo periódico científico que dera espaço a seus apelos pacifistas durante os dias de trevas da Grande Guerra. O abade Lemaître, firmemente integrado à Universidade de Louvain, leu o artigo de Eddington e ficou perplexo. Não havia menção nenhuma a seu trabalho — seu modelo muito mais simples do universo em expansão fora esquecido. Lemaître imediatamente enviou uma carta a Eddington, descrevendo seu trabalho de 1927, no qual demostrara que havia outras soluções para as equações de Einstein, segundo as quais o universo se expandia. Ao fim de sua carta, ele emendava: "Envio cópias do meu artigo. Talvez o senhor considere oportuno mandá-las a De Sitter. Também enviei a ele à época, mas é provável que ele não tenha lido".[17] Eddingon ficou abismado. Seu aluno "brilhante" e "lúcido" tentara mantê-lo atualizado sobre suas incursões na relatividade, mas Eddington havia simplesmente ignorado e esquecido seu trabalho. Eddington logo se tornou defensor da visão do universo de Lemaître e convenceu De Sitter a abandonar seu próprio modelo e adotar o do abade. Só faltava Einstein ser convencido pela ideia do universo em expansão.

Os anos de Einstein sob os holofotes o distraíram do ruidoso avanço em sua teoria, com os trabalhos de Friedmann e Lemaître e nas observações de galáxias em afastamento. No terceiro trimestre de 1930, contudo, ele fora obrigado a reconhecer que alguma coisa estava acontecendo. Durante uma visita a Cambridge, onde ficou hospedado com Eddington e sua irmã, Einstein foi contagiado pelo entusiasmo do astrônomo inglês com os resultados de Hubble e com o modelo de universo de Lemaître. Em uma de suas muitas viagens, fez uma parada na Califórnia e encontrou-se com Hubble em Monte Wilson, onde tiveram uma discussão um tanto desencontrada sobre a nova visão do universo. Einstein ainda não era fluente em inglês, e Hubble não falava alemão, mas juntos eles entenderam que o universo em expansão estava sendo adotado tanto por físicos como por astrônomos. E assim, em outra viagem, dessa vez a Leiden, Einstein sentou-se com De Sitter e admitiu a nova cosmologia que emergia de sua teoria, propondo sua versão de um universo em expansão. Os dois concordaram em largar o remendo que Einstein se sentira obrigado a acrescentar para que sua teoria funcionasse e resultasse em um universo estático. Assim teve fim a constante cosmológica que Einstein adicionara a sua teoria em 1917.

Depois de descobrir o universo em expansão nas equações de Einstein, Lemaître queria levar a teoria da relatividade geral de Einstein ainda mais longe. Ele percebeu que essa teoria podia dizer algo sobre o princípio dos tempos. De fato, se quando se aceita que o universo está em expansão, a pergunta seguinte mais óbvia é: como e por que começou a fazê-lo? Voltando no tempo com o universo, chega-se a um ponto em que o total do espaço-tempo ficava contraído em um único ponto. É uma situação bizarra, diferente de tudo que vemos no mundo natural ao nosso redor. Mas era isso que os modelos de Friedmann e Lemaître aparentemente revelavam: um momento inicial, em que o espaço-tempo ganhou corpo.

Então Lemaître propôs uma ideia absolutamente radical a respeito do surgimento do universo, que remontava a um princípio de tudo. Na sua visão, o universo havia emergido de uma coisa só: um átomo primevo, ou "ovo primordial", como ele gostava de dizer. O átomo teria gerado o material que hoje preenche o universo, e teria decaído de acordo com as leis da física quântica que então começavam a ser entendidas, seguindo o decaimento radioativo de partículas observado no laboratório. A prole do átomo, por sua vez, decairia em mais partículas e assim por diante.

Era um modelo simples, especulativo, quase bíblico, mas Lemaître estava se esforçando para manter a religião longe de sua proposta. Por ser padre, ele corria mais risco que qualquer outro de sofrer acusações de incluir a fé no que, afinal, era uma hipótese puramente científica. Ele publicou um pequeno artigo na *Nature* com o título "O princípio do mundo do ponto de vista da teoria quântica". O título dizia tudo. Não havia intervenção divina nem construto teológico. Era o resultado prático das leis frias e imparciais da física. A natureza era responsável por tudo. Ele resumiu sua visão da seguinte forma: "Se o mundo começou com um único quantum, as noções de espaço e tempo juntas deixariam de ter qualquer significado no início; elas só começam a ter um significado sensato se o quantum original fosse dividido em um número suficiente de quanta. Se essa sugestão estiver correta, o início do mundo aconteceu um pouco antes do início do espaço e do tempo".[18]

Em janeiro de 1931, Eddington apresentou sua opinião sobre a ideia mais recente de Lemaître a uma plateia durante seu discurso de presidente na Associação Matemática Britânica. Seu pronunciamento: "A ideia de um início para a ordem presente da Natureza me repugna".[19] Eddington defendera o trabalho de Lemaître contemplando um universo em expansão e convencera Einstein a desistir de seu universo estático. Lemaître devia sua celebridade internacional a Eddington. Mas a ideia mais recente de Lemaître era simplesmente impossível de digerir para Eddington. Ela conduzia a teoria do espaço-tempo de Einstein além de seus limites válidos, ou assim pensava Eddington, que não escondia de ninguém sua opinião.

Assim como Einstein havia renegado a expansão do espaço no trabalho de Friedmann e Lemaître, Eddington se recusava a aceitar o que a matemática lhe dizia. Em vez disso, propôs outra solução. Com as evidências de Hubble e Humason sobre a recessão das galáxias, o universo estático de Einstein fora rejeitado, mas só um pouco. Em sua tentativa de explorar todas as soluções possíveis para o universo, Lemaître demonstrara que o universo estático de Einstein tinha uma propriedade catastrófica que podia servir a Eddington — era instável. Com o acréscimo de só um pouquinho de coisas ao universo estático de Einstein — uma galáxia, uma estrela, mesmo um átomo a mais —, ele começava a se contrair para um determinado ponto. Por outro lado, retirando-se algum volume de matéria, ele começaria a expandir, e por fim se comportaria como o universo que Friedmann e Lemaître haviam descoberto. Era essa instabilidade que Eddington reaproveitaria para explicar a expansão.

A proposta de Eddington sobre o começo da expansão era fragmentada e incompleta, porém crível e simples. O universo começaria tal como Einstein havia proposto: estático e estagnado. Aliás, era errôneo dizer que o universo teve *início*; o universo poderia ficar suspenso nesse estado por um intervalo de tempo infinito até que, como Eddington apontara, a matéria de alguma forma começaria, de maneira ainda a ser determinada, a se acumular. Os acúmulos formariam estrelas e galáxias, e o espaço vago entre elas cumpriria seu papel para a instabilidade no modelo de Einstein e começaria a se expandir. Um universo de tempo infinito daria bela sequência a um universo em expansão.

Embora Eddington permanecesse irredutível em relação à proposta radical de Lemaître sobre o princípio do universo, Einstein pensava de outro modo. No início de 1933, tanto Einstein como Lemaître estavam viajando pelos Estados Unidos e convergiram para o aprazível campus do Instituto de Tecnologia da Califórnia, em Pasadena, onde o abade fora convidado a dar duas palestras. O encontro deles em Solvay, em 1927, durante o qual Einstein desprezou o trabalho de Lemaître e o incluiu na pilha de consequências corretas mas irrelevantes de sua própria teoria, não tinha ido bem. Dessa vez, porém, a situação era outra, e Lemaître já era respeitado como um dos luminares da nova cosmologia. Durante a estada de ambos por lá, eles andavam pelos jardins do Ateneu, o espaço de socialização dos docentes do Caltech, absortos em diálogo. Segundo o *Los Angeles Times*, os dois homens tinham "expressões sérias, que sugeriam debates sobre o estado atual dos temas cósmicos".[20] Era muito apropriado que Einstein estivesse assistindo às palestras de Lemaître no local onde a recessão das galáxias fora descoberta. Ao fim de um dos seminários de Lemaître, ele se levantou e disse: "É a explicação mais bela e satisfatória da criação que já ouvi".[21]

Após mais de uma década desencaminhado por sua intuição indevida, Einstein enfim via a luz. Foi uma reviravolta interessante. O criador da teoria da relatividade geral não tivera a coragem de aceitar as previsões de sua teoria para o universo e tentara improvisar a resposta inserindo um remendo. Foi só abordando a relatividade geral em toda a sua glória matemática que Friedmann e Lemaître foram capazes de afirmar que estavam certos, e os dados observacionais provaram que estavam certos. O louvor de Einstein coroou Lemaître aos olhos da imprensa popular. Assim como o próprio Einstein fora conduzido aos holofotes, Lemaître agora era aclamado como "O cosmólogo de maior destaque mundial".[22] Lemaître viria a se tornar um dos lordes vetustos da cosmologia moderna. Suas ideias, junto com as de Alexander Friedmann, armaram o palco para a revolução na cosmologia que ocorreria quase trinta anos depois.

4. Estrelas em colapso

Robert Oppenheimer não tinha nenhum interesse particular na teoria da relatividade geral. Acreditava nela, como qualquer físico sensato, mas não a considerava de grande relevância para a física na época. É isso que torna irônico o fato de ter descoberto uma das previsões mais estranhas e exóticas da teoria de Einstein: a formação dos buracos negros na natureza.

O interesse de Oppenheimer recaía sobre *outra* teoria inovadora que ganhara corpo na década anterior. Ele havia iniciado carreira e obtido fama como físico quântico, estudando com os maiores e melhores da física moderna na Europa, e acabou por criar o grupo de maior destaque na física quântica nos Estados Unidos, com base no campus de Berkeley da Universidade da Califórnia. Em certo sentido, foi a ascensão da física quântica e de homens como Oppenheimer o motivo por que a teoria de Einstein foi relegada a um período de estagnação e isolamento. Ainda assim, em 1939, com seu aluno Hartland Snyder, ao tentar entender o que aconteceria no ponto final do ciclo de vida de estrelas pesadas, Oppenheimer encontrou uma solução estranha e incompreensível à teoria da relatividade geral, que espreitava em segundo plano fazia quase 25 anos. Oppenheimer mostrou que, se uma estrela é grande e densa a partir de um certo ponto, vai entrar em colapso até sumir de vista. Em suas palavras, depois de um tempo, "a estrela tende a encerrar toda comunicação com o observador distante; persiste apenas seu campo gravitacional".[1] Era como se uma mortalha misteriosa surgisse em torno da esfera de luz e energia em colapso, ocultando-a do mundo exterior, e o espaço-tempo a envolveria em um nó absurdamente firme. Nada seria capaz de fugir dessa mortalha; nem mesmo luz. O resultado de Oppenheimer foi mais uma estranheza matemática que emergiu das equações de Einstein, e muitos o consideraram difícil demais para ser digerido.

Quase um quarto de século antes de Oppenheimer e Snyder chegarem a esse resultado, o astrônomo alemão Karl Schwarzschild enviara uma carta a Einstein na qual concluía: "Como o senhor percebe, a guerra está a meu favor, o que me permite, apesar dos tiros a distância decididamente terrestre, fazer este passeio pelo seu campo de ideias".[2] Era dezembro de 1915, e Schwarzschild escrevia das trincheiras do front oriental. Ele se alistara imediatamente após a eclosão da Primeira Guerra Mundial, em 1914, embora, por ser diretor do Observatório de Potsdam, não tivesse obrigação de ir para a frente de batalha. Porém, como Eddington viria a dizer a seu respeito: "A propensão de Schwarzschild era mais funcionalista".[3] Tal como Friedmann, ele trouxera sua competência de físico como contribuição para o serviço militar, chegando a entregar um artigo à Academia de Berlim sobre "O efeito do vento e da densidade do ar na trajetória de projéteis".

Quando estava na Rússia, Schwarzschild recebeu o último exemplar dos *Anais da Academia de Ciências da Prússia*. Nele encontrou a apresentação breve mas estonteante que Einstein fizera de sua nova teoria da relatividade geral. Ele começou a desbravar as equações de campo que Einstein propunha, de olho na situação mais simples e mais interessante que pudesse imaginar em termos físicos. Ao contrário de Alexander Friedmann e Georges Lemaître, que anos depois contemplaria o universo como um todo, Schwarzschild decidiu se concentrar em algo menos grandioso: o espaço-tempo em torno de uma massa esférica, como um planeta ou uma estrela.

Quando se lida com um emaranhado de equações como as que Einstein propôs, é bom simplificar. Examinando o espaço-tempo em torno de uma estrela, Schwarzschild poderia se concentrar na busca de soluções que fossem estáticas e que não evoluíssem com o tempo. Além do mais, ele queria uma solução que parecesse exatamente a mesma tanto no polo como mais próximo do equador, de forma a precisar levar em conta simplesmente a distância de qualquer ponto no espaço até o centro da estrela.

A solução de Schwarzschild foi de uma simplicidade imensa, uma fórmula condensada que podia ser anotada em segundos. E, em certo sentido, era óbvia. Se o observador estivesse localizado a distância segura do centro da estrela, seu campo gravitacional comportava-se tal como Newton, séculos antes, havia previsto — a atração gravitacional da estrela dependeria de sua massa e entraria no quadrado da distância. A fórmula de Schwarzschild era diferente, sim, mas as diferenças eram mínimas — só o suficiente para explicar a variação na órbita de Mercúrio, que tinha relevância na empreitada de Einstein como um todo.

Mas, conforme o observador se aproximasse da estrela, uma coisa muito estranha acontecia. Se a estrela fosse pequena, mas pesada, seria encoberta por uma superfície esférica que manteria tudo atrás dela oculto — a mesma que Oppenheimer e Snyder viriam a descobrir anos depois. Essa superfície teria um efeito devastador sobre tudo que tentasse atravessá-la. Se alguma coisa passasse perto da estrela e caísse nessa fronteira esférica, nunca conseguiria sair — era um ponto do qual não haveria retorno. Para sair da esfera mágica de Schwarzschild, seria necessário se deslocar a velocidades maiores que a da luz. E isso, segundo a teoria de Einstein, era impossível. Schwarzschild havia descoberto o que, mais de meio século depois, seria chamado de *buraco negro*.

Schwarzschild anotou rapidamente seus resultados e os enviou a Einstein em uma carta, pedindo que os apresentasse à Academia de Ciências da Prússia. Einstein os aprovou e respondeu dizendo: "Não esperava que alguém pudesse formular a solução exata deste problema de maneira tão simples".[4] Em janeiro de 1916, Einstein apresentou a solução de Schwarzschild ao mundo.

Schwarzschild nunca viria a explorar sua solução em maior profundidade, muito menos tomar conhecimento dos cálculos de Oppenheimer e Snyder. Alguns meses depois, ainda na Rússia, contraiu pênfigo, uma doença autoimune grave, que gera pústulas na pele. Seu próprio corpo se voltou contra ele, que faleceu em maio de 1916.

A solução de Schwarzschild foi adotada rapidamente por Einstein e seguidores. Era simples, fácil de ser trabalhada e perfeita para previsões. Podia ser usada, por exemplo, em um modelo do Sol para desvendar o movimento dos planetas e fazer uma previsão precisa da precessão da órbita de Mercúrio. Também previa com exatidão a distorção da luz que Eddington se propôs a descobrir em Príncipe. A solução de Schwarzschild era utilíssima aos novos relativistas — com exceção daquela propriedade insondável da superfície estranha encobrindo o centro de certas estrelas densas e pequenas, e que mantinha tudo de fora.

Não havia como negar que a superfície estava lá, nas equações e na solução. Era uma solução válida para a teoria geral da relatividade de Einstein. Mas existiria de fato no mundo natural?

* * *

Durante os anos 1920, Arthur Eddington começou a tentar entender como estrelas se formam e evoluem. Queria caracterizar por completo a estrutura de estrelas, usando leis fundamentais da física embasadas em equações matematicamente corretas. Conforme ele escreveu: "Quando utilizamos a análise matemática para chegar à compreensão de um resultado [...] obtivemos conhecimento adaptado às premissas fluidas de um problema físico natural".[5] Tendo a matemática à disposição, restaria somente a questão de resolver equações, tal como acontecia com a relatividade geral. Em 1926, Eddington publicou um livro, *The Internal Constitution of Stars* [A estrutura interna das estrelas], que logo se tornou a bíblia da astrofísica estelar. Além de autoridade na relatividade geral, Eddington se tornou também um luminar das estrelas.

As estrelas até então eram meio que um mistério. Para começar, ninguém tinha ideia clara de como podiam emitir quantidades tão abundantes de energia. Foi Eddington quem sugeriu um mecanismo plausível para o combustível das estrelas. Para entender a ideia, precisamos olhar os átomos mais simples de perto. Um átomo de hidrogênio é constituído por duas partículas: um próton (que tem carga positiva) e um elétron (que tem carga negativa). O próton e o elétron são unidos pela força eletromagnética, que faz as cargas opostas se atraírem. O próton é aproximadamente 2 mil vezes mais pesado que o elétron, e por isso compõe quase todo o peso do átomo de hidrogênio.

Um átomo de hélio consiste em dois elétrons e dois prótons. Mas ele também contém duas partículas *neutras* em seu cerne: os nêutrons, que têm quase exatamente o mesmo peso dos prótons. Um modelo simples do átomo de hélio mostra um núcleo constituído de dois prótons e dois nêutrons orbitado pelos dois elétrons. Quase todo o peso do átomo de hélio é composto das quatro partículas no núcleo, e seria de esperar que o hélio fosse quatro vezes mais pesado que o hidrogênio. Mas o hélio é um pouco mais leve, mais ou menos 0,7%, do que a massa esperada de quatro átomos de hidrogênio. A princípio parece que está faltando parte de sua massa. E onde há massa faltando, segundo a teoria da relatividade especial de Einstein, há energia faltando. Essa foi a deixa para Eddington.

Eddington defendeu a tese de que a interconversão entre hidrogênio e hélio poderia ser a fonte da energia nas estrelas. Núcleos de hidrogênio colidiriam no quente e infernal núcleo das estrelas. Parte dos prótons, através de processos quânticos, se transformaria em nêutrons e, coletivamente, os prótons e nêutrons formariam núcleos de hélio. Nesse processo, cada átomo liberaria uma minúscula quantidade de energia. A soma da energia liberada pelos átomos seria suficiente para abastecer a estrela e emitir luz. Se a maior parte do Sol teve início na forma de hidrogênio, seria possível que se mantivesse aceso durante quase 9 bilhões de anos até encerrar sua conversão em hélio. Considerando que a Terra atualmente tem mais ou menos 4,5 bilhões de anos, aparentemente os números faziam sentido.

Em seu livro, Eddington criou todo um arcabouço para explicar a astrofísica estelar. Depois de propor uma fonte de energia para as estrelas, explicou por que não entravam em colapso: elas tinham como suportar a atração da gravidade irradiando para o exterior toda a energia que produziam. As estrelas eram sistemas físicos perfeitos que podiam ser descritos nos termos de suas equações. Seu texto, porém, não contava toda a história. Eddington conseguia descrever a vida das estrelas nos termos de sua pirotecnia matemática, mas parou antes de explicar como elas morriam. Seu raciocínio levava à conclusão lógica de que, em algum momento, o combustível da estrela esgotaria e a radiação que a impedia de entrar em colapso sob a força de sua própria gravidade desapareceria. Segundo o livro: "Aparentemente a estrela estará em apuros quando seu suprimento de energia subatômica acabar [...]. É um problema curioso e que permite muitas sugestões extravagantes em relação ao que acontecerá de fato".[6] E, claro, uma das sugestões mais extravagantes seria adotar a teoria de Einstein e a solução de Schwarzschild, de maneira que, como Eddington escreveu, "a força da gravitação seria tão alta que a luz não conseguiria escapar, e os raios cairiam de volta à estrela como uma pedra à terra".[7] Tratava-se de algo distante e abstrato demais para Eddington, meramente um resultado matemático. Pois, como ele declarou, "quando *provamos* um resultado sem entendê-lo — quando ele surge sem previsão de um emaranhado de fórmulas matemáticas —, não temos motivos para esperar que ele se aplique".[8]

Deixando de lado as extravagâncias, portanto, o que *aconteceria* quando o combustível acabasse? Havia sugestões sobre o cemitério do colapso estelar em observações realizadas em 1914. Olhando para a estrela mais forte no céu, Sirius, que é quase trinta vezes mais brilhante que o Sol, os astrônomos notaram uma curiosa estrela próxima, mais fraca, que a orbitava. Chamada de Sirius B, apesar da luz fraca, era incrivelmente quente e tinha propriedades notáveis: mais ou menos a mesma massa do Sol, mas com um raio muito menor que o da Terra. Isso queria dizer que a estrela secundária era muito, muito densa. No início dos anos 1920, esse tipo de corpo estelar passou a receber o nome de *anã branca*, destacando-se como um mistério no catálogo estelar, um possível ponto final no ciclo de vida de uma estrela. A chave para explicar as anãs brancas e seu destino viria da novíssima teoria da física quântica.

A física quântica dividia a natureza em suas partes constituintes mais ínfimas e as reunia de maneira mirabolante. Teve origem nos fenômenos bizarros que vinham sendo observados desde o século xix, quando físicos descobriram que compostos e substâncias químicas reemitem ou absorvem luz de maneira peculiar. Em vez de emitir ou absorver luz de uma gama contínua de comprimentos de onda, as substâncias emitiam luz apenas dentro de um conjunto discreto de comprimentos de onda, criando os espectros similares a códigos de barras que posteriormente revelariam o desvio para o vermelho para Vesto Slipher e Milton Humason. A física newtoniana reinante na época, associada à teoria da eletricidade e da luz de Maxwell, não conseguia explicar o fenômeno.

Durante o ano miraculoso de 1905, Einstein tratara de outro fato experimental singular: o efeito fotoelétrico. Quando um metal é bombardeado com luz, seus átomos absorvem a luz e às vezes soltam um elétron. Descobridor do fenômeno, Philipp Lenard o descreveu da seguinte maneira: "À mera exposição à luz ultravioleta, placas de metal desprendem eletricidade negativa ao ar".[9] Seria de supor que é só soltar luz suficiente no metal que isso acontece, mas não é o caso. Um elétron será emitido apenas se o feixe de luz tiver determinada energia e determinada frequência. Einstein examinou esse efeito e conjecturou que a luz se desprende em pacotes de energia, quantizados da mesma maneira que a matéria se decompõe em partículas fundamentais. Somente quando uma dessas partículas de luz tem a frequência correta o efeito fotoelétrico acontece. Einstein chamou essas partículas de "quanta de luz", que posteriormente passaram a ser conhecidas como fótons.

Conforme as técnicas experimentais avançaram, na virada do século xx, a natureza começou a parecer mais compartimentada, em vez de unitária e contínua. Em outras palavras, a natureza passou a ser quantizada. No início do século xx, começou a emergir um modelo provisório da natureza na mínima escala, um grupo heterogêneo de novas regras para mostrar como átomos se comportavam e como interagiam com a luz. Apesar de suas contribuições ocasionais a essa nova ciência, Einstein observava seus avanços com certa descrença. As novas regras propostas para o mundo quantizado eram tortuosas e não se encaixavam no retrato matemático elegante que emergira de seus princípios da relatividade.

Em 1927, as regras da física quântica finalmente se assentaram. Dois físicos, Werner Heisenberg e Erwin Schrödinger, de maneira independente, chegaram a novas teorias que podiam explicar com consistência a natureza quântica dos átomos. E, tal como Einstein ao montar sua teoria da relatividade geral, os dois tiveram que embasar suas versões da teoria quântica na nova matemática. Heisenberg usou matrizes, tabelas de números com as quais é preciso trabalhar de forma meticulosa. Ao contrário dos números comuns, a multiplicação de uma matriz A por uma matriz B normalmente renderá um produto diferente da multiplicação de B por A, o que pode levar a resultados surpreendentes. Schrödinger optou por descrever a realidade — os átomos, núcleos e elétrons que constituem tudo — como ondas de matéria, objetos exóticos que, tal como na teoria de Heisenberg, levariam a estranhos fenômenos físicos.

O resultado mais notável que adveio da nova física quântica foi o princípio da incerteza. Na física newtoniana clássica, os objetos se movimentam de maneira previsível em reação a forças externas. Assim que são conhecidas a posição exata e as velocidades das partes constituintes de um sistema e de qualquer força que age sobre ele, é possível prever todas as configurações futuras do sistema. As previsões se tornam particularmente fáceis; só é necessário saber a posição de cada partícula no espaço e a direção e magnitude de sua velocidade. Na nova teoria quântica, porém, era *impossível* determinar com precisão absoluta tanto a posição como a velocidade da partícula. Um laboratorista que, com tremenda persistência e teimosia, tentar fixar a posição de uma partícula com toda a precisão não terá *absolutamente a mínima ideia* de qual será sua velocidade. É como trabalhar com um animal enjaulado e raivoso: quanto mais você tenta confiná-lo, mais furioso ele fica e mais se bate contra as grades da jaula. Se colocado num compartimento muito pequeno, a pressão que ele fará ao se chocar contra as grades será imensa. A física quântica trouxe a incerteza e a aleatoriedade ao cerne da física. Foi exatamente essa aleatoriedade que se apresentou para resolver o problema das anãs brancas.

Subrahmanyan Chandrasekhar ansiava quase desesperadamente por grandes realizações. Nascido em família brâmane abastada na Índia, Chandra, como muitos passariam a chamá-lo, era um aluno cheio de entusiasmo e comprometimento. Ele sobressaía em matemática e era meticuloso e destemido em seus cálculos. Na época de estudante na Universidade de Madras, foi exposto às novas ideias de Einstein que chegavam da Europa, deslumbrado com os grandes homens que vinham construindo a nova física do século xx. Desde cedo, com ardor febril, estava determinado a entrar na contenda da física moderna. Como declarou mais tarde: "Uma das minhas primeiras motivações foi, sem dúvida nenhuma, mostrar ao mundo do que um indiano era capaz".[10]

Chandra ficou fascinado com a nova física quântica. Lia todos os novos livros de referência que apareciam pela frente, entre eles *The Internal Constitution of the Stars*, que Eddington publicara havia pouco. Mas foi conquistado de fato por um livro sobre as propriedades quânticas da matéria, de autoria do físico alemão Arnold Sommerfeld.[11] Inspirado pela obra de Sommerfeld, Chandra se dedicou a fazer nome escrevendo artigos sobre as propriedades estatísticas de sistemas quânticos e suas interações. Um dos primeiros artigos que escreveu foi publicado nos *Anais da Royal Society* antes de Chandra completar dezoito anos. Claramente apto a tomar parte nas grandes descobertas da nova física quântica na Europa, Chandra escolheu a Inglaterra para seguir sua vocação e embarcou na longa jornada para seu doutorado em Cambridge. Foi durante a demorada viagem em um navio da companhia Lloyd Triestino que Chandra fez a descoberta espantosa que transformaria sua vida. Obcecado pelo trabalho, decidiu passar a viagem concentrado em um artigo escrito por Ralph Fowler, um dos colegas de Eddington em Cambridge, que aparentemente resolvia o problema das anãs brancas. Fowler evocara dois conceitos quânticos e aplicara à astrofísica. O primeiro era o princípio da incerteza de Heisenberg, o fato de não ser possível fixar uma partícula e ao mesmo tempo determinar seu estado de movimento e velocidade. O segundo conceito era o *princípio da exclusão*, segundo o qual dois elétrons (ou prótons) dentro de um átomo não podem estar ao mesmo tempo no mesmo estado físico — a exótica onda de matéria que Schrödinger propusera como descrição quântica fundamental de uma partícula. É como se houvesse uma repulsão fundamental e inexorável entre elas, impedindo-as de assumir o mesmo estado.

Fowler tomou os princípios de incerteza e exclusão e se propôs a aplicá-los a Sirius B. Ele argumentou que a substância numa anã branca como Sirius B era tão densa que era possível pensar nela como uma massa de gás de elétrons e prótons sendo espremidos. Os elétrons são tão mais leves que podem vagar com mais liberdade e se deslocar com muito mais vigor. O princípio de exclusão significa que os elétrons precisam ter cuidado para não usurpar o espaço de outro e, conforme a densidade se acumula, cada elétron tem cada vez menos espaço para se movimentar. À medida que cada elétron fica mais e mais fixado, entra o princípio da in-

88

certeza e as velocidades e os movimentos ficam cada vez maiores, forçando um elétron contra o outro. Os elétrons em alta movimentação levam a um impulso extrínseco, uma pressão *quântica* dentro da anã branca que pode se contrapor à atração da gravidade. Em certo estado, a gravidade equilibra exatamente a pressão quântica, e a anã branca pode se manter placidamente, sem brilhar muito, mas ainda resistente a um destino catastrófico. A explicação de Fowler jogou luz sobre o problema de Eddington. Aparentemente, as estrelas podiam acabar virando anãs brancas. Isso fechava a narrativa da evolução estelar e resolvia a ponta solta em *The Internal Constitution of the Stars* — ou pelo menos era isso que se pensava.

Chandra conferiu mais uma vez o resultado de Fowler e fez algo muito simples: inseriu os números que esperava para a densidade do gás de elétrons nas anãs brancas. Exatamente como Fowler afirmava no artigo, o número que obteve era imenso, mas não surpreendente. O que Fowler não conseguira fazer foi desvendar o valor das velocidades dos elétrons. Quando Chandra fez esse simples cálculo, ficou chocado: os elétrons teriam que se deslocar perto da velocidade da luz. E foi aí que o argumento de Fowler desabou, pois ele havia ignorado por completo as regras da relatividade especial, que são tão importantes quando coisas começam a se movimentar na velocidade da luz. Fowler cometera o erro de presumir que os elétrons na anã branca podiam se mover na velocidade que quisessem, mesmo que isso significasse que estariam se deslocando *mais rápido* que a velocidade da luz.

Chandra se propôs a corrigir o erro de Fowler. Ele refez o raciocínio do autor do artigo até os elétrons passarem a se movimentar perto da velocidade da luz. Se a anã branca fosse densa demais, e as partículas se movimentassem perto ou na velocidade da luz, ele usava a teoria da relatividade especial de Einstein, postulando que elas não poderiam ser mais rápidas que a luz. O resultado que obteve foi intrigante. Chandra descobriu que, se a anã branca ficasse muito pesada, também se tornaria densa demais, e os elétrons seriam incapazes de suportar a atração gravitacional. Em outras palavras, havia uma quantidade máxima de massa para uma anã branca. Em seu cálculo, Chandra descobriu que não poderia ser maior que aproximadamente 90% da massa do Sol. (Anos depois, seria demonstrado que o valor correto está mais para 140% da massa do Sol.) Se uma estrela encerrasse a vida como anã branca mais pesada que essa quantidade máxima de massa, ela seria incapaz de se sustentar. A gravidade venceria, e o colapso inexorável viria a seguir.

Quando chegou a Cambridge, Chandra deu a Eddington e Fowler um esboço de seus cálculos, mas foi ignorado. Havia algo de perturbador naquela instabilidade, que faria desabar o arcabouço que Eddington propusera de maneira tão promissora, e ao qual Fowler fizera seu acréscimo. Isso fez com que o pessoal de Cambridge mantivesse distância da ideia. Ao longo de um período de quatro anos, Chandra aperfeiçoou seu argumento, e sua confiança nos resultados cresceu. Em 1933, terminou o ph.D. e, aos 22 anos, tornou-se *fellow* do Trinity College. Em 1935, Chandra refinou seus cálculos ainda mais, e estava preparado para apresentar os resultados em um dos encontros mensais da Royal Astronomical Society.

Em 11 de janeiro de 1935, Chandra se apresentou diante de uma plateia de astrônomos renomados na Royal Astronomical Society, na Burlington House, em Londres. Cuidadoso e meticuloso, repassou seus resultados, apresentando os detalhes de seu artigo de dezenove páginas, que estava prestes a ser publicado nos *Monthly Notices* da Society. Ele finalizou dizendo: "Uma estrela de grande massa não pode passar ao estágio de anã branca, e pode-se apenas especular quanto a outras possibilidades".[12] Esse resultado estranho estava nos cálculos e na física em que todos eles acreditavam, e precisava ser levado a sério. Quando Chandra encerrou sua fala, houve aplausos por educação e meia dúzia de perguntas. Não houve maiores desdobramentos.

O presidente da RAS então se virou para Eddington e o convidou para subir ao pódio e falar de seu artigo, "Degenerescência relativística". Eddington se levantou para uma fala breve, de quinze minutos. Mencionou rapidamente a afirmação de Chandra de que seus cálculos arruinavam a solução de Fowler do problema das anãs brancas. E depois desprezou sumariamente o argumento inatacável de Chandra. Para Eddington, o resultado de Chandra era "um *reductio ad absurdum* da fórmula da degeneração relativística". O astrônomo inglês acreditava firmemente que "diversos acidentes podem intervir e salvar a estrela", e além disso: "Creio que deveria haver uma lei na natureza que impedisse que uma estrela se comportasse dessa maneira absurda!".[13] A autoridade de Eddington era tamanha que a fala de Chandra foi desconsiderada de imediato pela maior parte da plateia. Se Eddington achava que a teoria do outro estava errada, então *só podia* estar errada.

Chandra havia desafiado o poderoso Eddington e saído perdedor. Sabotara a bela narrativa de Eddington a respeito de como estrelas viviam e morriam, e o astrônomo não gostou. Se o colapso gravitacional superava tudo, a estranha solução de Schwarzschild teria que ser abordada, com todas as suas bizarras consequências. Como o próprio Chandra declarou muitos anos depois: "Agora, fica bastante claro que [...] Eddington percebeu que a existência de um limite de massa implica que buracos negros devem acontecer na natureza. Mas ele não aceitou essa conclusão [...]. Tivesse aceitado, estaria quarenta anos à frente de todo mundo. Em certo sentido, é uma pena".[14]

Chandra voltou a Cambridge arrasado. Suas diferenças com Eddington o marcariam pelo resto da vida. Alguns anos depois, ele foi convidado a assumir um cargo no Observatório Yerkes, em Chicago. Parou de trabalhar com anãs brancas e se esquivou de pensar no que aconteceria se suas massas fossem de fato muito grandes. Isso levaria à formação inexorável da solução de Schwarzschild, ou algo pelo caminho não deixaria isto acontecer? Robert Oppenheimer seria a pessoa a responder a essas perguntas.

J. Robert Oppenheimer surgiu no contexto do quantum. Filho de uma família abastada de Nova York que tinha obras de Van Gogh nas paredes, Oppenheimer teve uma formação de elite, primeiro estudando em Harvard, e, depois, em 1925, transferindo-se para Cambridge. O mentor de Oppenheimer em Harvard escreveu em sua carta de recomendação para Cambridge que seu aluno "estava evidentemente muito desfavorecido pela sua falta de familiaridade com a manipulação física ordinária", embora tenha acrescentado: "Raramente vocês terão chance de encontrar aposta mais interessante".[15] A passagem de Oppenheimer por Cambridge foi curta e desastrosa. Depois de um colapso nervoso durante o qual agrediu um de seus colegas e confessou que tentara envenenar outro, decidiu ir embora e tentar a sorte em Göttingen.

Göttingen, a terra de David Hilbert, recebera muito bem a física quântica, e Oppenheimer não podia estar em melhor lugar para fazer parte da revolução. Ao longo dos dois anos seguintes, ele escreveu uma série de artigos com seu orientador, Max Born, que imprimiriam de maneira indelével seu nome na história da física quântica. Aliás, a *aproximação de Born-Oppenheimer* ainda hoje é ensinada nas universidades e faz parte da parafernália usada para calcular o comportamento quântico das moléculas. Oppenheimer terminou seu doutorado em 1927 e alguns anos depois voltou aos Estados Unidos para assumir um cargo no campus de Berkeley da Universidade da Califórnia.

Em Berkeley, Oppenheimer montou um dos polos da física teórica nos Estados Unidos nos anos 1930. Oppie, como era chamado pelos amigos, parecia capaz de demonstrar fluência em qualquer tópico, da arte à poesia, da física aos veleiros. Com um raciocínio afiado e uma velocidade impressionante para captar conceitos complicados, ele saltava de projeto em projeto, atacando intelectualmente novos campos e oferecendo contribuições rápidas que, embora não necessariamente profundas, eram sem dúvida oportunas e inteligentes. Era impaciente e às vezes cruel se não concordasse ou não entendesse um argumento, mas seu magnetismo e sua energia o tornavam um líder nato, que sobressaía como apoiador e inspirador de seu grupo. Pouco a pouco Oppenheimer foi recrutando um séquito de alunos e pesquisadores geniais e entusiasmados, com os quais viria a abordar muitos dos novos problemas que vinham sendo discutidos na Europa. Wolfgang Pauli, ao notar que quando se empolgava Oppenheimer tinha o hábito de resmungar, batizou seu grupo de "*nim nim boys*".[16] Berkeley era a Göttingen de Oppenheimer, sua Copenhague.

E então, depois de cerca de dez anos concentrado quase exclusivamente no quantum, em 1938 Oppenheimer se viu intrigado com a teoria da relatividade geral de Einstein. Tal como Chandra, abordou a teoria do ponto de vista da física quântica, observando como os efeitos quânticos da matéria iam agir contra a implosão gravitacional de espaço e tempo.

Todos os verões, Oppenheimer se dirigia ao sul da Califórnia com sua turma de alunos e pesquisadores para assumir residência na Caltech, na ensolarada Pasadena. Lá ele podia conversar não só com outros físicos, mas também com os astrônomos que seguiram o sucesso de Hubble e foram testemunhas oculares das palestras de Lemaître sobre o átomo primevo. Por lá, a chama da relatividade geral ainda era mantida acesa. Foi em Pasadena que Oppenheimer leu pela primeira vez um artigo do físico russo Lev

Davidovich Landau sobre o que aconteceria se os núcleos de estrelas fossem constituídos puramente a partir de um emaranhado compacto de nêutrons.

Landau era um dos luminares da física soviética, criado em meio à Revolução Russa, um físico realmente brilhante que se beneficiara da onda de modernização que atravessava a nova Rússia. Assim como Oppenheimer, passara algum tempo no exterior, estudando nos grandes laboratórios da Europa e testemunhando o nascimento da física quântica. Aos dezenove anos, já havia escrito um artigo que aplicava a nova física ao comportamento de átomos e moléculas. Quando voltou a Leningrado, aos 23 anos, conquistou a admiração de seus colegas mais velhos e foi rapidamente acolhido pelo sistema soviético.

Aproveitando sua inclinação a resolver sistemas físicos difíceis e complexos com física quântica, Landau decidira pesquisar uma fonte pouco conhecida de energia nas estrelas: os nêutrons, as partículas de carga neutra encontradas nos núcleos dos átomos. Ao longo da década anterior, ficara claro que acrescentar nêutrons ou prótons a núcleos, ou retirá-los, podia levar a quantidades abundantes de energia *nuclear*. Landau então conjecturou que, se os núcleos de estrelas estivessem recheados de nêutrons, talvez fosse possível liberar energia nuclear para gerar luz. Se os nêutrons estivessem compactados em uma densidade similar à do núcleo de um átomo, talvez fossem o combustível necessário. Esse material nuclear seria proibitivamente pesado — uma quantidade equivalente a uma colher de chá dessa substância pesaria toneladas. Se um átomo no corpo da estrela caísse em seu cerne, seria esmagado até ficar em pedacinhos, em seguida parcialmente absorvido e por fim em parte liberado como radiação. Segundo Landau, o núcleo de nêutrons fornecia o combustível para a estrela — era o que fazia o Sol brilhar. Landau se dedicou a descobrir que tamanho o núcleo deveria ter e concluiu que, para que

94

fosse estável, precisava pesar mais que um milésimo do peso do Sol. Esses núcleos podiam se fixar no centro das estrelas, para servir como combustível para a luz estelar.

Mas, enquanto Landau colocava sua ideia no papel, acabou varrido pela onda de repressão política que se espalhava pela União Soviética. Dois meses depois de publicar seu breve artigo sobre núcleos de nêutrons, "Origens da energia estelar", na revista *Nature*, ele foi preso pela NKVD. Landau fora pego editando um panfleto anti-stalinista a ser distribuído no desfile do Primeiro de Maio de 1938 em Moscou, no qual Stálin era acusado de ser um fascista "com aversão radical ao socialismo genuíno" e agia "como Hitler e Mussolini".[17] Landau foi encarcerado por um ano na prisão de Lubianca, pouco depois de seu artigo na *Nature* ser festejado no *Izvestia*, um dos principais jornais do país, como motivo de orgulho para a física soviética.

Oppenheimer ficou intrigado com a brevidade do artigo de Landau e com a simplicidade da ideia proposta, então decidiu refazer os cálculos de Landau por conta própria. Foi necessário recrutar três colaboradores de grande talento entre seus alunos, mas ele acabou chegando aonde queria. Seu primeiro colaborador foi Robert Serber. Juntos, delicadamente desmontaram a ideia de Landau de que o núcleo de nêutrons podia ser facilmente fixado no Sol, coberto pelos gases aquecidos que inflavam as estrelas, e mostraram que se tratava de um equívoco. Oppenheimer e Serber publicaram seu comunicado, quase tão curto quanto o de Landau, em outubro de 1938 na *Physical Review*, enquanto Landau definhava na Lubianca. Oppenheimer então tomou o passo seguinte com outro aluno, George Volkoff. A dupla estudou a estabilidade dos núcleos de nêutrons. Seus cálculos, publicados em janeiro de 1939, são uma bela demonstração de raciocínio matemático, utilizando simplificações espertas da teoria de Einstein, com intuição física apurada e cálculos pesados. Eles mostraram que os núcleos de nêutrons eram configurações incrivelmente estáveis, e portanto não podiam ser usados como combustível por estrelas muito grandes; foi mais um golpe na ideia de Landau.

Ao final do artigo, Oppenheimer e Volkoff ressaltavam que "uma consideração de soluções não estáticas deve ser essencial" para entender o destino de longo prazo dos núcleos de nêutrons.[18] Então Oppenheimer foi tratar da última parte do estudo com outro aluno, Hartland Snyder, dessa vez levando a relatividade geral muito além do que outros já haviam tentado. Oppenheimer e Snyder calcularam como espaço e tempo (e o núcleo de nêutrons) evoluiriam assim que a estrela de nêutrons ficasse instável. Para tanto, usaram uma ideia inteligente para entender os resultados que obtinham: posicionaram um observador fictício a grande distância da implosão e outro observador fictício bem na superfície do núcleo de nêutrons, comparando o que ambos veriam. Descobriram que os dois observadores veriam coisas distintas.

Um observador distante veria o núcleo de nêutrons implodir. Mas, conforme a superfície do núcleo de nêutrons ficasse mais próxima da estranha mortalha que Schwarzschild havia descoberto, o colapso aparentemente aconteceria cada vez mais devagar. Em algum momento a implosão seria tão lenta que pareceria quase estacionária. O comprimento de onda de qualquer feixe de luz que tentasse escapar do núcleo de nêutrons seria ampliado, com um desvio para o vermelho cada vez maior quanto mais perto a superfície de nêutrons se contraísse para a superfície crítica. Seria como se espaço e tempo tivessem parado de evoluir, e a estrela deixasse de se comunicar com o mundo exterior. Era muito parecido com o que o próprio Eddington dissera mais de uma década antes em seu livro *The Internal Constitution of the Stars*: "A massa produziria tamanha curvatura [...] que o espaço se fecharia em torno da estrela, deixando-nos de fora (ou seja, em lugar nenhum)".[19]

Um observador sob a superfície da estrela quando implodisse veria uma coisa totalmente distinta. Testemunharia o colapso inexorável do núcleo de nêutrons, na verdade veria a superfície do núcleo de nêutrons *cruzar* o raio crítico e cair na região interna da superfície mágica de Schwarzschild. E, além disso, o pobre observador veria a formação da temida superfície que Schwarzschild havia descoberto, o ponto sem volta do qual nada conseguiria fugir. Em outras palavras, caso se posicionasse no lugar certo (ou errado), o observador poderia testemunhar a formação da solução de Schwarzschild.

Oppenheimer e Snyder haviam completado a história de Eddington quanto à vida das estrelas mostrando que, de fato, se fossem de grande massa, iriam entrar em colapso e formar a estranha solução de Schwarzschild. Isso significa que a proposição de Schwarzschild talvez não fosse uma solução curiosa e exótica para a teoria da relatividade geral. Esses objetos estranhos podiam, sim, existir na natureza e deveriam ser incluídos na astrofísica, da mesma forma que o estudo de estrelas, planetas e cometas. Mais uma vez, a relatividade geral havia revelado, potencialmente, algo de inesperado e maravilhoso em relação ao universo.

O artigo de Oppenheimer e Snyder foi publicado na *Physical Review* em 1º de setembro de 1939, dia em que as tropas nazistas marcharam sobre a fronteira polonesa. Exatamente na mesma edição saiu outro artigo, de um físico dinamarquês chamado Niels Bohr e de seu jovem colaborador norte-americano, John Archibald Wheeler.[20] Embora tivessem interesse por nêutrons e sua interação em situações extremas, o tópico de "Mecanismo da fissão nuclear" era totalmente outro. Bohr e Wheeler estavam interessados em modelar a estrutura de núcleos superpesados, tais como os do urânio e seus isótopos. Se conseguissem desvendar esses modelos, talvez fosse possível desvendar como extrair as enormes quantidades de energia que ficavam presas lá dentro.

Ao longo dos anos 1930, o catálogo de núcleos atômicos começara a ser compreendido cada vez com mais detalhamento. Eddington havia proposto que os núcleos de hidrogênio podiam se fundir para formar hélio no interior das estrelas, servindo como combustível para a luz estelar. Isso é o que se conhece como fusão nuclear. No outro extremo, acreditava-se que os núcleos mais pesados poderiam ser divididos em núcleos menores, também liberando energia — nesse caso, o processo é conhecido como *fissão nuclear*. Uma pergunta que estava na mente de todos era: como tornar a fissão nuclear eficiente? Seria possível ativar a fissão nuclear em um agrupamento de átomos pesados com uma pequena quantidade de energia, de forma que, conforme cada átomo individual se dividisse, ativasse mais uma divisão? Em outras palavras, seria possível provocar uma reação em cadeia?

O artigo de Bohr e Wheeler apontou os caminhos para a fissão nuclear e ajudou outros físicos a entender por que o urânio-235 e o plutônio-239 podiam ser os elementos de trabalho preferenciais, o ponto ideal na tabela periódica em que a fissão podia ser efetivamente mais fácil de se realizar. A fissão nuclear dominaria a física durante os anos que se seguiram, eclipsando quase todos os outros campos. Um exército de cientistas brilhantes direcionou seu intelecto para tentar entender como dominar a fissão, e Robert Oppenheimer estava entre eles.

Oppenheimer, durante sua passagem por Berkeley, havia constituído um grupo espetacular de jovens pesquisadores e alunos dispostos a encarar qualquer problema. Ele desenvolvera uma reputação formidável como organizador e líder de grupo, e aplicaria sua capacidade de liderança para conduzir sua equipe a resolver problemas de seu interesse. Seus colegas em Berkeley começam a sintetizar os elementos mais pesados e instáveis no cíclotron no alto dos Berkeley Hills. Em 1941, um deles, Glenn Sea-borg, descobriu o plutônio, abrindo um dos caminhos para a fissão. Oppenheimer acabou levado pelo turbilhão dos aconteci-mentos e descobertas que caracterizaram o desenvolvimento da física nuclear durante a Segunda Guerra Mundial.

Oppenheimer também estava indignado. As notícias sobre a maneira como os judeus vinham sendo tratados na Alemanha e sobre a diáspora de cientistas brilhantes que fugiam da opressão nazista, vindo parar em terras norte-americanas, deixaram-no chocado. À medida que desenvolvia seu grupo em Berkeley, ele também começava a tentar se relacionar com a atividade intelec-tual fervilhante do influxo de refugiados europeus. Embora se afas-tasse de uma postura política mais ativa, começou a prestar mais atenção no assunto. E, com o despontar da guerra, a fissão nuclear passou a ser uma das maiores preocupações de Oppenheimer.

Em 1942, Oppenheimer foi convidado a comandar uma for-ça-tarefa de físicos com base em Los Alamos, no Novo México, cujo único propósito seria produzir e controlar uma reação em cadeia de fissão nuclear. A força-tarefa incluía um grupo de men-tes brilhantes de todas as idades — de John von Neumann, Hans Bethe e Edward Teller até o jovem Richard Feynman. O Projeto Manhattan concentrou seus recursos na produção da primeira bomba atômica e, em pouco menos de três anos o objetivo foi atingido. Quando as duas bombas atômicas, "Little Boy" e "Fat Man", foram largadas sobre Hiroshima e Nagasaki, em agosto de 1945, aproximadamente 200 mil pessoas morreram. As conse-quências devastadoras foram uma prova angustiante da capaci-dade de Oppenheimer de dominar a força nuclear em período tão curto. Com o sucesso da bomba atômica, o quantum assumiu um papel central e incontornável no mundo da física.

Com tanta atenção concentrada na guerra e no projeto nu-clear, o artigo seminal de Oppenheimer e Snyder sobre buracos negros ficou relegado a segundo plano, ignorado e esquecido durante anos. O que podia ter sido o nascimento auspicioso de um dos grandes conceitos da relatividade geral foi deixado de lado indefinidamente. Os dois vetustos senhores da relatividade geral, Albert Einstein e Arthur Eddington, nada fizeram para salvar a descoberta de Oppenheimer e Snyder da obscuridade.

Eddington seguiu insistindo que o cálculo de Chandra estava errado, e que as anãs brancas eram o ponto final silencioso da evolução estelar de corpos celestes de qualquer massa. O colapso prolongado e desenfreado de uma estrela até que a "gravidade fique tão forte que contenha a radiação" era simplesmente absurdo.[21] Conforme Chandra lembrou quase meio século depois: "Da minha parte, direi apenas que acho difícil entender por que Eddington, que foi um dos primeiros e mais convictos dos defensores da teoria da relatividade geral, podia considerar tão inaceitável a conclusão de que buracos negros podem se formar durante o rumo natural da evolução das estrelas".[22]

O próprio Einstein continuou resistente à ideia de que a forma extrema da solução de Schwarzschild — os buracos negros — tinha lugar no mundo natural. Ele reagiu praticamente da mesma forma como fizera com a proposta de Friedmann e Lemaître sobre um universo em expansão: seria mais um caso de matemática belíssima e física abominável. Depois de mais de vinte anos renegando as características mais mirabolantes da solução de Schwarzschild, ele finalmente tentou chegar a um argumento bem pensado a respeito do motivo por que os buracos negros não teriam relevância física na natureza.[23] Em 1939, o mesmo ano que Oppenheimer e Snyder dedicaram a determinar as consequências do colapso gravitacional, Einstein publicou um artigo no qual desvendou como um enxame de partículas se comportaria quando entrassem em colapso através da gravidade. Ele defendeu a tese de que partículas nunca cairiam muito perto do raio crítico.

100

Em sua teimosia, armou os problemas de maneira a chegar à resposta que queria: sem buracos negros. Estava errado mais uma vez e, tal como Eddington, perdeu a oportunidade de explorar toda a glória de sua teoria da relatividade geral.

Agora a atenção de quase todos estava voltada para outras coisas, com o fascínio pelo triunfo da física quântica. A maioria dos jovens físicos de talento se concentrava no avanço da teoria quântica, procurando mais descobertas e aplicações espetaculares. A teoria da relatividade geral de Einstein, com suas previsões estranhas e seus resultados exóticos, havia sido escorraçada e condenada a uma jornada no ostracismo.

5. Totalmente abilolado

Em seus últimos anos, Albert Einstein levou uma vida simples. Acordava tarde na sua casa de tábuas brancas na Mercer Street, perto do centro de Princeton, em New Jersey, onde morava com a irmã Maja. (Sua esposa, Elsa, falecera em 1936, pouco após a chegada à cidade.) Durante a semana, ia caminhando até o Fuld Hall, no Instituto de Estudos Avançados, onde montara sua base desde 1933. Ao longo dos anos foi se tornando presença familiar no campus de Princeton. Embora fosse mais famoso do que nunca, aparentava ser uma figura solitária.

Einstein fora recrutado para ser um dos primeiros membros permanentes do instituto, um santuário para mentes brilhantes, com financiamento privado, criado pela família Bamberger. Einstein estava cercado de colegas ilustres. Estavam lá John von Neumann, matemático que trabalhara na bomba atômica e fora um dos inventores do computador moderno; durante algum tempo, também o matemático Hermann Weyl, um dos favoritos de David Hilbert, um dos primeiros a erguer a bandeira da teoria do espaço-tempo de Einstein. E ainda Kurt Gödel, filósofo e lógico que criara ondas de choque na filosofia do século xx com seu teorema da incompletude. E também, é claro, Robert Oppenheimer, que se tornara diretor do instituto em 1947. Nos corredores, Einstein podia encontrar visitantes de renome, arquitetos do quantum ou da matemática moderna. Mas passava a maior parte do tempo fechado em sua sala.

Passadas algumas horas, Einstein voltava para casa para almoçar e tirar um cochilo. Em seguida, ia até seu escritório e se sentava em sua poltrona predileta, com um cobertor sobre as pernas, onde ficava calculando, escrevendo e tratando da imensidão de cartas que chegavam do mundo exterior para quebrar o isolamento de sua vida. Cartas de chefes de estado e autoridades eram entremeadas por solicitações de jovens cientistas e fãs. Antes do anoitecer, ele jantava, ouvia rádio e lia um pouco antes de ir para a cama.

Era uma vida anormalmente pacata para um homem com uma fama tão colossal. Ele não fora esquecido. Seu nome era tão conhecido do grande público quanto o de Charlie Chaplin ou Marilyn Monroe. Ele fazia parte de incontáveis sociedades eruditas e recebera as chaves de várias cidades. A capa da revista *Time* com sua foto se tornou uma das imagens icônicas da nova era tecnológica. Vez por outra celebridades batiam em sua porta para passar algumas horas com o grande homem. Jawaharlal Nehru e sua filha, Indira Gandhi, passaram por lá, assim como o premiê de Israel, David Ben-Gurion. O Quarteto de Cordas de Juilliard certa vez improvisou um concerto na sua sala de estar.

Apesar da fama mundial, Einstein reservava a maior parte do seu tempo para si mesmo. Embora tivesse jovens assistentes que lhe serviam como colaboradores, preferia trabalhar sozinho. Sua teoria da relatividade geral ainda era seu maior orgulho, e vez por outra ele voltava a se aprofundar nela, passando pelas soluções de Friedmann, Lemaître e Schwarzschild em busca de outras inéditas, mais complicadas, porém talvez mais realistas. A relatividade geral ainda tinha muito a render, mas não havia gente suficiente que se dedicasse a ela, em virtude da preferência pela teoria quântica. Até o próprio Einstein preferia se dedicar mais a uma teoria inédita, ambiciosa, que o consumia havia quase três décadas. E pagaria o preço por isso.

O Einstein dos anos 1950 não tinha como ser mais diferente do Einstein da década de 1920. Depois do sucesso científico precoce, ele viajara o mundo, fora tratado como rei, fizera palestras públicas, debatera com outros físicos, refutara e depois aceitara a descoberta do universo em expansão. Foi recompensado com a construção da Torre Einstein em Potsdam, nos arredores de Berlim, onde a pesquisa observacional sobre sua teoria podia ser desenvolvida. Era aplaudido em encontros internacionais, aos quais era convidado para opinar sobre os últimos avanços da física.

Ele também havia visto crescer o fervor antissemita em sua terra natal e, com a chegada dos anos 1930, sentira a dura realidade da ascensão do Partido Nazista e seus seguidores. Suas viagens ficaram mais restritas, as ameaças de morte começaram a se multiplicar e, embora sua fama continuasse crescendo, Einstein ficou mais temeroso de viajar pela Europa para atender aos diversos convites recebidos.

Apesar de até certo ponto protegido do tumulto ao redor, um tesouro nacional poupado da monstruosidade nazista, Einstein tivera contato com o submundo sinistro do antissemitismo logo cedo. Pouco após a descoberta da relatividade geral, um grupo de cientistas, oficialmente conhecido como Partido Trabalhador de Cientistas Alemães pela Preservação da Ciência Pura, iniciou uma campanha contra a nova teoria. O Partido Trabalhador tachava a relatividade como exemplo de "delírio de massa" e tentou armar uma acusação de plágio contra Einstein. O movimento recrutou um cientista de renome mundial como oponente contra a relatividade: Philipp Lenard.

Nascido na Hungria, Philipp Lenard ganhou o prêmio Nobel de 1905 por seu trabalho com raios catódicos, e seus experimentos serviram como base para os primeiros trabalhos de Einstein sobre quanta de luz. Sua relação com Einstein fora respeitosa até o período que levou à descoberta da relatividade geral. Lenard se opunha veementemente à relatividade de Einstein — era obscura demais, e ia contra o que ele considerava o "bom senso" de um físico. Lenard passou a escrever artigos renegando a teoria no *Yearbook*, a mesma publicação científica na qual, em 1907, Einstein apresentara as ideias que conduziriam a seu princípio geral da relatividade. Seguiu-se uma guerra das palavras, na qual Einstein descreveu Lenard como um experimentalista, que não teria capacidade de entender suas ideias. Lenard ficou ofendido e exigiu um pedido de desculpas público. O desentendimento público refletiu mal tanto para Einstein como para Lenard e os "antirrelativistas".

Em 1933, Einstein já estava cansado da Alemanha. Quando o Partido Nazista chegou ao poder, decidiu cortar laços com Berlim. Ele deixou a Alemanha quando o país entrou em seus dias mais negros, e sua teoria virou alvo do movimento *Deutsche Physik*, ou Física Alemã. Com a ascensão do Partido Nazista, a causa de Philipp Lenard, agora com apoio veemente de outro físico e ganhador do prêmio Nobel, Johannes Stark, ficaria facilitada. Segundo Lenard e Stark, a teoria de Einstein era parte de algo insidioso que envenenava a cultura alemã: *a física judaica*. De acordo com os planos megalomaníacos da ideologia nazista, a física judaica tinha que ser erradicada do sistema.

Os anos que se seguiram à partida de Einstein testemunharam a destruição sistemática da física na comunidade científica alemã, responsável pela maior parte dos grandes avanços do início do século xx. À época em que a Segunda Guerra Mundial eclodiu, todos os professores judeus de física haviam sido demitidos de seus cargos universitários. Alguns dos pensadores mais visionários da física moderna — figuras fundamentais para a criação da nova física quântica, como Erwin Schrödinger e Max Born — abandonaram a Alemanha. Alguns acabaram contribuindo para os projetos da bomba atômica dos Aliados durante a Segunda Guerra Mundial.

Com a comunidade da física seriamente desfalcada, Johannes Stark decidiu se lançar como o líder da nova física ariana. Um dos pais da teoria quântica moderna, Werner Heisenberg, estava em seu caminho. Heisenberg não era judeu, mas isso não deteve Stark. Ele escreveu um texto para a revista oficial da ss tachando Heisenberg de "judeu branco", tão responsável pela decadência da ciência alemã quanto todos os outros que haviam sido depostos. Mas, surpreendentemente, Stark não teve sucesso. Heisenberg fora colega de escola de Heinrich Himmler, comandante da ss. Himmler protegeu Heisenberg de maiores difamações. Inclusive, Heisenberg acabou coordenando o projeto da bomba atômica alemã, para consternação de seus colegas que haviam fugido da Alemanha de Hitler.

A partida de Einstein deixou o trabalho sobre sua teoria estagnado na Alemanha. Ele fora aclamado herói nacional durante a República de Weimar, mas desapareceu abruptamente da cultura alemã durante o período nazista. Algumas das ideias que levaram à formulação de sua teoria especial da relatividade foram incluídas em manuais escolares, mas o principal livro de ensino de física, o *Lehrbuch der Physik*, de Grimshels, não fazia menção a seu nome. Foi só depois da guerra que a teoria da relatividade geral de Einstein viria a ser retomada na Alemanha.

* * *

Não era só na Alemanha que as ideias de Einstein estavam sob ataque. Do outro lado do espectro político, na União Soviética, a relatividade e a mecânica quântica ocasionalmente tiveram uma relação problemática com a filosofia oficial do regime, o materialismo dialético, parte integral do marxismo. Com base nas ideias dos filósofos alemães Friedrich Hegel e Ludwig Feuerbach, o materialismo dialético fora desenvolvido por Karl Marx de meados para o final do século XIX e refinado por Friedrich Engels e vários de seus seguidores, em especial Vladimir Lênin. Em seu artigo "Materialismo dialético e histórico", de 1938, Ióssif Stálin definia, explicava e na prática canonizava o materialismo dialético como parte da ideologia oficial soviética. Segundo essa filosofia, a base de tudo era a matéria, e tudo o mais partia dela. A realidade era definida pela forma como o mundo material se comportava e se inter-relacionava, precedendo toda forma de pensamento e idealização. Como Marx escreveu em sua obra-prima, O capital: "O ideal nada mais é que o mundo material refletido pela mente humana e traduzido em formas de pensamento".[1]

Os filósofos marxistas precisavam se esforçar para explicar tudo em termos de elementos constituintes do mundo natural e suas interações. Tudo no mundo natural contribuía para um universo em estado constante de fluxo e evolução, pontuado pelas transformações mais dramáticas que podiam surgir do acúmulo gradual das menores variações. Acima de tudo, a existência e a evolução da matéria eram vistas como realidade objetiva cujas leis eram independentes de observadores e interpretações. O conhecimento humano era capaz de aproximar essa realidade objetiva com fidelidade e precisão em uma série de iterações convergentes, mas o processo nunca seria exaustivamente completo e nunca chegaria ao fim.

A maior parte, se não todos os físicos do mundo, não teria problema com a visão materialista em si — e na prática em seu trabalho eram todos materialistas praticantes que não se davam ao trabalho de se autodenominar assim. Porém esses mesmos físicos com certeza veriam com desdém e fariam oposição veemente a qualquer tentativa dos filósofos de lhes ensinarem como fazer suas pesquisas usando a "metodologia correta", defendida por uma escola filosófica específica. O marxismo-leninismo não era apenas um conceito filosófico em particular; era uma doutrina poderosa, abrangente, totalmente apoiada pelo Estado soviético. Na atmosfera política tensa dos anos 1930, 1940 e 1950, debates filosóficos sobre a interpretação da mecânica quântica ou da relatividade tinham potencial de degringolar até se tornarem acusações de deslealdade, às vezes com consequências perigosas.

Sem dúvida a física relativista de Einstein, assim como as novas e radicais ideias quânticas que vinham emergindo — com sua complexidade e reflexões filosóficas sem fim, além de muitas vezes vagas —, eram alvo fácil para os filósofos soviéticos da ciência. Muito na teoria do espaço-tempo de Einstein era igualmente atacável. Em primeiríssimo lugar, era um exemplo máximo da idealização. Surgira a partir dos famosos exercícios mentais de Einstein, com pouco ou nenhum insumo do mundo natural. Além disso, estava calcada na linguagem matemática mais tortuosa possível, um conjunto de regras e princípios que obscureciam a interpretação, em especial da parte de gente que, como muitos filósofos, não era especialista em matemática avançada. Por fim, e como a cereja do bolo, a teoria de Einstein fazia nascer um universo absurdo com origem definida, próximo demais do ponto de vista religioso que o pensamento soviético estava tão determinado a erradicar da sociedade. Não ajudava o fato de que um dos colaboradores de maior destaque fosse um padre, o abade Lemaître, um estrangeiro corrupto de uma sociedade burguesa em seus estertores. Inclusive, nessa oposição feroz ao pensamento não soviético, era convenientemente esquecido que o universo em expansão fora proposto a princípio pelo brilhante físico russo *e soviético* Alexander Friedmann. O debate ficou em banho-maria durante anos, soltando borbulhas ocasionais, porém seria simplista demais vê-lo como uma batalha ideológica entre físicos brilhantes e filósofos ortodoxos ignorantes. Vários físicos e matemáticos, alguns deles renomados, entraram nas fileiras dos filósofos, e a disputa se deteriorou com seriedade em virtude de sectarismo e outros fatores não relacionados ao tema da discussão.

Em 1952, Alexander Maximow, influente filósofo e historiador da ciência soviético, publicou um artigo com o título "Contra o einsteinianismo reacionário na física". Embora o artigo tenha sido publicado no obscuro jornal da Marinha Ártica Soviética, *A Frota Vermelha*, a reação dos físicos foi forte: Vladimir Fock, aluno de Friedmann e relativista soviético de ponta na época, contra-atacou com seu artigo "Contra a crítica ignorante das teorias modernas na física". Antes de publicar seu artigo, Fock, Lev Daidovich Landau e outros físicos fizeram um apelo à cúpula política soviética, solicitando apoio. Em carta particular dirigida a Lavrentiy Beria, colaborador próximo de Stálin e líder de seus projetos nuclear e termonuclear, eles reclamaram da "situação anormal na física soviética", citando o artigo de Maximow como exemplo de ignorância agressiva que dificultava o avanço da ciência no país.[2] O artigo foi publicado, e Fock anunciou que tinha apoio do governo na questão. Indignado, Maximow reclamou a Beria, insistindo na sua perspectiva, mas, já em 1954, o grupo de Fock e Landau se mostrara vencedor. Obviamente, a cúpula política do regime da União Soviética tinha coisas mais urgentes a fazer do que analisar as complexidades das teorias de Einstein. Além disso, Landau e os outros tinham um argumento forte a seu lado: eles haviam projetado e entregado a bomba atômica soviética, comprovando que as teorias nas quais seu trabalho se baseou, não obstante a interpretação filosófica, estavam corretas. Em meados dos anos 1950, o embate ideológico entre filósofos e físicos soviéticos já havia terminado, e os relativistas foram deixados em paz. Um dos últimos vestígios registrados da batalha foi uma nota de 1956 ao Comitê Central do Partido Comunista, na qual se reclamava de uma plenária "ideologicamente incorreta" sobre a teoria do universo em expansão da parte de Evgeny Lifshitz, que escrevera com Landau o renomado *Curso de física teórica*. A nota foi devidamente considerada pelo Comitê Central, sem maiores consequências.

A guerra com filósofos marxistas não teve influência nas repressões políticas de 1937-8 e outros períodos durante os quais vários físicos soviéticos de talento extraordinário — como Matvei Bronstein, Lev Shubnikov, Semen Shubin e Aleksander Witt — morreram e outros foram presos, encarcerados ou exilados. Embora pareça que as batalhas ideológicas tiveram pouco — se é que tiveram algum — impacto decisivo nos rumos do desenvolvimento da relatividade de Einstein na União Soviética, seu progresso foi lento, similar ao que acontecia no Ocidente, em virtude da rápida ascensão do interesse pela teoria quântica, da luta do país pela sobrevivência durante a industrialização acelerada, da batalha épica e vitoriosa contra o fascismo europeu e da subsequente corrida nuclear durante a Guerra Fria.

Se os filósofos soviéticos não aceitavam as ideias matemáticas que entraram na teoria da relatividade geral, obviamente rejeitariam o trabalho posterior de Einstein. À época em que chegou a Princeton, ele estava obcecado em encontrar uma grande teoria unificada. Sua teoria da relatividade geral ainda lhe era cara, mas havia o desejo por algo maior e melhor. Einstein queria incluir a relatividade geral numa teoria que pudesse unir *toda* a física fundamental em uma construção simples. Esperava demonstrar como não apenas a gravidade mas também a eletricidade e o magnetismo, e quem sabe até alguns dos efeitos estranhos que se atribuíam aos quanta, podiam surgir da geometria do espaço-tempo. Mas, ao contrário de sua jornada à relatividade geral, com suas percepções no campo da física elegantemente unidas à geometria riemanniana, Einstein abordou seu novo desafio de uma forma bem distinta. Ele abriu mão de sua formidável intuição para a física a fim de seguir a matemática.

Einstein não chegou a uma grande teoria unificada. Durante mais de trinta anos, foi tropeçando de teoria em teoria, às vezes descartando uma possibilidade apenas para retomá-la anos depois. Uma de suas tentativas prolongava o espaço-tempo a cinco dimensões, em vez de quatro. A dimensão espacial extra estava recurvada e era quase invisível. Sua geometria, ou curvatura, faria o papel do campo eletromagnético, reagindo a cargas e correntes exatamente como James Clerk Maxwell havia proposto em meados do século XIX.

A ideia do universo pentadimensional não foi originalmente de Einstein. Veio de dois jovens cientistas: Theodor Kaluza, um humilde professor convidado de matemática na Universidade de Königsberg, e Oskar Klein, jovem físico sueco que havia trabalhado com Niels Bohr. Juntos, eles descreveram em detalhes a forma como os espaço-tempos pentadimensionais poderiam imitar o eletromagnetismo quase com perfeição. Os universos de Kaluza e Klein, nos quais Einstein gastou quase vinte anos de vida, são preenchidos por uma forma estranha de matéria, uma variedade infinita de partículas com ampla gama de massas que deveria estar ao nosso redor, deformando a geometria restante do espaço-tempo. Einstein esperava, mas nunca conseguiu demonstrar, que esses campos extras podiam estar inextricavelmente amarrados às funções de onda quântica que Schrödinger criara em sua física quântica. Ele desistiu de tais teorias no final dos anos 1930, mas o interessante é que os escritos de Kaluza-Klein voltariam à tona nos anos 1970, quando a ideia da teoria unificada fincou raízes na física teórica.

Einstein dedicou muito mais tempo a outra teoria para unir a gravidade e o eletromagnetismo, flexibilizando sua armação geométrica da relatividade geral, a linguagem que Riemann havia proposto décadas antes. A teoria original que descrevia a geometria e a dinâmica do espaço-tempo utilizava dez funções desconhecidas que precisavam ser determinadas a partir de suas equações de campo. O fato de haver tantas funções desconhecidas, e de estarem enredadas uma com a outra em equações de campo originais, foi um dos principais motivos pelos quais a relatividade geral era tão difícil de ser trabalhada. Em sua nova teoria, porém, Einstein queria levá-la além acrescentando mais seis funções — três das quais descreveriam a parte elétrica e mais três que descreveriam a parte magnética. A dificuldade estava em como unir as *dezesseis* funções de maneira que a teoria ainda ficasse perfeitamente bem definida e previsível. Caso tivesse sucesso, a conclusão, tal como a relatividade geral, deveria levar a resultados notáveis baseados *tanto* na relatividade geral *como* no eletromagnetismo. Ele queria que sua teoria fosse matematicamente bela, mas passou décadas sem conseguir entender como conseguir isso.

Einstein estava na trilha certa — a busca por uma grande teoria unificada viria a dominar a física do final do século xx —, mas, enquanto era vivo, embarcou nessa jornada impossível sozinho. Sua figura solitária, trabalhando em sua teoria inédita e diabolicamente difícil, era observada pelo mundo exterior com fascínio. Vez por outra, Einstein aparecia na primeira página dos grandes jornais. Em novembro de 1928, a manchete do *New York Times* proclamava: "Einstein próximo de grande descoberta";[3] alguns meses depois, incluindo uma breve entrevista com Einstein, relatava-se: "Einstein surpreso com alvoroço em torno de teoria: mantém distância de cem jornalistas ao longo da semana".[4] Esse nível de atenção e de expectativa durou mais um quarto de século. Em 1949, o *New York Times* voltou a cravar: "Nova teoria de Einstein traz chave mestra do universo".[5] E alguns anos depois, em 1953, o jornal trombeteava: "Einstein sugere nova teoria para unificar a lei do cosmos".[6] Apesar de tanta atenção na mídia popular, entre seus colegas Einstein havia se tornado quase que irrelevante, e suas tentativas de unificação eram amplamente rejeitadas.

Embora tivesse escapado da avalanche de insultos dirigida a seu trabalho na Alemanha, Einstein descobriu que a relatividade geral também vinha sumindo de vista em seu novo lar, os Estados Unidos. Ao seu redor, os cientistas jovens e capacitados a avançar na relatividade geral estavam sendo sugados pela teoria da física quântica, descortinando suas aplicações às partículas e forças fundamentais.

Em certo sentido, era compreensível. A relatividade geral rendera alguns grandes sucessos de início, como a precessão do periélio de Mercúrio e a curvatura da luz causada pelo campo gravitacional. Além disso, levara à descoberta de um universo em expansão, uma mudança espetacular na nossa visão de mundo. Mas isso foi tudo. Dali em diante, parecia ter serventia apenas para produzir resultados um tanto quanto inconcebíveis, *matemáticos*, como as soluções de Schwarzschild ou de Oppenheimer e Snyder para uma estrela que entrou em colapso ou está em vias de entrar. Havia a defesa de que essas soluções bizarras existiam no espaço, mas ninguém nunca as observara, de forma que só podiam ser consideradas exotismos matemáticos. A física quântica, por sua vez, podia ser testada no laboratório e ser usada para construir coisas. Era evidente, no entanto, que havia coisas mais estranhas a encontrar na relatividade geral, como o lógico Kurt Gödel conseguiu mostrar.

*   *   *

Einstein não estava sempre só em suas caminhadas de casa para o instituto. Geralmente o professor excêntrico, de roupas amarrotadas, cabelos desgrenhados e olhar gentil era acompanhado de uma figura pequena, sempre vestida com um sobretudo grosso e olhos escondidos atrás de óculos de fundo de garrafa. Enquanto Einstein caminhava distraidamente rumo ao Fuld Hall, o outro homem seguia seus passos, escutando em silêncio os monólogos do cientista mais velho e respondendo com sua voz aguda. Einstein se deleitava nessas caminhadas com o peculiar homenzinho, que estava no instituto havia tanto tempo quanto ele e era alguém de sua confiança. Seu amigo era Kurt Gödel, o responsável por desmantelar a matemática moderna. Para descrença de Einstein, Gödel também abriria um buraco significativo na sua teoria da relatividade geral.

Gödel saíra do potentado intelectual que era a Viena no início do século xx. Uma cultura de debates e modernidade florescia nos cafés da cidade, que era lar de Ernst Mach, Ludwig Boltzmann, Rudolf Carnap, Gustav Klimt e diversos pensadores brilhantes. A mais prestigiosa de todas as reuniões informais era o mundialmente famoso Círculo de Viena. Para participar do Círculo de Viena, era preciso ser convidado. Gödel foi um dos poucos escolhidos.

Ao contrário de Einstein, Gödel tivera uma passagem-relâmpago pelo colégio, obtendo notas máximas em todas as disciplinas a que se dedicava e logo sendo alçado à universidade, onde sempre foi um aluno de destaque. Ele flertara com a física, mas, diferente de Einstein, acabou atraído pela ideia de unificar a matemática com base na lógica. Rapidamente dominou os desenvolvimentos que vinham a galope tanto de filósofos como de matemáticos em suas tentativas de construir uma teoria irrefutável da matemática, impenetrável à irracionalidade, às suposições e aos truques. Tal era o plano traçado por David Hilbert, que comandava a matemática a partir de Göttingen.

David Hilbert acreditava firmemente que toda a matemática poderia ser construída a partir de um punhado de afirmações, ou axiomas. Com uma aplicação cuidadosa e sistemática das regras da lógica, talvez fosse possível deduzir *cada mínimo fato matemático no universo* a partir de no máximo meia dúzia de axiomas. Nada ficaria de fora. A verificação de qualquer fato matemático — de 2 + 2 = 4 ao Último Teorema de Fermat — deveria partir da demonstração lógica. O programa de Hilbert era a força motriz por trás da matemática na época em que Gödel o conheceu.

Enquanto Gödel se inseria na vida vienense, participando em silêncio dos encontros do Círculo de Viena e assistindo aos debates infindáveis entre os lógicos e matemáticos sobre como estender o programa de Hilbert a toda a natureza, ele pouco a pouco foi desbastando a premissa fundamental do programa. Então, de um só golpe, Gödel demoliu por completo os planos de Hilbert com seu *teorema da incompletude*.

O teorema da incompletude parte de uma afirmação de uma simplicidade impressionante. Sempre que se descreve um sistema matematicamente, o ponto de partida é um conjunto de axiomas e regras. Independentemente das afirmações iniciais, Gödel demonstrou que sempre haverá coisas impossíveis de deduzir a partir delas: afirmações verdadeiras que não são comprováveis. Ao se deparar com uma verdade que não pode ser demonstrada usando axiomas e regras da lógica, é sempre possível acrescentá-la ao próprio conjunto de axiomas. Mas o teorema de Gödel mostrava que, na verdade, sempre haverá um número infinito de afirmações verdadeiras que não são passíveis de comprovação. Conforme as verdades impossíveis de demonstrar são acrescentadas aos axiomas, o sistema dedutivo inicialmente simples e elegante vai se tornando inchado, gigantesco, mas ainda assim sempre incompleto.

O teorema de Gödel foi um petardo contra o programa de Hilbert e deixou muitos de seus colegas totalmente sem chão. O próprio Hilbert, desolado, de início se recusou a reconhecer o resultado de Gödel; acabou aceitando-o e tentou sem sucesso incorporá-lo a seu programa. Outros filósofos publicaram críticas insensatas, que Gödel se recusou a responder. O filósofo inglês Bertrand Russell nunca ficou totalmente à vontade com o resultado de Gödel. Ludwig Wittgenstein, que dominou o pensamento filosófico durante a primeira metade do século xx, simplesmente ignorou o teorema da incompletude, que considerava irrelevante. Mas não era esse o caso, e Gödel sabia.

Gödel amava Viena, mas acabou atraído pelo que Einstein chamava de "uma porção encantadora da Terra [...] e lar distante e cerimonial de minúsculos semideuses de pernas compridas".[7] Ao longo de uma série de visitas nos anos 1930, aos poucos Gödel começou a se sentir à vontade no Instituto de Estudos Avançados, fazendo amizade com Einstein, discutindo com Von Neumann e descobrindo como era alto o calibre intelectual dos imigrantes reunidos em Princeton. Após um incidente particularmente tenebroso em Viena, quando foi espancado por ter cara de judeu, ele resolveu partir para lá.

Einstein e Gödel se entenderam de imediato. Como o próprio Einstein disse, ia ao Instituto "apenas pelo privilégio de voltar caminhando para casa com Kurt Gödel".[8] Quando Gödel ficou doente, Einstein apareceu para cuidar dele. Quando se candidatou à cidadania norte-americana e estava prestes a prestar o juramento à bandeira, Gödel descobriu o que entendia como inconsistência lógica na Constituição dos Estados Unidos que poderia lançar o país à tirania. Einstein interveio e acompanhou Gödel para impedir que ele sabotasse sua própria cerimônia de naturalização.

Embora sua obsessão fosse a matemática, Gödel gostava de física e às vezes passava horas discutindo relatividade e mecânica quântica com Einstein. Ambos consideravam difícil aceitar a aleatoriedade da física quântica, mas Gödel não parava por aí: considerava que havia uma falha crucial na teoria da relatividade geral de Einstein.

Gödel se lançou às equações de campo de Einstein e — tal como Friedmann, Lemaître e muitos antes dele — tentou simplificá-las, procurando uma solução administrável que ainda conseguisse representar o universo real. Conforme mencionado, Einstein presumia que o universo estava cheio de coisas — átomos, estrelas, galáxias, o que for — com distribuição uniforme por todos os pontos. Em qualquer ponto do tempo, seria possível se movimentar pelo universo e ele pareceria o mesmo, completamente indistinto, sem um centro ou um local preferencial. Friedmann e Lemaître, cada um a seu modo, seguiram a trilha aberta por Einstein e encontraram soluções simples segundo as quais a geometria do universo inteiro evoluía com o tempo. Gödel decidiu acrescentar uma pequena complicação, a ponto de ainda permitir a resolução das equações de campo, mas significativa o bastante para que algo interessante pudesse acontecer. Ele presumiu que o universo inteiro girava em torno de um eixo central, como um carrossel, rodando sem parar ao longo do tempo. O espaço--tempo no novo universo que Gödel descobriu, tal como o universo proposto por Friedmann e Lemaître, podia ser descrito em termos de tempo, três coordenadas de espaço e a geometria de cada ponto no espaço-tempo. Mas havia diferenças. Para começar, o universo de Friedmann e Lemaître levava em conta o efeito do desvio para o vermelho, que Slipher e Hubble haviam demonstrado que acontecia no universo real. O universo de Gödel, não. Evidentemente ele não dava conta de explicar a expansão medida por Slipher, Hubble e Humason. Mas a questão não era essa. Ainda era uma solução válida, um universo possível na teoria da relatividade geral de Einstein.

A solução de Gödel, porém, diferia de forma drástica de todos os universos até então em um aspecto fora do comum. Um observador no universo de Friedmann e Lemaître podia explorar porções distintas do espaço-tempo e, conforme o tempo avançava, ele ficaria mais velho, deixando a vida pregressa para trás. Existia uma noção clara de passado, presente e futuro. Isso não acontecia no universo de Gödel. Se um observador estivesse em movimento em alta velocidade, poderia contornar o espaço-tempo rotativo e fazer uma volta em torno de si. Com a devida precisão, poderia interceptar a si mesmo quando muito mais jovem, antes de prosseguir sua jornada. Em outras palavras, no universo de Gödel, era possível voltar no tempo.

No universo fantástico de Gödel, era possível se deslocar para a frente e para trás no tempo, revisitar o passado, corrigir erros da juventude, pedir desculpas a parentes falecidos, fazer alertas contra decisões ruins no futuro. Mas isso também significava que era possível cometer absurdos, o que daria vazão a paradoxos preocupantes. Suponhamos que você acelere, volte no tempo, encontre sua avó quando era jovem, e em um ato abominável resolva matá-la. Você apaga a existência dela da face da Terra, de forma que não possa dar à luz seu pai ou sua mãe. Assim é negada também a possibilidade da sua própria existência, o que significaria que não haveria um você para voltar e cometer esse ato terrível. No universo de Gödel, porém, não haveria nada que o impedisse de cometer tal ato, a não ser as limitações tecnológicas e os dilemas morais. O resultado de Gödel demonstrava que a teoria da relatividade geral de Einstein contemplava uma solução na qual era possível viajar no tempo, tornando possíveis paradoxos como esses, o que ia totalmente contra a experiência que temos do mundo. Se a teoria de Einstein refletisse de fato a natureza, o universo absurdo de Gödel seria uma possibilidade física real.

Gödel apresentou suas conclusões em um encontro em homenagem aos setenta anos de Einstein, em 1949.[9] Seu resultado foi belissimamente arquitetado, com poucas afirmações e uma solução final. Mas era tão bizarro que ninguém soube o que fazer com aquilo. Chandra, que havia passado os vinte anos anteriores se defendendo das críticas e dos ataques de Eddington, escreveu uma curta nota apontando o que acreditava ser um erro na derivação de Gödel. Mas dessa vez foi o meticuloso e atento Chandra quem cometeu um erro matemático. H. P. Robertson, astrônomo da Caltech que, junto com Friedmann e Lemaître, fora um dos pioneiros do universo em expansão, voltou às equações de campo um ano depois e depreciativamente renegou o universo de Gödel.

E quanto a Einstein? Ele aplicou sua lendária intuição, que desempenhara papel tão crucial em todas as suas grandes descobertas, da relatividade especial à geral. Obviamente, tratava-se da mesma intuição que o levara a renegar a solução de Friedmann e Lemaître e ignorar a de Schwarzschild. Einstein afirmou que o universo de Gödel era "uma contribuição importante para a teoria da relatividade", mas se absteve de decretar se deveria ser "rejeitada por base física".[10]

A solução de Gödel para as equações de campo de Einstein parecia bizarra demais para ter alguma relação com o mundo natural. Até sua morte, em 1978, Gödel continuou procurando evidências em dados astronômicos que pudessem provar que sua solução tinha relevância física real. Mas, em certo sentido, a solução de Gödel exemplificava o problema que muitos tiveram com a relatividade geral: era uma teoria matemática com soluções matemáticas estranhas, sem relação com o universo real.

Quando o Instituto de Estudos Avançados tentou contratar Robert Oppenheimer pela primeira vez, em 1935, bem na ocasião em que a efervescente faculdade de Berkeley estava começando a ganhar nome, ele recusou. Depois de uma curta visita, Oppenheimer escreveu a seu irmão dizendo: "Princeton é uma casa de loucos: seus luminares solipsistas brilham em desolação exilada e impotente. Einstein é totalmente abilolado".[11] Ele nunca conseguiu se livrar de suas desconfianças em relação aos trabalhos posteriores de Einstein.

Em 1947, Oppenheimer finalmente aceitou um cargo de direção no Instituto. Sua nomeação não se deu sem oposição. Einstein e Hermann Weyl fizeram campanha pelo físico austríaco Wolfgang Pauli, o descobridor do princípio da exclusão, pedra fundamental da física quântica. Os dois conduziram uma campanha entre o corpo docente, afirmando que "Oppenheimer não fez contribuição à física de natureza fundamental como o princípio da exclusão de Pauli".[12] Mas a fama e o brilhantismo de Oppenheimer como líder eram tamanhos que o cargo lhe foi oferecido, e ele se empenhou em revigorar a atmosfera do local. Sua administração era uma mistura de exuberância e petulância. Uma matéria de capa da *Time* em 1948 informava: "A lista de convidados no hotel Oppie este ano incluirá o historiador Arnold Toynbee, o poeta T.S. Eliot, o filósofo jurídico Max Radin — e um crítico literário, um burocrata e um executivo de companhia aérea. Não há como saber quem vai aparecer a seguir: quem sabe um psicólogo, um primeiro-ministro, um compositor ou pintor".[13] Desolado aquele lugar não era.

Oppenheimer havia perdido o interesse pela teoria da relatividade geral depois da breve incursão no tema com seus alunos de Berkeley. Ele e seu aluno Hartland Snyder foram os responsáveis por um dos artigos mais importantes sobre a relatividade geral, a descoberta do espaço-tempo em colapso. Mais tarde, desencantou-se com o que acreditava ser uma teoria obsoleta e hermética, desestimulando os estudantes do instituto a trabalhar com ela.

Freeman Dyson, um jovem membro do instituto, mandou uma carta à família durante a administração de Oppenheimer afirmando que "a teoria da relatividade geral é um dos campos menos promissores que se pode pensar para pesquisa no momento atual".[14] Até que um novo experimento pudesse revelar mais da natureza estranha do espaço e do tempo, e que alguém pudesse incorporar a relatividade geral à física quântica, a teoria de Einstein tinha pouco uso.

Oppenheimer não era o único físico de renome a negar a relatividade geral. A ascensão da teoria quântica eclipsara a teoria de Einstein a tal ponto que se tornara difícil publicar artigos sobre relatividade geral. O editor da *Physical Review* era Samuel Goudsmit, um cientista holandês radicado nos Estados Unidos que desempenhou um papel fundamental nos primeiros anos da teoria quântica. Quando assumiu o cargo de editor da *Physical Review*, Goudsmit se mostrou interessado em transformá-la na principal revista científica no campo da física, em concorrência direta com as publicações europeias. Goudsmit via a relatividade geral com maus olhos. Tal como Oppenheimer, achava que não se fizera muito, nem que houvesse muito que fazer, com uma teoria tão hermética e de aplicabilidade e verificabilidade limitadas. Ameaçou inclusive soltar um editorial que na prática bania a publicação de artigos sobre "gravitação e teoria fundamental".[15] Foi apenas após a súplica de John Archibald Wheeler, professor de Princeton que começava a se deixar atrair pelo charme da teoria de Einstein, que impediu Goudsmit de impor uma censura contra a relatividade geral.

Oppenheimer e Einstein acabaram desenvolvendo uma amizade um tanto frágil, cordial mas não íntima, pontuada por atos de lealdade e afeição. Certa vez Oppenheimer fez uma surpresa ao cientista mais velho em seu aniversário, instalando uma antena de rádio na casa de Einstein na rua Mercer para que pudesse ouvir suas adoradas músicas à noite. Oppenheimer encontrou em Einstein um aliado que o apoiou no que viriam a ser seus dias mais difíceis. Depois de uma ascensão meteórica durante seus anos em Berkeley e de uma demonstração de liderança espetacular durante o Projeto Manhattan, Oppenheimer se tornou um membro respeitável do *establishment* como integrante da Comissão de Energia Atômica, um comitê de apenas sete homens que supervisionava o desenvolvimento de projetos atômicos e o uso da energia nuclear no pós-guerra. Ele pisou em muitos calos se recusando a apoiar alguns dos projetos mais mirabolantes, como um avião nuclear com autonomia quase inesgotável ou a construção de uma "superbomba", ou Bomba H, que faria as bombas atômicas de Hiroshima e Nagasaki parecerem irrisórias em termos de poder de destruição. Ao fazer isso, Oppenheimer ganhou inimigos. E esses inimigos contra-atacaram durante a histeria anticomunista da era McCarthy, nos anos 1950.

Em artigo de 1953 na revista *Fortune*, Oppenheimer foi duramente criticado por sua "persistente campanha pelo retrocesso da Política Militar Norte-Americana" e acusado de ser o cérebro por trás de um plano para travar o desenvolvimento da Bomba H.[16] Naquele ano, Oppenheimer perdeu sua habilitação de segurança e passou a ser visto como uma ameaça à segurança nacional. Ele pediu uma audiência em 1954, e sua reputação foi em parte restaurada, embora não tenha conseguido reaver seu acesso a informações confidenciais. Como afirmava claramente o relatório da audiência: "Consideramos que a conduta e as relações do dr. Oppenheimer refletiram sério desprezo pelas exigências do sistema de segurança".[17] Oppenheimer perdeu para sempre sua posição como membro da elite de Washington.

Einstein nunca entendeu o fascínio de Oppenheimer pelo poder. Por que ele tinha tanto interesse em ser um burocrata? Baluarte do pacifismo, Einstein não conseguia compreender por que Oppenheimer, que era simpático à causa, hesitava em afirmar de forma mais contundente e pública sua reprovação à corrida armamentista. Einstein não se continha: aparecia na televisão para falar com a nação, protestando contra os males da "superbomba", o que levou a manchetes de jornal como: "Einstein alerta o mundo: é proibir a Bomba H ou morrer".[18] Em seus últimos e mais solitários dias, Einstein voltou a ser celebridade. Vista de longe, a situação era irônica. Em um andar do instituto, Einstein ajudava a escrever manifestos pacifistas contra a proliferação de armas nucleares. Em outro andar, Oppenheimer se debruçava sobre os planos para a Bomba H. Mas Einstein sabia ser veemente quando necessário, e era famoso demais para ser atingido pela histeria anticomunista. Assim, enquanto Oppenheimer, a figura-chave por trás da hegemonia nuclear dos Estados Unidos, era destronado e humilhado na audiência sobre sua habilitação de segurança e adotaria um discurso cuidadoso para não parecer alinhado com a ameaça comunista, Einstein mandava a cautela às favas. Ele difamou em público as audiências macartistas, escrevendo em carta ao *New York Times*: "O que a minoria dos intelectuais deve fazer contra o mal? Sinceramente, só posso ver o caminho revolucionário da não cooperação, no sentido de Gandhi".[19] O cientista passou a aconselhar publicamente aqueles que recebiam intimações para audiências para se recusar a participar, invocando a Quinta Emenda da Constituição — o direito de permanecer calado.

Os últimos anos de Einstein foram marcados pela doença. Em 1948, ele recebeu o diagnóstico de um aneurisma potencialmente fatal da aorta abdominal. O aneurisma cresceu de forma lenta e constante com o passar dos anos, e Einstein foi se preparando para o inevitável. Quando chegou ao aniversário de 76 anos, em 1955, Einstein percebeu que estava doente demais para viajar a Berna para um congresso que comemoraria o quinquagésimo aniversário da teoria especial da relatividade. Em meados de abril, seu aneurisma enfim estourou e, após alguns dias no hospital, Einstein faleceu.

O funeral foi rápido e sem cerimônia. Poucas pessoas compareceram à cremação, e suas cinzas foram espalhadas em privado. Restam algumas fotos do funeral, que revelam um evento tranquilo e funcional. Seu cérebro foi preservado para a posteridade na esperança de que guardasse pistas para a fonte de seu brilhantismo. O congresso de Berna ocorreu da mesma forma, passando a ser, além de uma celebração da obra de Einstein, também uma homenagem póstuma.

Como diretor do Instituto, Oppenheimer era sempre chamado a comentar a vida e a obra de Einstein. E assim o fez, elogiando as realizações do colega. Quando pressionado, ele se viu incapaz de esconder sua leve reprovação a Einstein durante os anos finais. Embora não tivesse problema em dizer que "Einstein foi físico, filósofo natural, de fato o maior de nosso tempo",[20] em matéria de 1948 sobre o instituto na revista *Time* Oppenheimer ofereceu à imprensa um tributo menos radiante: "na fraternidade coesa dos físicos, reconhece-se infelizmente que Einstein é um marco, não um farol; no progresso veloz da física, ele ficou algumas léguas para trás".[21] Em entrevista ao *L'Express,* quase uma década depois da morte de Einstein, Oppenheimer foi além, afirmando: "Durante o fim de sua vida, Einstein não fez nada de bom".[22]

Quando faleceu, Einstein deixou sua teoria da relatividade geral em estado de estagnação. Eclipsada pela teoria quântica, desprezada por alguns dos principais físicos da época, a relatividade geral precisaria de sangue novo e de novas descobertas para recuperar o vigor.

6. A era do rádio

Ouvintes da rádio BBC em 1949 ficavam impressionados com as palestras de Fred Hoyle, transmitidas na série *The Nature of the Universe* [A natureza do Universo], na qual um jovem acadêmico de Cambridge, muito bem articulado, chegava a milhões para explicar a história e a evolução do universo. Assim como Einstein, Lemaître e muitos outros antes dele, Hoyle levava a relatividade às massas, que apreciavam o fato. Com menos de quarenta anos, Hoyle poderia ter sido o garoto-propaganda da relatividade geral, o sucessor de Einstein, Eddington e Lemaître.

Mas Hoyle dizia que Lemaître estava errado. Segundo Hoyle, um universo que se expandia do nada era um absurdo, e os decanos da relatividade geral deveriam ter ajustado a teoria para chegar a resultados mais sensatos. Ele afirmava que era ridículo supor que o universo havia começado de repente. Em suas palavras: "Essas teorias se basearam na hipótese de que toda a matéria no universo foi criada em um Big Bang, um momento específico no passado remoto".[1] A expressão "Big Bang" foi usada em tom depreciativo; Hoyle achava que havia uma solução muito melhor:

um universo infinito que se regenerava em um estado estacionário de criação de matéria.

Hoyle estava em guerra com os relativistas e, com tantos ouvintes, fazia isso a partir de uma posição de poder. Para a audiência leiga da BBC, sua teoria do estado estacionário soava como a tradição-padrão da cosmologia, e o universo em expansão obtido com os sucessos dos anos 1920 parecia uma teoria renegada. Não era essa a verdade. Hoyle e seus dois colaboradores, Hermann Bondi e Thomas Gold, formavam um grupo de rebeldes que distorcia a percepção do público daquilo que realmente se passava na física teórica, o que irritava profundamente seus colegas. Como declarou um astrônomo diante da reação às palestras de Hoyle, havia "a sensação de que ele tinha passado dos limites da exposição respeitável da astronomia, e o medo de que sua falta de modéstia e unilateralidade tivessem prejudicado a profissão".[2]

Apesar do apelo midiático, a teoria do estado estacionário de Hoyle nunca passaria de um culto restrito e centrado em Cambridge. Mas as questões que levantou, os jovens cientistas que inspirou e a nova janela de observação do universo que oferecia seriam determinantes para a revigoração da teoria da relatividade geral nas décadas que se seguiram.

Não surpreende que um rebelde como Fred Hoyle viesse de Cambridge, a terra de Arthur Eddington. Um pouco como Einstein, Eddington também havia perdido o rumo no fim da vida e desenvolveu uma obsessão por uma teoria do universo hermética e pessoal. Nas décadas anteriores a sua morte, Eddington tentara inventar uma teoria fundamental que pudesse unir tudo: gravidade, relatividade, eletricidade, magnetismo e o quantum.[3] Para um observador externo, seu mundo de números, símbolos e conexões mágicas parecia mais próximo da numerologia e de um apanhado de coincidências arbitrárias do que com a matemática elegante no cerne da relatividade geral. Além disso, Eddington fora relegado ao ostracismo com ainda mais intensidade que Einstein, passando os últimos anos antes de sua morte, em 1944, em relativo isolamento. Deixou para trás um manuscrito incompleto, publicado postumamente em 1947 com o grandiloquente título *The Fundamental Theory* [A teoria fundamental]. Trata-se de um livro obscuro, ilegível e totalmente esquecido, triste legado do homem que ajudara a dar proeminência à relatividade. Nas palavras de um astrônomo à época: "Independente se vai ou não sobreviver como grande obra científica, com certeza é uma obra de arte notável".[4] Wolfgang Pauli, inventor do princípio de exclusão, que fora tão importante para entender as anãs brancas, via o trabalho de Eddington com desdém. Para Pauli, a teoria fundamental de Eddington era um "absurdo total: mais precisamente poesia romântica, não física".[5]

Fred Hoyle chegou a Cambridge em 1933, quando Eddington estava desenvolvendo sua teoria das estrelas e brigando com o jovem Chandra quanto ao destino das anãs brancas pesadas. Um inglês de rosto redondo e óculos sobre os olhos, Hoyle havia lido o livro de Eddington *Stars and Atoms* [Estrelas e átomos], destinado à popularização da ciência, quando tinha apenas doze anos. Foi o contraponto ao que sentia ser uma formação totalmente inadequada, durante a qual, segundo dizia: "Tive permissão para derivar, por assim dizer".[6] Em Cambridge, porém, ele se destacou, conquistando diversas honrarias na época da graduação e continuando por lá até concluir o doutorado em física quântica. Em 1939, Hoyle era *fellow* do St. John's College e ganhador de uma prestigiosa bolsa de pesquisa. Também decidira mudar de área, abandonando a física quântica para tentar a mão na astrofísica. Inspirado por *Internal Constitution of Stars*, de Eddington, Hoyle decidiu tentar entender como as estrelas ardem e conseguem seu combustível. Seu trabalho posterior seria a chave para compreender como os processos nucleares nas estrelas levariam à formação de elementos mais pesados.

Quando Hoyle mudou de área, em 1939, também se viu diante do começo da Segunda Guerra Mundial. Nos seis anos seguintes, estaria comprometido com o esforço de guerra, conduzindo pesquisas de radares para as Forças Armadas. Assim como o projeto da bomba atômica norte-americana atraiu os pensadores de maior destaque nos Estados Unidos, o desenvolvimento da tecnologia de ondas de rádio no radar absorveu alguns dos maiores talentos da Grã-Bretanha durante a Segunda Guerra Mundial. Uma série de ideias fascinantes e brilhantes para detectar aviões, barcos e submarinos foi posta em prática. O legado do projeto do radar na guerra ainda vive entre nós — a sociedade moderna está inundada de ondas de rádio. Nós as usamos para o rádio e a televisão, redes sem fio e telefones celulares, pilotar aviões e teleguiar mísseis.

Enquanto trabalhava no radar, Hoyle conheceu dois jovens físicos: Hermann Bondi e Thomas Gold. Bondi, imigrante judeu vienense, aos dezesseis anos assistira a uma das palestras públicas de Eddington em Viena. Sentiu-se compelido a ir para Cambridge estudar matemática, e por lá, enamorado pelo ambiente intelectual, como viria a escrever, "quis viver o resto dos meus dias".[7] Proveniente de uma nação inimiga, Bondi fora confinado no Canadá durante os estágios iniciais da Segunda Guerra Mundial, onde conheceu Thomas Gold, outro imigrante judeu vienense igualmente fascinado com os livros de Eddington para o grande público, que também estudara engenharia em Cambridge. Uma vez liberados do confinamento, tanto Bondi como Gold trabalharam com Hoyle nos projetos de guerra. Em seu tempo livre, eles discutiam os avanços da cosmologia e da astrofísica, cada um à sua maneira: Hoyle era irascível, Bondi era matemático e Gold era pragmático.

Quando a guerra terminou, os três voltaram a Cambridge para assumir *fellowships* em vários *colleges*. Cambridge se tornara um lugar mais árido e vazio depois da guerra. Boa parte do corpo docente tinha ido embora, atraída pela experiência de guerra a buscar carreiras fora da academia. Os preços dos imóveis, por outro lado, estavam em alta, com aluguéis elevados em função do influxo de operários durante a guerra. Bondi e Gold acabaram dividindo uma casa nos arredores da cidade. Hoyle costumava passar a semana num quarto extra do imóvel e voltar à casa de campo em que morava apenas nos fins de semana.

À noite, Hoyle passava seu tempo livre com Bondi e Gold, arrastando-os para as questões que ocupavam seus pensamentos. Como contou Gold, Hoyle "continuava [...] às vezes sendo bastante repetitivo, até mesmo irritante, insistindo em questões particulares sem propósito claro".[8] Uma das obsessões de Hoyle era a observação de Hubble a respeito da taxa de expansão do universo.

Nos anos que se passaram desde que Hubble medira o efeito De Sitter, o universo em expansão de Friedmann e Lemaître ficara profundamente arraigado à tradição da astrofísica. Embora o átomo primevo de Lemaître fosse hermético demais e muito distante do observável para ser totalmente aceito, acreditava-se que seu modelo do universo estava correto em termos gerais — o universo vinha se expandindo desde um período inicial, e as arestas a respeito de como isso teve início seriam aparadas em outro momento. Era sem dúvida alguma uma grande realização para a astrofísica e a teoria da relatividade geral.

Havia, apesar de tudo, um problema desconcertante e persistente no universo de Friedmann e Lemaître, que ficara aparente desde o instante em que Hubble fez sua revolucionária medição. Hubble descobrira que a taxa de expansão do universo era de aproximadamente 500 quilômetros por segundo por megaparsec — ou seja, uma galáxia que estava a cerca de um megaparsec de nós (em torno de 3 milhões de anos-luz) estaria se afastando a 500 quilômetros por segundo. Uma que estivesse a dois megaparsecs estaria se afastando a mil quilômetros por segundo. E assim por diante. As medições subsequentes de Hubble aparentemente confirmavam esse valor. Com esse número, hoje conhecido como constante de Hubble, era possível usar os modelos de Friedmann e Lemaître para a evolução do universo, retroceder o relógio e descobrir o momento exato em que o universo surgiu. Ao fazer isso, desvendava-se que o universo tinha aproximadamente 1 bilhão de anos.

Pode até parecer muito tempo, mas na verdade não era tempo bastante. Nos anos 1920, a datação radioativa determinara que a Terra tinha mais de *2 bilhões* de anos. E o trabalho do astrônomo James Jeans aparentemente fixara a idade dos aglomerados de estrelas de centenas a milhares de bilhões de anos. As idades dos aglomerados de estrelas foram revisadas posteriormente, mas de uma coisa não havia dúvida: parecia que o universo era *mais novo* que as coisas que continha. Não havia como ser verdade, mas não se encontrava saída para o paradoxo. Willem de Sitter resumiu a situação em 1932 ao declarar: "Temo que tudo que podemos fazer seja aceitar o paradoxo e tentar nos adaptar a ele".[9] A situação não havia melhorado muito quando Hoyle, Bondi e Gold se interessaram pelo universo em expansão.

Quando o trio de Cambridge começou a se dedicar à cosmologia, o paradoxo da idade parecia ser uma falha gritante nos modelos de Friedmann e Lemaître. Mas o que realmente incomodava Hoyle, Bondi e Gold era algo muito mais profundo e conceitual. Ao retroceder o relógio no modelo de Friedmann ou no de Lemaître, o princípio do universo corresponde a um instante em que todo o espaço está infinitamente concentrado em um só ponto. Em outras palavras, tempo, espaço e matéria surgiram naquele único instante primordial. Para Hoyle e seus amigos, isso era tabu. Nas palavras de Hoyle: "Era um processo irracional que não podia ser descrito em termos científicos".[10] Que leis da física poderiam ser usadas para descrever a criação de uma coisa a partir do nada? Era inconcebível e, para Hoyle, "uma ideia particularmente insatisfatória, já que sua premissa básica nunca pode ser desafiada pelo recurso direto à observação".[11] O desdém dos três ecoava a avaliação abismada de Eddington do ovo primordial de Lemaître.

Foi um filme, *Na solidão da noite*, que levou Hoyle e seus colegas a terem uma visão renovada do universo.[12] Produzido em 1945, é um filme de terror com estrutura circular, cujo fim se combina perfeitamente com o início. Sem início nem fim reais, oferece uma perspectiva claustrofóbica de um universo sem fim. Aquilo deixou Hoyle, Bondi e Gold intrigados. E se o universo fosse daquele jeito? Não haveria hora inicial, nem ovo primordial.

Bondi e Gold enxergavam o problema da hora inicial — ou, como Hoyle viria a designar depois, o "Big Bang" — de um ponto de vista estético, quase abstrato. Ao longo dos séculos, as descrições do universo haviam deixado para trás as posições especiais e preferenciais do espaço. Friedmann e Lemaître, como Einstein antes deles, postularam que o universo era totalmente indistinto, sem centro ou local preferencial do qual tudo evoluiu ou era observado. Havia uma verdadeira democracia entre todos os pontos no espaço. Então por que não promover esse princípio cosmológico a uma coisa muito mais completa e abrangente? Por que não supor que todos os pontos no espaço *e todos os momentos* no tempo eram iguais? Não haveria início, apenas um universo eterno em estado estacionário o tempo todo.

Hoyle se dedicou a pensar nos detalhes de uma proposição como essa. No universo de Friedmann e Lemaître, a energia ficaria diluída com a expansão e decresceria lentamente com o tempo. Se o universo estivesse de fato em estado estacionário, a energia teria que ser reabastecida de alguma forma para que continuasse seguindo adiante. Hoyle decidiu consertar as equações de campo de Einstein, tal como Einstein tentara fazer quando estava construindo seu universo estático, mais tarde abandonado. Ele postulou a existência do que chamou de campo de criação — o campo-C, como veio a ser conhecido —, que criaria energia ao longo do tempo. O universo em estado estacionário de Hoyle seria sustentado por essa fonte misteriosa de energia, que nunca fora vista. No universo de Hoyle, uma das leis sacrossantas da física — a conservação da energia — ia pelo ralo. Hoyle defendeu que isso não era grande coisa, pois só seria necessário "aproximadamente um átomo por século em um volume equivalente ao do Empire State Building".[13] Praticamente nada.

Dois artigos, um de Hoyle e outro de Bondi e Gold, saíram em 1948 nos *Monthly Notices* da RAS.[14] As reações foram diversas. Um dos pais da física quântica, Werner Heisenberg, que estava em Cambridge quando Hoyle apresentou seu artigo sobre o campo-C, achou que era a ideia mais interessante de que tomou conhecimento em sua visita. E. A. Milne, professor de matemática em Oxford, rejeitou a ideia de saída, declarando: "Eu não acredito que hipóteses sobre a criação contínua de matéria sejam necessárias, tampouco considero que tenham a mesma estatura que a suposição de que o universo como um todo foi criado em determinada época".[15] Max Born, orientador de Robert Oppenheimer em Göttingen, simplesmente não tolerava as mudanças que Hoyle propunha, "pois, se há uma lei que resistiu a todas as mudanças e revoluções na física, é a lei da conservação da energia".[16] E o figurão em pessoa, Albert Einstein, deu pouca atenção ao modelo de Hoyle, afirmando se tratar apenas de um exemplo de "especulação romântica".[17] O que para o trio de astrônomos parecia uma solução simples e óbvia para um problema tão fundamental na cosmologia era rejeitado como algo mirabolante e desnecessário. Hoyle ficou frustrado diante do que interpretou como insensatez da parte de seus colegas. Segundo suas próprias palavras, ele estava "cansado de explicar questões de física, matemática, fatos e lógica a mentes obtusas".[18]

E então caiu no colo de Hoyle uma oportunidade de promover seu modelo que superaria em muito o impacto de qualquer artigo ou série de conferências. A bbc planejava transmitir pelo rádio uma série de palestras do historiador Herbert Butterfield, de Cambridge. Butterfield desistiu na última hora, e o jovem Fred Hoyle, que tinha alguma experiência nesse tipo de mídia, foi convidado a ocupar o lugar de Butterfield e gravar uma série de programas sobre o universo e a cosmologia: cinco no total. Hoyle poderia explicar os problemas da cosmologia, o universo jovem e suas galáxias antigas, e o fato de que o universo de Friedmann e Lemaître gerava mais problemas do que resolvia. E poderia descrever as virtudes de seu universo em estado estacionário. O astrônomo poderia evitar todos os métodos convencionais e apresentar suas ideias ao país inteiro como *fait accompli*. Todos conheceriam sua teoria.

As palestras de Hoyle na bbc fizeram um sucesso impressionante, e o astrônomo se tornou um nome bastante conhecido, um dos primeiros acadêmicos a conquistar notoriedade na mídia. O público se satisfez com sua descrição do universo, que se estabeleceu no imaginário popular. Mas, ao usar um palco tão público para promover seu próprio modelo como superior ao universo em expansão descoberto por Friedmann e Lemaître, muito mais bem estudado e aceito, Hoyle inflamou seus colegas e, por conta disso, o conceito do universo de estado estacionário sofreu uma reação negativa. Embora Hoyle tivesse sido bem-sucedido em situar o universo do estado estacionário para as massas, a resistência entre seus colegas se enraizou ainda mais. Como o astrônomo declarou posteriormente: "Encontrei dificuldade em publicar meus artigos durante os dois ou três primeiros anos da década de 1950".[19]

Independentemente disso, o universo em estado estacionário se firmou como alternativa viável ao universo em expansão de Friedmann e Lemaître, que havia conquistado Einstein. As grandes descobertas dos anos 1920 na cosmologia e na relatividade geral estavam em risco. Mas, nos anos seguintes, uma janela totalmente nova ao universo se abriria e jogaria luz sobre todos esses modelos.

"Não considero insensato dizer que a motivação de [Martin] Ryle em desenvolver um programa para contar fontes de rádio [...] fosse a vingança", lembrou Hoyle em relação a seu antigo colega.[20] Não era um comentário dos mais agradáveis, mas certamente tinha algo de verdadeiro, já que Martin Ryle era uma figura volátil, irascível, competitiva e desconfiada. Mesmo dentro do mundinho fechado de Cambridge, Ryle fazia questão de se isolar do restante do corpo docente, indo trabalhar perto dos radiotelescópios instalados no que costumava ser a estação de trem de Lord's Bridge — uma "cabana no mato", como lembra um de seus colegas. Ele teria uma carreira de grande distinção — nomeado Astrônomo Real em 1972 e vencedor do Prêmio Nobel em 1974 —, mas o tempo todo agia como se estivesse constantemente sob ameaça, estimulando uma postura defensiva e fechada em seu grupo mais próximo.

Martin Ryle também viera da geração do radar. Filho de um professor de Cambridge, ele se formou com honras em Oxford em 1939. Assim como Bondi, Gold e Hoyle, Martin Ryle trabalhou no radar durante a guerra, inventando macetes para criar

134

interferência nos radares alemães e subverter os sistemas de direcionamento de seus mísseis. Depois da guerra, Ryle foi para Cambridge, onde se dedicou a aplicar suas habilidades ao desenvolvimento — e a partir de determinado ponto ao controle total — do novo campo da radioastronomia.[21] Ele não estava só, pois, quando Bernard Lovell, que também passara a guerra envolvido no desenvolvimento do radar, mudou-se para Manchester, Ryle começou a construir um dos maiores radiotelescópios dirigíveis do mundo no Observatório Jodrell Bank. Na Austrália, Joseph Pawsey passou os anos da guerra trabalhando com radares para a Marinha Real Australiana antes de criar seu grupo de radioastronomia em Sydney.

Os primeiros passos da radioastronomia haviam sido dados alguns anos antes, quando Karl Jansky, engenheiro que trabalhava para os Laboratórios Bell em Nova Jersey no início dos anos 1930, percebeu que o universo estava sussurrando para ele. Jansky fora acionado para encontrar a fonte da estática incômoda que fazia as conversas por rádio — e mesmo a transmissão de programas radiofônicos — às vezes impossíveis de ouvir. Jansky só queria consertar rádios, e demonstrava pouquíssimo interesse pelos mistérios do espaço sideral.

As ondas de rádio se comportam como as de luz, mas seu comprimento de onda é 1 bilhão de vezes maior que o da luz visível. A luz que conseguimos enxergar de fato, que constitui a grande parte dos raios do Sol, possui um comprimento de onda com menos de 1 milionésimo de metro. Já as ondas de rádio têm comprimentos de onda gigantescos, que vão de 1 milímetro até centenas de metros. Jansky havia descoberto que a Via Láctea emitia o tempo todo uma quantidade extraordinária de ondas de rádio. Embora o Sol fosse muito mais claro no céu do que toda a Via Láctea junta, não emitia tantas ondas de rádio. No artigo "Perturbações elétricas de origem aparentemente extraterrestre", publicado em 1933, Jansky refutou sistematicamente todas as fontes possíveis de estática e apresentou um mapa de onde vinham as ondas de rádio. Seus métodos revelaram outra maneira de observar o cosmos. Em vez de telescópios com lentes gigantes no alto das montanhas, esse tipo de observação podia ser feito com tela de arame, aço e pratos em planícies abertas. Em vez de procurar a luz fraca de objetos distantes, os astrônomos podiam captar as ondas de rádio que vinham do espaço sideral.

A descoberta de Jansky foi em grande parte ignorada. Quando ele sugeriu que os Laboratórios Bell construíssem uma antena nova e melhorada, recebeu uma negativa. O negócio da companhia não era astronomia. Jansky, então, passou a outros interesses. Mas seu trabalho não foi esquecido por completo. Um engenheiro de rádio idiossincrático e astrônomo amador chamado Grote Reberleu escreveu a respeito da descoberta de Jansky na revista *Popular Astronomy* e decidiu construir uma antena maior e melhor em seu quintal em Wheaton, no Illinois. A antena de Reber tinha um prato de nove metros, com uma estrutura de metal se projetando para a frente a fim de captar as ondas refletidas. Foi o primeiro radiotelescópio propriamente dito, muito similar aos que se veem hoje em dia. Com ele, Reber trabalhou para fazer um mapa mais claro das emissões de rádio da Via Láctea e construir um mapa detalhado das radiofontes no céu, que enviou à revista científica *Astrophysical Journey*. Chandra, que na época era o editor, ficou intrigado com os resultados de Reber e perplexo com sua persistência — e aceitou publicar o trabalho. E assim, em 1940, o artigo "Estática cósmica" de Reber foi publicado, acompanhado dos mapas.

Os novos mapas de fontes de rádio feitos por Reber da Via Láctea eram interessantes, pois ajudavam a mapear com detalhes de onde eram emanadas as misteriosas ondas. As medições de Reber também revelaram outra coisa: alguns pontos isolados nos mapas estavam transmitindo quantidades abundantes de ondas de rádio. Embora Reber conseguisse situar cada um dos pontos próximos a uma constelação — Cygnus, Cassiopeia e Taurus —, eles não correspondiam a objetos que emanavam luz visível. Reber descobrira portanto um novo tipo de objeto astronômico, que ficou conhecido como radiofonte ou radioestrela.

A "estática cósmica" abriu uma nova janela para o universo. Um território absolutamente não explorado se apresentava diante de uma nova geração, e Martin Ryle estava disposto a explorá--lo. Junto com os grupos de Lowell e de Pawsey, de fins dos anos 1940 em diante, Ryle e sua equipe em Cambridge começaram a mapear o cosmos. Empregando as técnicas aprendidas trabalhando no radar, Ryle projetou uma nova geração de radiotelescópios que transformaria Cambridge em um dos principais centros da radioastronomia — mas também o levaria a conflitos com Hoyle e seus colaboradores.

Martin Ryle era mais radioamador e engenheiro elétrico do que cosmólogo, portanto foi uma surpresa se envolver em uma briga com "teóricos", como ele definia depreciativamente Hoyle e companhia. Mas foi Ryle quem se meteu na briga. Primeiro tentara encontrar mais radiofontes brilhantes, tais como as que Reber havia observado, e fixar suas localizações, mas infelizmente tomou a decisão errada. Parecia claro que todos esses objetos estavam firmemente cravados na Via Láctea. Em um artigo muito bem escrito em 1950, Ryle defendeu a ideia de que a maioria das radiofontes devia estar contida dentro de nossa galáxia. Poderia haver algumas em outras partes, mas no geral deviam estar próximas. Sua afirmação fazia sentido, e era perfeitamente sensata.

Ryle apresentou seus resultados numa reunião da Royal Astronomical Society em 1951. Na plateia estavam seus colegas de

Cambridge, Gold e Hoyle, que se levantaram e conjecturaram em tom casual que as radiofontes poderiam ser extragaláticas. Ryle, que havia pensado a fundo seus argumentos, ficou incomodado e refutou os dois, dizendo: "Creio que os teóricos entenderam mal os dados experimentais".[22]

Foi um choque de culturas que opôs os astrônomos acadêmicos — intelectuais versados em matemática e física com teorias elegantes mas estranhas para explicar o universo como um todo — contra os que punham as mãos na massa — os operadores de rádio que construíam seus kits e experimentavam com a eletrônica. Ryle não suportava a condescendência que percebia em seus colegas. Achava que entendia os dados de uma maneira que quem trabalhava apenas com lápis e papel não tinha condições de fazer. Para infelicidade de Ryle, Gold e Hoyle no fim provaram estar certos, à medida que mais e mais radiofontes passaram a ser associadas a objetos externos à Via Láctea. Eram realmente extragaláticas, e Ryle teve que aceitar que os teóricos haviam, *sim*, entendido os dados.

Mas Ryle não aceitou a derrota em silêncio. Uma vez comprovado que certas radiofontes ficavam fora da galáxia, elas podiam ser usadas para dizer algo mais sobre o universo. Sendo assim, Ryle se dedicou a acumular mais observações e usar os dados para mirar a cria de Hoyle e Gold: a teoria do estado estacionário. Para isso, contou o número de radiofontes em função de sua luminosidade e tentou relacionar esse número às propriedades subjacentes do universo. Quanto mais distante fica uma radiofonte, menos brilhante ela será, e por isso o brilho de uma fonte pode ser visto como indicador de sua distância. O universo é bem grande, e existe muito espaço lá fora, então é de esperar que encontremos mais fontes de luz fraca e distante, do que próxima e brilhante. A proporção entre o número de fontes fracas e fortes é uma boa maneira de descobrir o tipo de universo em que vivemos.

Quando vemos as fontes distantes, a luz levou certo tempo para chegar a nós, então estamos diante de um retrato do universo quando era mais novo. No caso do universo do estado estacionário de Hoyle, Gold e Bondi, a densidade de fontes permanece constante ao longo do tempo, então o número total de fontes dentro de um certo volume deverá ser diretamente proporcional a esse volume. Em um universo em evolução como o que Friedmann e Lemaître propuseram, o universo seria mais denso no passado do que é agora, de forma que deveria haver mais fontes distantes e fracas do que próximas e brilhantes. Contando o número de fontes de brilho fraco em relação às de brilho forte, deveria ser possível determinar se nosso universo adere ao modelo do Big Bang ou ao do estado estacionário.

Ryle compilou uma lista de quase 2 mil fontes no que foi chamado de Catálogo 2C (*C* significa Cambridge). Ele se apoiava numa lista muito menor, de cinquenta fontes (conhecida como Catálogo 1C), e parecia, para a sua satisfação, ter fontes de luz fraca em número grande demais em comparação às fontes de luz forte, o que seria inconsistente com a teoria do estado estacionário. Ryle considerou isso o golpe final na teoria de Hoyle e imediatamente passou a divulgar seus resultados. Em uma prestigiada palestra que foi convidado a proferir em Oxford, em maio de 1955, fez uma acusação ousada contra seus rivais: "Se aceitarmos a conclusão de que a maioria das radioestrelas é externa à galáxia, e é uma conclusão que parece difícil evitar, então aparentemente não há como essas observações serem explicadas nos termos da teoria do estado estacionário".[23] Ryle aparentemente havia demolido o modelo de Hoyle e Gold.

Depois da palestra de Ryle em Oxford, Hoyle e seus colaboradores assumiram uma postura defensiva. Hoyle se sentiu ameaçado, mas Gold desconfiou dos resultados e aconselhou: "Não confie neles; [a pesquisa] pode ter muitos erros e não pode ser levada a sério".[24] Gold tinha razão. Dessa vez Ryle fora frustrado pelo seu próprio grupo, o pessoal que punha a mão na massa e estava transformando a radioastronomia em ciência legítima. Dois jovens radioastrônomos australianos de Sydney, Bernard Mills e Bruce Slee, reanalisaram os dados do 2C e chegaram a um resultado totalmente distinto do de Ryle. Em vez de tentar encontrar um catálogo de milhares de fontes para rivalizar com o de Ryle, eles optaram por se concentrar em um pequeno subconjunto de todo o levantamento, por volta de trezentas fontes, e fizeram medições detalhadas. Esse pequeno catálogo foi sobreposto ao de Ryle, e podia inclusive ser usado para conferir suas medidas.

Os resultados que Mill e Slee publicaram destruíram totalmente a credibilidade do levantamento de Ryle. No artigo, eles afirmaram que, se seu "catálogo for comparado em detalhes com um catálogo recente de Cambridge [...], descobre-se que eles são quase totalmente discordantes".[25] Mills e Slee em seguida sugeriam que "o catálogo de Cambridge é afetado pela baixa resolução do seu radiointerferômetro". Os resultados de Ryle não eram bons o bastante — Mills e Slee estavam trabalhando com um telescópio melhor e mais preciso, e seus dados não excluíam o estado estacionário como possível modelo do universo. Jodrell Bank, um radioastrônomo de um grupo rival no Reino Unido, entrou no debate dizendo: "Os radioastrônomos precisam fazer avanço considerável antes que possam oferecer algo de valor aos cosmólogos".[26] Parecia que os radioastrônomos não conseguiam nem concordar em relação aos dados, quanto menos usá-los para testar modelos cosmológicos. Sendo assim, considerou-se melhor ignorar os dados por ora. Hoyle e seus colaboradores tiveram um momento de triunfo.

Ryle se recolheu em Cambridge para trabalhar na geração seguinte de seu catálogo de radiofontes. Irritados com o fiasco de seus resultados questionáveis, Ryle e sua equipe passaram os três anos seguintes construindo um novo catálogo, batizado sem muita imaginação de Catálogo 3C. Os novos resultados iriam derrubar sem sombra de dúvidas o absurdo que Hoyle e equipe estavam vendendo — ou pelo menos era assim que Ryle pensava. Em 1958, quando o Catálogo 3C enfim foi revelado ao mundo, Martin Ryle achou que tinha sua *pièce de résistance*: uma coleção de radiofontes com a qual todos concordavam. Ainda assim, não era boa o bastante. Bondi se manteve cético e ressaltou que Ryle tinha o costume de afirmar que suas medições eram melhores do que de fato eram; Ryle muitas vezes afirmava que havia derrubado o modelo do estado estacionário, quando na verdade ele só tinha chegado aos limites do que era possível comprovar com seus dados. Quando alguém voltava e reanalisava os dados de Ryle e descobria que os erros eram maiores do que se supunha anteriormente, o modelo do estado estacionário voltava a entrar em cena. Aliás, como Bondi declarou publicamente: "Isso aconteceu mais de uma vez nos últimos dez anos".[27]

Em fevereiro de 1961, Ryle apresentou sua análise do que agora era o Catálogo 4C no encontro da Royal Astronomical Society. Ele defendeu que os resultados eram simplesmente incompatíveis com os do modelo do estado estacionário — havia fontes luminosas de menos em relação às pouco luminosas. As observações, segundo ele, "parecem dar evidência conclusiva contrária à teoria do estado estacionário".[28] Os jornais ouviram o pronunciamento de Ryle e soltaram manchetes afirmando que "a Bíblia estava certa" em relação à existência de um momento inicial da criação.[29] Outras equipes na Austrália e nos Estados Unidos reproduziam os resultados de Ryle, e ao que parecia ele finalmente havia acertado os cálculos.

Hoyle e seus colaboradores ficaram preocupados, mas não se convenceram. "De forma nenhuma considero que essa seja a morte da criação contínua", Bondi declarou ao *New York Times*, e emendou: "O professor Ryle fez afirmação similar em 1955, mas as observações em que se baseava se mostraram incorretas posteriormente".[30] Havia algo de irracional na tentativa de Ryle de matar a teoria do estado estacionário, ainda que seus dados se revelassem melhores ano a ano. Para Hoyle, Bondi e Gold, o rádio não matara a teoria do estado estacionário. Pelo menos ainda não.

A disputa entre Hoyle e Ryle, por ser centrada em Cambridge, pode parecer uma distração desnecessária diante do progresso inexorável da relatividade geral e da cosmologia. Pouca gente fora do Reino Unido tinha interesse pelo modelo de Hoyle. Para muitos, o debate parecia um capricho, algo que beirava o não científico, motivado por brio e revanchismo. Quem visitava Cambridge comentava a atmosfera venenosa entre Ryle e o grupo de Hoyle.

Mas a rivalidade entre os dois resultou em progresso científico significativo. Fred Hoyle viria a ser aclamado como um dos grandes astrofísicos da segunda metade do século XX. Junto com os norte-americanos William Fowler e Geoffrey e Margaret Burbidge, acabaria desenvolvendo uma teoria brilhante sobre a origem dos elementos nas estrelas. Alguns ressaltam seu temperamento rebelde e sua insistência em apoiar o modelo do estado estacionário como explicação para não ter sido incluído entre os vencedores do Prêmio Nobel de física de 1983. Em 1973, Hoyle deixou Cambridge e foi morar no Lake District para escrever livros.

Hermann Bondi acabaria criando um efervescente grupo de estudos da relatividade geral no King's College de Londres, e Thomas Gold se tornaria o responsável pelo maior radiotelescópio do mundo em Arecibo, em Porto Rico. O grupo de Martin Ryle desenvolveu uma aura de sigilo e paranoia, embora estivesse por trás de algumas das grandes descobertas da radioastronomia nas duas décadas seguintes. Ryle ganhou o Prêmio Nobel em 1974. A ascensão da radioastronomia e a natureza esquiva das fontes de rádio teriam papel crucial no avanço da relatividade geral, que estava prestes a entrar em nova fase.

7. Wheelerismos

John Archibald Wheeler descobriu a relatividade através da física nuclear e da teoria quântica. No primeiro semestre de 1952, Wheeler se pegou perguntando o que acontecia ao fim da vida das estrelas feitas de nêutrons, os blocos de construção da física nuclear que ele passara a vida estudando. Ficou desconcertado com a previsão de Robert Oppenheimer de que o ponto final do colapso gravitacional desse tipo de estrela podia ser uma *singularidade*, um ponto de densidade e curvatura infinitas no centro da estrela. Para Wheeler, essas singularidades não soavam bem. Não podiam ser verdadeiramente físicas, e devia haver algum modo de evitá-las. Para entender essa previsão bizarra, Wheeler precisaria aprender a respeito da relatividade geral e imaginou que a melhor maneira de fazer isso seria ensinando a teoria aos alunos de Princeton. Assim, em 1952, no lar de Einstein, Gödel e Oppenheimer, John Archibald Wheeler ministrou o primeiro curso de relatividade geral no Departamento de Física de Princeton. Até então o assunto era considerado muito abstrato, mais apropriado para o Departamento de Matemática. Foi um desvio de rota dos mais significativos, o que Wheeler lembraria anos depois como "meu primeiro passo em um território que arrebataria minha imaginação e dominaria minha atenção como pesquisador pelo resto da vida".[1]

Wheeler era, como resumiu um de seus alunos, um "conservador radical".[2] Sem dúvida tinha a aparência de um conservador: sempre se vestia de maneira impecável, de terno e gravata escuros, cabelos perfeitamente aparados, sapatos lustrosos, a imagem perfeita do *gentleman* — tradicional, quem sabe até convencional. Dedicado a seus alunos e colaboradores, era extremamente polido e tinha um senso de retidão à moda antiga. Porém dizia as coisas mais mirabolantes, muitas vezes soltando frases enigmáticas a respeito de enigmas cósmicos que o faziam parecer mais um guru new age ou um hippie esclarecido.

Como cientista, Wheeler se considerava tanto um sonhador como um "fazedor". Seus interesses abrangiam desde o esotérico até o pragmático. Ele era fascinado na mesma medida por explosivos e aparatos mecânicos e pelas novas regras mágicas da teoria atômica. Na universidade, Wheeler estudou engenharia e descobriu toda a glória da matemática. Um de seus professores de matemática dera um bom conselho a respeito de como lidar com problemas; como lembrou Wheeler, ele "gostava de nos dizer em aula, enquanto nos ensinava novos truques matemáticos, que um irlandês resolve um obstáculo contornando-o".[3] O conselho influenciou a abordagem de Wheeler para a resolução de problemas ao longo de toda a vida. Ele encarava os problemas destemidamente, aprendendo tudo que precisasse, quando precisasse. Em 1932, com apenas 21 anos, já tinha doutorado em física quântica.

John Wheeler chegou à maturidade como físico quântico no momento em que as grandes descobertas de Schrödinger e Heisenberg estavam dando frutos. Como jovem integrante do corpo docente de Princeton, trabalhou com o físico dinamarquês Niels-

Bohr nas propriedades quânticas dos núcleos e em sua interação. O trabalho de Wheeler e Bohr sobre fissão nuclear foi publicado exatamente no mesmo dia que veio a público o trabalho de Oppenheimer e Snyder sobre colapso gravitacional, e teve papel importante no processo que levou ao Projeto Manhattan.

O conservadorismo de Wheeler vinha à tona em sua defesa fervorosa do *American way of life* e suas instituições. Ele ingressou no projeto da bomba atômica imediatamente após Pearl Harbor, trabalhando nos reatores gigantes necessários para criar plutônio para as bombas. Seu irmão morreu em combate em 1944, e Wheeler passou o resto da vida achando que não fizera o bastante para desenvolver a bomba ainda antes. Como viria a dizer mais tarde a seus colegas, se naquela época a bomba já tivesse sido criada, poderia ter sido usada mais cedo, na Alemanha. O número de vítimas seria colossal, mas, do seu ponto de vista, não tão horrendo quanto o do último ano da guerra. Seu patriotismo o levava a conflitos com colegas. No início dos anos 1950, foi convidado a trabalhar com Edward Teller no Projeto Matterhorn, tentativa dos Estados Unidos de desenvolver a Bomba H, uma arma termonuclear que funcionaria por fusão nuclear. Foi o que ele fez, embora muitos de seus colegas, inclusive Robert Oppenheimer, fossem veementemente contra. Wheeler foi um dos poucos físicos que negaram apoio a Oppenheimer quando das acusações de prejuízo à segurança nacional.

Embora conservador em termos políticos, ele não conseguia resistir ao apelo da rebeldia e do radicalismo na ciência: gostava de especular com as ideias mirabolantes, que iam contra o establishment da física na época. Entre os alunos de Wheeler em Princeton estava Richard Feynman, um jovem genial vindo de Nova York que se tornaria o queridinho da física quântica no pós--guerra.[4] Sob a tutela de Wheeler, Feynman viria a inventar uma maneira totalmente revolucionária de explicar e calcular como partículas e forças atuavam umas contra as outras na arena do espaço-tempo. Foi Wheeler quem incentivou Feynman a pensar diferente e a ser ousado. Wheeler era a pessoa perfeita para montar as peças da relatividade geral. Era prático e visionário na mesma medida. Era conservador e respeitoso em relação aos conceitos físicos e astrofísicos por trás da teoria, mas ao mesmo tempo disposto a tentar abordagens diferentes, novas, não testadas. Acima de tudo, era um mentor inspirador que formava e apoiava uma geração de físicos que dariam vida nova à teoria da relatividade geral.

Depois de aprender a relatividade geral por conta própria, Wheeler a adotou para si. Era uma teoria muito elegante, e a comprovação experimental, por menor que fosse, era convincente demais para não ser verdadeira. Mas isso não queria dizer que Wheeler se opusesse a testar os limites da teoria. Ele acreditava que, "ao forçar a teoria ao máximo, também descobrimos onde podem se esconder as rachaduras na estrutura", e decidiu descobrir quanto a relatividade geral poderia ser estranha.[5] Durante esse processo, costumava fazer gracejos simples e incisivos com suas ideias mirabolantes, popularmente conhecidos como *wheelerismos*.

Uma das ideias, desenvolvidas junto com seu talentoso aluno Charles Misner, foi incorporar cargas elétricas à relatividade geral sem ter uma carga de fato. "Carga sem carga" foi o wheelerismo que ele inventou para descrever o conceito. O experimento mental usava uma série de truques matemáticos para fazer buracos em dois pontos distantes do espaço-tempo e conectá-los com um tubo de espaço-tempo batizado como *buraco de minhoca*. Por esses túneis, era possível passar linhas elétricas. Linhas de campo que saíssem de uma ponta do buraco de minhoca o fariam funcionar como se tivesse carga positiva, atraindo cargas negativas.

As linhas de campo que entrassem pela outra ponta fariam com que se comportasse como se tivesse carga negativa. O buraco de minhoca funcionaria como um par de cargas positivas e negativas muito distanciadas, mas, na verdade, não havia nenhuma partícula carregada em ação. Era uma ideia engenhosa, fácil de conceber, mas diabolicamente difícil de fazer funcionar na prática.

"Massa sem massa" era outro wheelerismo. A teoria de Einstein explica como objetos com massa interagem, mas Wheeler queria encontrar uma maneira de derivar os resultados de Einstein sem envolver massa alguma. Na teoria de Einstein, a luz pode distorcer o espaço tal como a massa,* então Wheeler propôs que: se pudesse comprimir um punhado de raios de luz de tal forma que distorcesse espaço e tempo em dado nível, eles se comportariam como massa. O pacote de luz, ou *geon*, como ele chamou, teria peso e atrairia outros *geons*. Os raios de luz teriam que ser enrolados numa bobina em forma de rosquinha e poderiam ser facilmente desmontados, mas teriam o efeito de massa sem ser massa de fato. Junto com outro aluno, Kip Thorne, Wheeler buscou determinar se tais objetos podiam existir na natureza sem que se tornassem imediatamente instáveis.

E depois havia, claro, o problema de casar o quantum com a relatividade geral. Era um problema bom demais, e extremo demais, para que Wheeler resistisse a uma tentativa de resolução. Mais uma vez, decidiu ser inventivo. Wheeler postulou que, se o espaço-tempo fosse observado nas escalas mínimas, surgiriam efeitos estranhos. Embora o espaço-tempo possa parecer liso na grande escala, ligeiramente distorcido pela presença de objetos de grande massa (incluindo os geons e buracos de minhoca de Wheeler), em escalas mínimas se veria uma rugosidade até então

---

* A luz possui energia e, portanto, de acordo com a relatividade geral, também distorce o espaço-tempo. (N. R. T)

não percebida. Com um microscópio bem potente, talvez fosse possível descobrir que o espaço-tempo é uma bagunça, um tumulto, uma confusão. Na verdade, a incerteza quântica deveria fazer o espaço-tempo parecer, em escalas mínimas, uma espuma turva. É por enxergarmos o mundo com visão turva que somos incapazes de ver sua natureza fundamentalmente bruta.

Mas, embora Wheeler apreciasse o mirabolante e se sentisse à vontade em sugerir conjunturas ousadas, encarava com um incômodo profundo as singularidades que jaziam no cerne do trabalho de Schwarzschild, Oppenheimer e Snyder sobre estrelas gigantes em colapso, que despertou seu interesse pela relatividade geral. Para Wheeler, essas singularidades *só podiam* ser um recurso matemático que jamais se manifestaria na natureza. Como lembrou Wheeler: "Por muitos anos, a ideia de colapso do que hoje chamamos de buraco negro não me descia de jeito nenhum. Eu simplesmente não conseguia engolir aquilo".[6]

Sendo assim, ele tentou *consertar* o problema inventando novos processos físicos que estariam presentes quando o colapso fizesse a matéria chegar a densidades obscenamente altas no cerne de uma estrela. Tratava-se de um terreno novo para Wheeler, pois, embora houvesse se tornado um dos maiores especialistas do mundo em física nuclear, a física que descrevia nêutrons no centro do colapso gravitacional era uma questão bem diferente. Era preciso entender o que acontece quando nêutrons ficassem concentrados de forma muito mais densa que nas estrelas de nêutrons de Landau ou Oppenheimer ou em qualquer bomba que pudesse ter sido inventada durante seus trabalhos para as Forças Armadas dos Estados Unidos. Era nessa mistura de conjectura e imaginação que ele mais se destacava. Porém, apesar de sua criatividade, e tal como Landau e Oppenheimer antes dele, Wheeler e seu grupo também descobriram que havia um teto de massa acima do qual nem mesmo suas propostas detalhadas e especulativas sobre o estado final da matéria competiriam com a gravidade. Simplesmente não havia como evitar a formação de uma singularidade no fim do colapso gravitacional. Mas Wheeler não conseguia engolir essa singularidade, e se recusava a ceder. Conforme crescia seu fascínio com a relatividade geral e se intensificava sua busca de livrá-la de singularidades, Wheeler foi convencendo seus alunos e pós-doutorandos a acompanhá-lo nessa jornada. Como seu mentor, eles eram seduzidos pelo poder da teoria e ficavam intrigados com suas possibilidades. Ano após ano, o grupo de Wheeler ia produzindo novas ideias, algumas mirabolantes, algumas razoáveis, mas todas cativantes. A influência de Wheeler sobre a relatividade geral ia muito além de Princeton. Uma de suas maiores contribuições foi o apoio silencioso a Bryce DeWitt na Universidade da Carolina do Norte, em Chapel Hill.

Havia algo de formidável em Bryce DeWitt. Era uma presença altiva, austera, como um profeta do Antigo Testamento, e quando entrava em uma sala todas as costas ficavam eretas. Ele não tolerava desleixo — tudo tinha que ser feito como deveria, de forma que, quando as ideias fossem encaminhadas para artigos e publicação, estivessem em sua versão absolutamente definitiva.

DeWitt também era viajante, um "viajante do espaço", como gostava de dizer.[7] Quando jovem, havia sido piloto na Segunda Guerra Mundial e, depois de concluir a pós-graduação em Harvard, saiu pelo planeta, trabalhando em Princeton, Zurique e no Instituto Tata de Bombaim, em um período que seria descrito por um colega como "uma estada [que] não fez muito sentido profissional, mas [...] apropriada a seu espírito itinerante".[8]

DeWitt se estabeleceu por fim na Califórnia com a esposa, Cécile DeWitt-Morette, matemática francesa que conhecera em Princeton, e conseguiu emprego no Laboratório Lawrence Livermore, criando simulações de computador para modelagem de artilharia nuclear. Como a família precisava de dinheiro para comprar uma casa, uma noite DeWitt decidiu entrar num concurso de ensaios que oferecia mil dólares de prêmio. O texto mudaria tudo não apenas para os DeWitt, mas também para a relatividade geral.

O concurso da Fundação de Pesquisa da Gravidade foi fruto da mente de Roger Babson, empresário entusiasta da lei da gravidade que fizera fortuna especulando no mercado de ações e aplicando sua versão da lei da física de Newton: "Tudo que sobe desce [...]. O mercado de ações vai cair com seu próprio peso".[9] Não se tratava de um conceito de ciência superavançada, mas Babson era obcecado. Sua irmã mais velha havia se afogado quando ele era criança, e ele culpava a gravidade. Na sua versão da tragédia, "ela foi incapaz de vencer a gravidade, que a capturou como um dragão".[10] Ao longo da vida, Babson investiu em gravidade de várias maneiras, colecionando suvenires de Newton, promovendo ideias mirabolantes e, o mais importante, criando a Fundação de Pesquisa da Gravidade.

Babson concebeu a Fundação de Pesquisa da Gravidade originalmente como patrocinadora de um concurso anual de ensaios. Os candidatos enviariam textos com não mais que 2 mil palavras sugerindo maneiras de usar a gravidade e alcançar a grande meta de Babson: antigravidade. A fundação conduziria o desenvolvimento de aparelhos antigravidade: engenhocas que pudessem isolar, absorver ou mesmo refletir a gravidade. O átomo estava sendo controlado, e Babson achou que era hora de a gravidade também ser posta em arreios. Ele queria que seu concurso de ensaios revelasse o melhor da física no pós-guerra.

A reação inicial ao desafio de Babson foi morna. De 1949 a 1953, os textos que apareciam nada tinham de inovador. Os tópicos eram dispersos, e os concorrentes, um misto de acadêmicos, pós-graduandos e amadores que fritavam os miolos para chegar a algo que se encaixasse nas exigências de Babson. Mas a proposta era mirabolante demais, e atraía mais figuras extravagantes do que cientistas de verdade.

O desafio de Babson não era respeitado — nenhum físico com juízo em ordem acreditava de fato que seria possível construir uma máquina antigravidade —, mas havia um interesse crescente no potencial da gravidade. Depois da Segunda Guerra Mundial, a economia dos Estados Unidos estava em expansão, e o otimismo contagiava o cotidiano. Era o princípio da era atômica, o nascimento de uma nova era tecnológica. Com dinheiro para investir, organizações e empresários apostaram pesadamente que a gravidade seria a grande sensação depois da energia nuclear. Havia algo de sedutor e revolucionário num objetivo que, em essência, saíra direto de livros de ficção científica. Afinal, era no mínimo uma tentativa de fazer o que H.G. Wells escreveu em seu livro de 1901, *Os primeiros homens na Lua*: descobrir a substância mágica chamada "cavorita", que podia inverter a gravidade e levar gente à Lua.

Ao longo dos anos 1950, havia referências rotineiras nos jornais a uma nova forma de viagem especial capaz de vencer a gravidade. Matérias com chamadas do tipo "Maravilhas da viagem espacial possibilitadas se a gravidade for contornada",[11] "Novos aviões aerossonho voam sem gravidade"[12] e "Aviões do futuro poderão desafiar a gravidade e alçar viagens espaciais"[13] demonstravam todo o deslumbramento causado por um futuro de "sistemas de propulsão da gravidade". A imprensa popular imaginava aviões ou espaçonaves que usariam gravidade em vez de jatos para propulsão. Uma matéria do *New York Herald Tribune* com a manchete "Conquista da gravidade é meta de maior cientista dos EUA"[14] descrevia as pesquisas das empresas de aviação, como Convair, Bell Aircraft e Lear Inc., sobre a gravidade, que poderia talvez "algum dia ser controlada tal como as ondas de luz e rádio".[15]

A Glenn L. Martin Company (que mais tarde mudaria seu nome para Lockheed Martin) criou um Instituto de Pesquisa para Estudos Avançados. O instituto exploraria novas ideias na física teórica com ênfase especial em desvendar a gravidade e buscar a propulsão gravitacional, contratando físicos e relativistas para o cumprimento de sua meta futurista. A Força Aérea dos Estados Unidos fez um investimento mais sóbrio e menos ostensivo no Laboratório de Pesquisa Aeronáutica, localizado na Base Wright--Patterson da Força Aérea em Dayton, Ohio. O LPA também abrigava um grupo de relativistas, mas eles realizavam pesquisas de fundamentação sobre gravidade e teorias unificadas. A gravidade não era mencionada em sua missão, e por algum tempo o LPA foi um centro de pesquisas sobre a relatividade geral com pouquíssimos equivalentes no mundo. A Força Aérea também injetava dinheiro em outros grupos que faziam pesquisas sobre relatividade geral. Eram raros os cientistas que levavam a sério a antigravidade, e os pesquisadores evitavam fazer previsões exageradas — mas aceitavam de bom grado o dinheiro oferecido para que se debruçassem sobre ideias esotéricas acerca dos fundamentos da realidade.

Em meio a tal euforia, a maneira como Bryce DeWitt entrou no concurso de Babson certamente não era condizente com alguém que queria ganhar: ele se posicionou contra quem promovia o concurso. No texto entregue em 1953 à Fundação de Pesquisa da Gravidade, DeWitt desaforadamente refutava as metas ambiciosas de Babson de desenvolver "coisas brutalmente práticas, tais como refletores de gravidade ou isolantes de gravidade ou ligas mágicas que possam transformar gravidade em calor". Ele evocou a teoria do espaço-tempo de Einstein para explicar por que "qualquer tentativa direta de controlar o poder da gravidade nas linhas sugeridas acima é perda de tempo [...]. Pode-se afirmar com segurança que todos os planos de controle gravitacional são impossíveis".[16] DeWitt atacou a extravagância da proposta, e saiu vencedor.

O texto de DeWitt era bem diferente do de todos os concorrentes anteriores. Era um texto científico de verdade, que dava um passo firme para fugir da especulação e tratava de questões científicas reais que a pesquisa sobre gravidade precisava encarar. Era uma tarefa complicada e, segundo DeWitt, "a gravitação tem recebido relativamente pouca atenção nas últimas três décadas". Era "peculiarmente difícil", envolvia "matemática abstrusa" e as "equações fundamentais são de solução quase desesperadora". Ele afirmava inclusive que "o fenômeno da gravitação é mal-entendido até pelas melhores mentes".[17]

Longe de ficar ofendido, Babson se viu intrigado com o primeiro participante do concurso que realmente trazia uma proposta desafiadora. Era possível notar que se tratava de uma pessoa séria, um cientista de verdade que podia dar boa reputação a seu concurso. E, de fato, o texto de DeWitt acrescentou legitimidade ao concurso de Babson, pois, nos anos que se seguiram, o calibre dos concorrentes subiu drasticamente. Aliás, nas décadas seguintes, muitos dos físicos que teriam papel crucial na ressurgência da relatividade geral ganharam prêmios da Fundação de Pesquisa da Gravidade. Além disso, os textos passaram a ser quase que exclusivamente sobre gravidade, e a antigravidade foi deixada de lado. DeWitt diria mais tarde que o concurso lhe proporcionou "os mil dólares que ganhei mais rápido na vida".[18] Mas, ao participar do concurso, DeWitt viria a se beneficiar muito, muito mais do que imaginava.

Roger Babson tinha um amigo, Agnew Bahnson, que também era fascinado pela gravidade e fizera fortuna vendendo aparelhos de ar-condicionado industrial. Assim como Babson, Bahnson queria financiar pesquisas em gravidade, só não sabia exatamente como. Babson mostrou a Bahnson o texto de DeWitt.

Era aquele o homem que podia ajudá-lo a ser levado a sério, a criar um instituto respeitável onde pensadores teriam possibilidade de perseguir seus interesses. Como Bahnson escreveu em um dos panfletos inaugurais do recém-criado Instituto de Física Fundamental, ou IOFP (Institute of Fundamental Physics): "Na mente do público, o tema da gravidade costuma ser associado a possibilidades fantásticas. Do ponto de vista do instituto, por ora não se preveem resultados práticos específicos dos estudos".[19] Não haveria máquinas antigravidade, nem propulsão gravitacional. Bahnson podia satisfazer suas ambições pessoais em relação à gravidade de outra maneira, escrevendo ficção científica, e deixar a gravidade real para os cientistas.

Bahnson recorreu a John Wheeler em busca de conselhos sobre como proceder com o instituto. Wheeler ganhara uma reputação formidável em Washington pelo seu trabalho com armas nucleares e, em termos mais gerais, como um físico de renome disposto a apoiar o governo em todas as questões relacionadas à defesa nacional. Ele acompanhava a carreira de DeWitt de longe e apoiou sem grande alarde a ideia de que Bryce e Cécile deveriam ser convidados como primeiros pesquisadores do novo instituto, com base em Chapel Hill, na Carolina do Norte.

O instituto pode ter surgido como um capricho, mas, com o apoio de Wheeler, e tendo os DeWitt como primeiros contratados, passou a ser levado a sério por cientistas de todo o país, com cartas de apoio de muitas eminências pardas que aplaudiam a ideia de um local onde era possível realizar pesquisa pura, sem as amarras das exigências da indústria, do Exército ou da nova era atômica. No cerne do novo instituto estaria a gravidade.

O encontro de janeiro de 1957 dos DeWitt, intitulado "O papel da gravitação na física", foi previsto como a inauguração do novo instituto, mas acabou marcando também o início de uma nova era. O grupo de participantes era jovem e não tão conhecido, mas incluía alguns dos novos nomes de peso da relatividade geral. Todos convergiram para Chapel Hill por alguns dias para destrinchar a teoria de Einstein. Agnew Bahnson e a Força Aérea dos Estados Unidos foram os patrocinadores do encontro, e os militares inclusive se encarregaram do transporte de alguns participantes para o recém-fundado Instituto de Física Fundamental.

Não foram só relativistas que viajaram a Chapel Hill. Richard Feynman, o ex-aluno de John Wheeler que havia remodelado totalmente a física quântica e proposto uma nova maneira de quantizar a natureza, resolveu participar. Vindo do contexto do quantum, ficou intrigado com o que se passava na relatividade geral. Feynman mais tarde lembraria que chegou ao aeroporto de Chapel Hill sem saber aonde deveria ir. Ao entrar no táxi, percebeu que o motorista não sabia do encontro — e, afinal, por que saberia? Feynman se virou para o taxista e disse: "O encontro inaugural foi ontem, então um monte de caras que compareceram devem ter passado por aqui ontem, meio que com a cabeça nas nuvens, e falando entre si coisas como 'gê-miu-ni, gê-miu-ni'".[20] Gê-miu-ni (que se escreve $g_{\mu\nu}$) é o símbolo matemático do tensor métrico que codifica a geometria do espaço-tempo. O taxista entendeu para onde tinha que ir.

Era evidente para todos no encontro que algo precisava ser feito para tirar a relatividade geral do marasmo em que vinha definhando nas três décadas anteriores. Para Richard Feynman, o motivo por que a relatividade geral fora renegada era óbvio: "Existe [...] uma dificuldade séria, que é a falta de experimentação. Além do mais, não vamos conseguir experimentar de jeito nenhum, por isso temos que partir de uma situação em que o problema é não existir experimentação."[21] Sem experimentos, a área não tinha como evoluir, mas Feynman insistiu que era preciso seguir em frente. A relatividade geral era difícil, mas não *tão* difícil e, segundo suas palavras, "a melhor perspectiva é fingir que existem experimentos e calcular. Nesse campo não somos impelidos pelos experimentos, mas atraídos pela imaginação".[22]

Feynman ecoava sensação geral no encontro de Chapel Hill, que estava lotado de uma nova geração de relativistas prestes a se formar ou que haviam acabado de se formar com novas ideias, dispostos a partir para a luta. Conforme a reunião seguia, ideias mirabolantes competiam com pronunciamentos moderados dos catedráticos. As sessões diárias eram esmiuçadas em debates e argumentações. Quando Thomas Gold apresentou uma atualização de sua teoria do universo do estado estacionário, DeWitt atacou sua premissa-chave — o campo de criação de Hoyle — questionando o mecanismo que levaria a violar a conservação de energia. Quando alguém ressaltou a necessidade de uma teoria que unificasse gravidade e eletromagnetismo, como Einstein passara décadas tentando construir, Feynman foi impiedoso. Por que o eletromagnetismo deveria ser a única força que precisa ser unificada com a gravidade? E todo o resto, todas as outras forças da natureza? A obsessão de DeWitt e Wheeler — como a relatividade geral poderia se combinar com a mecânica quântica — entrou em pauta e foi discutida em todas as formas e disfarces. O espaço-tempo poderia ondular com ondas gravitacionais como a superfície de um lago, tal como as ondas eletromagnéticas na teoria de Maxwell? Os participantes confrontavam seus diferentes pontos de vista nas animadas sessões de debate.

John Wheeler apareceu com seu grande plano para revolucionar a física através da relatividade e, junto com seu séquito de alunos e pós-doutorandos, apresentou suas novas ideias, que levavam a relatividade ainda mais longe que antes, chegando ao ponto de parecer piada. No cardápio havia "eletromagnetismo sem eletromagnetismo" e "carga sem carga", assim como "spin sem spin" e "partículas elementares sem partículas elementares". Ao longo do encontro, o clã de Wheeler assumiu o palco, jogando ideias à plateia para ser ponderadas ou rebatidas. John Wheeler estava em casa.

Em um nível ainda mais elementar, os relativistas de Chapel Hill perguntavam se era possível fazer previsões realistas com a teoria de Einstein. Para uma teoria ter algum respaldo, deve servir como base para previsões. O eletromagnetismo, por exemplo, é extremamente bem-sucedido em prever quase tudo que diz respeito a luz, eletricidade e magnetismo. Mas, embora Schwarzschild, Friedmann, Lemaître e Oppenheimer tivessem conseguido fazer previsões, eles se restringiam a sistemas idealizados, altamente simplificados. Não ficava claro como ir além dessas simplificações. Na prática, os participantes do congresso de Chapel Hill se perguntavam: seria possível resolver *no geral* as equações de campo de Einstein e fazer previsões legítimas a respeito de como se dá a evolução do espaço-tempo? Parecia que a natureza terrivelmente intricada da relatividade geral torna quase impossível até determinar as condições iniciais — quanto mais a evolução. Tentar resolver as equações num computador era tarefa ainda mais desafiadora.

O encontro foi um fórum animador para os recém-chegados à relatividade, que emanavam criatividade e saíram revigorados pela inventividade de John Wheeler e a imaginação de Feynman. A teoria do espaço-tempo, porém, permanecia estática. Toda a engenhosidade matemática, todas as propostas de unificação, todos os debates sobre ondas gravitacionais e buracos de minhoca, geons e espuma espaço-temporal de Wheeler eram inúteis se não tivessem relação com o mundo real.

Fazia quase quarenta anos desde que Eddington fizera suas medições do eclipse, o primeiro grande teste da teoria de Einstein. A medição da expansão do universo por Hubble já datava de quase trinta anos. Na reunião de Chapel Hill não havia novas medições, nada que ratificasse ou mesmo contestasse a teoria de Einstein. Um dos colegas de Wheeler em Princeton, Robert Dicke, resumiu a situação em uma fala sobre "A base experimental da teoria de Einstein" ao afirmar que: "A relatividade parece quase um formalismo puramente matemático, que tem pouca relação com fenômenos observáveis em laboratório".[23] A resposta, no fim, viria a ser descoberta não no laboratório, mas nas estrelas.

Em 1963, o astrônomo holandês Maarten Schmidt batizou um telescópio com o nome de George Ellery Hale, patrono dos observatórios de Palomar. Sua mente estava voltada para uma das fontes do Catálogo 3C dos radioastrônomos Martin Ryle e Bernard Lovell. Embora Wheeler e sua equipe estivessem revigorando a relatividade geral, os radioastrônomos se preocupavam mais com as radiofontes em seus levantamentos. Assim como outros observadores das estrelas, sua meta era descobrir o que as radiofontes eram de fato. Para fazer isso, era preciso encontrar mais. E observá-las com mais atenção para encontrar o que de fato emitia as ondas de rádio.

Ao longo de mais de uma década, servindo-se da engenhosidade que os ajudara a criar o radar, Ryle e Lovell incrementaram a precisão de suas medições em várias ordens de magnitude, o que lhes permitiu determinar as radiofontes no céu com exatidão suficiente para que os astrônomos apontassem seus telescópios e descobrissem onde estavam. O Catálogo 3C de radiofontes de Ryle incluía centenas de fontes com localização precisa.

O grupo de Lovell se voltou para Cygnus A, uma das radiofontes que Grote Reber identificara em meio à estática cósmica que emanava da galáxia e que era chamada de 3C405 no catálogo de Ryle. Cygnus A acabou virando um objeto estranho, que consistia em duas bolhas similares a lóbulos de ondas de rádio, as duas de forma retangular. Eram estruturas gigantescas, cada uma com anos-luz de extensão, e pareciam ser abastecidas por algo localizado entre elas. Quando os astrônomos apontaram seus telescópios para outra fonte, chamada 3C48, em vez de encontrar a estrutura complexa como aquela em torno de Cygnus A, viram um ponto claro dominado por uma luz no extremo azul do espectro. Parecia uma estrela simples e indistinta. Mas, quando tentaram medir espectros para descobrir do que 3C48 era constituída, a floresta de linhas espectrais vista com seus instrumentos não correspondia a nenhuma das estrelas que conheciam, tampouco foi possível identificar algum dos elementos dos quais era feita. Houve muitos outros objetos que não conseguiram identificar. As fontes de rádio cósmicas eram diversas e variadas, e ninguém tinha noção do que eram ou da distância a que estavam.

Maarten Schmidt se concentrou numa fonte com o nada atrativo nome 3C273. Parecia uma estrela, mas as linhas espectrais eram diferentes de qualquer agrupamento que já tivesse visto. Conferindo as medidas com atenção, descobriu algo notável: as linhas espectrais da radiofonte eram compatíveis com as do hidrogênio se sofressem um drástico desvio para o vermelho, de quase 16%. Linha por linha, era possível equiparar os dois espectros. Mas, para que houvesse um desvio para o vermelho nesta proporção, 3C273 precisaria estar se afastando de nós a velocidades próximas da velocidade da luz, ou então estava tão distante que a expansão do universo desviava os espectros para o vermelho de maneira notável. Schmidt ficou estarrecido. Naquela noite, ele contou a sua esposa: "Hoje aconteceu uma coisa horrível no trabalho".[24]

Foi uma descoberta importantíssima. Schmidt revelara que tais objetos espalhados pelo cosmos estavam a bilhões de anos-luz de distância, e, para serem vistos com tanta facilidade em le-

160

vantamentos por rádio e com grandes telescópios ópticos, necessariamente precisavam liberar uma quantidade de energia gigantesca. Na verdade, 3C273 e 3C48 produziam luz equivalente a cem galáxias juntas. Eram como supergaláxias, muito mais poderosas do que qualquer coisa já encontrada.

Essas fontes também precisavam ser muito, muito pequenas, apenas uma fração do tamanho de qualquer outra galáxia. O mesmo valia para outras fontes no Catálogo 3C — algumas eram dez ou cem vezes menores que as galáxias comuns. E, quando monitoradas de perto, essas fontes pareciam ter menos que alguns trilhões de quilômetros de extensão — "miudezas, de acordo com os padrões cosmológicos", como a revista *Time* escreveu à época.[25] Quantidades copiosas de energia estavam sendo produzidas em distâncias colossais a partir de uma região do espaço muito pequena.

Algo tão inexplicável e bizarro era tentador demais para Fred Hoyle. Enquanto prosseguia na sua batalha em defesa do modelo de estado estacionário do universo, Hoyle desenvolvera uma reputação formidável como perito na estrutura das estrelas. Ao lado de William ("Willy") Fowler e Geoffrey e Margaret Burbidge, encontrara uma explicação detalhada sobre como os elementos na natureza poderiam ser sintetizados em reações nucleares nas estrelas.

Fowler e Hoyle propuseram que radioestrelas eram estrelas de fato, mas não como as outras. Seriam *superestrelas*, com massas equivalentes à de 1 milhão ou 100 milhões de sóis como o nosso, tão imensas que podiam produzir quantidades descomunais de energia durante sua existência. E sua existência era curta, pois elas queimavam tão depressa que rapidamente entrariam em colapso em uma morte breve e violenta. Com suas superestrelas, Hoyle e Fowler levaram ao limite as regras para entender as estrelas, desenvolvidas por Eddington no campo da teoria da relatividade geral. A teoria de Einstein se insinuava.

* * *

No calor opressivo do verão de 1963, um pequeno grupo de relativistas se reuniu em Dallas, no Texas. Estavam em torno da piscina, bebendo martínis e discutindo sobre os objetos estranhos e pesados que Maarten Schmidt descobrira. Provenientes de várias partes do mundo, estavam em Dallas porque, como um deles declarou: "cientistas norte-americanos que não fossem do ramo da geofísica e da geologia raramente aceitariam se estabelecer aqui. Para a maioria, a região parecia ser tão magnética quanto o Paraguai".[26] Mas o Texas viria a se tornar o centro improvável da relatividade, um desvio conduzido sobretudo pelos esforços de um judeu vienense gregário e contundente chamado Alfred Schild.

Schild tivera infância e juventude itinerantes, fruto das atribulações dos anos 1930 e 1940. Nasceu na Turquia e morou na Inglaterra quando criança. Assim como Bondi e Gold, ficou em campos de confinamento no Canadá, onde estudou física com Leopold Infeld, um dos discípulos de Einstein, e escreveu uma tese sobre cosmologia. Também estivera no encontro de Chapel Hill em 1957, e tomou parte da onda de empolgação com a fase seguinte da relatividade geral. Naquele mesmo ano, foi recrutado para assumir o cargo de professor titular na Universidade do Texas, em Austin.

O Texas era um fim de mundo quando Alfred Schild chegou a Austin, mas um estado riquíssimo em virtude da renda com o petróleo que fluía na economia local. Schild conseguiu convencer a universidade a aplicar os petrofundos para seu bom proveito, montando seu próprio Centro da Relatividade. Com a Força Aérea ávida para ter acesso aos poderes potencialmente mágicos da gravidade, dinheiro era o que não faltava. E, embora os matemáticos de Austin vissem o trabalho de Schild com maus olhos, os físicos estavam dispostos a aceitá-lo.

Schild saiu atrás de talentos, e tinha aptidão para encontrá--los. O grupo de jovens físicos que recrutara na Alemanha, na Inglaterra e na Nova Zelândia transformou Austin em um ponto de parada obrigatório para todo relativista digno do título. Schild não parou em Austin. Em Dallas, o recém-criado Centro de Estudos Avançados do Sudoeste estava à procura de um corpo docente renovado para impulsionar o "carente de ciência" Sul dos Estados Unidos, e Schild apresentou-se para a missão.[27] O físico sugeriu que investissem em relatividade — e assim foi feito, com a contratação de um grupo internacional para constituir as fileiras da relatividade texana.

Naquela tarde de julho, os relativistas texanos que relaxavam em volta da piscina elaboraram um plano que traria o mundo ao Texas para discutir a relatividade. Não seria só mais um Chapel Hill, um evento pequeno e despretensioso. Dessa vez seria trazido um grupo totalmente diferente, os astrônomos, e que seriam instigados a refletir sobre a teoria de Einstein em um encontro que giraria em torno das radioestrelas, as "radiofontes quase estelares". Com as medições feitas por Schmidt em março, ficava claro que esses objetos estranhos eram maciços demais e distantes demais para serem tratados usando as leis newtonianas da gravidade. Era sobre essas coisas que Chandra e Oppenheimer haviam alertado, estrelas que seriam grandes demais para suportar a atração da gravidade, em que a relatividade geral poderia desempenhar um papel dramático. Na carta de convite que enviaram, os organizadores sugeriram que "energias que levam à formação de radiofontes podem ser supridas pelo colapso gravitacional de uma superestrela".[28] Os relativistas deram ao encontro o nome de Simpósio Texano de Astrofísica Relativista. Estava marcado para acontecer em dezembro de 1963 em Dallas.

163

* * *

O primeiro Simpósio Texano de Astrofísica Relativista quase foi cancelado. O presidente John F. Kennedy acabara de ser assassinado em Dallas, e os conferencistas estavam receosos de ir à cidade e correr o risco de levar um tiro. Os relativistas de Dallas pediram ao prefeito para tratar com potenciais participantes individualmente visando dar garantias de segurança na cidade. Funcionou. Mais de trezentas pessoas apareceram para ouvir as últimas descobertas sobre radioestrelas e o que era possível fazer com elas. Entre o público estava Robert Oppenheimer, que vinha desencorajando o trabalho com a relatividade geral no Instituto de Princeton. Ele ficou intrigado com as novas radioestrelas, pois eram, em suas palavras, "incrivelmente belas [...] eventos espetaculares de grandiosidade sem precedentes".[29] Ele comentou que o encontro lembrava aqueles em que a física quântica fora discutida quase duas décadas antes, "quando tudo que se tinha era indecisão e muitos dados". Para Oppenheimer, foi um momento empolgante.

O encontro prosseguiu por três dias, com astrônomos relativistas debatendo a relevância das estranhas "radiofontes quase estelares" no Catálogo 3C de Ryle. Um dos participantes começou a chamá-las de "quasares", por ser mais rápido e fácil de pronunciar.[30] Para os relativistas, os quasares pareciam tão gigantescos e tão concentrados que a estranha solução de Schwarzchild, assim como os cálculos de Oppenheimer e Snyder, precisavam ser levados em conta caso se quisesse encontrar algum sentido nos dados. Os astrônomos e astrofísicos consideraram os quasares tão bizarros e misteriosos que começaram a prestar atenção ao que os relativistas diziam. Talvez, quem sabe, a relatividade geral tivesse que entrar no jogo para que as novas descobertas fizessem sentido.

Em Dallas, mais de dez anos depois de começar a trabalhar com a relatividade geral, John Wheeler estava presente e pronto para proferir sua fala. A grande pergunta sem resposta na sua mente era o que ele definia como "questão do estado final".[31] Wheeler queria descobrir o que acontece no desfecho do colapso gravitacional. Ele considerava impossível acreditar na previsão de Oppenheimer e Snyder de que singularidades se formavam, e estava convencido de que a relatividade geral teria papel fundamental para explicar por que isso não acontecia. Apesar do preconceito, ele se sentia no dever de explicar todas as possibilidades e convocar a plateia para sua busca pelo estado final. Antes de sua fala, Wheeler pegou um giz e meticulosamente preencheu o quadro-negro com desenhos e equações de alta complexidade, ilustrando o que vinha pensando havia quase uma década. No quadro havia gráficos mostrando como ele achava que uma estrela entraria em colapso com o próprio peso e como a relatividade geral previa o movimento inexorável da estrela rumo a seu destino final. Espalhados pelo quadro viam-se equações, trechos das equações de campo de Einstein e sumários da física quântica, em uma miscelânea de brilhantismo que o ajudava a delinear os resultados dos últimos dez anos. Mais do que qualquer outra coisa, a fala de Wheeler foi uma apologia da relatividade geral, defendendo que a teoria deveria ser levada a sério por qualquer astrofísico sério.

Para muitos dos astrônomos, os resultados eram fantasiosos. Um dos participantes relatou sua "incredulidade total" diante de um "participante renomado".[32] Outros, porém, ficaram maravilhados de ver que o universo finalmente havia chegado aonde Wheeler queria. Parecia que a teoria da relatividade geral em que ele vinha pensando fazia tanto tempo agora tinha relevância de fato e podia ser útil para entender as novas observações via rádio.

Em sua descrição do encontro, a revista *Life* relatou: "Os cientistas, depois de ampliar sua imaginação a um ponto que no passado não seria aceito nem para autores de ficção científica, estavam bem menos perplexos do que antes de suas falas serem proferidas [...] a natureza das radiofontes é tão fantástica que nenhuma suposição podia ser desconsiderada".[33] Durante seu discurso pós-jantar, Thomas Gold resumiu os eventos extraordinários testemunhados no simpósio:

> Aqui temos um caso que nos permite sugerir que os relativistas, com seu trabalho sofisticado, não são apenas esplendorosos ornamentos culturais, mas podem ser até úteis à ciência! Todos ficam contentes: os relativistas pensando que se tornaram [...] de uma hora para outra especialistas em uma área que mal sabiam que existia; os astrofísicos por terem ampliado [...] seu império com a anexação de mais um tema — a relatividade geral.[34]

Ele encerrou em um tom de cautela: "Vamos torcer para que seja isso mesmo. Que pena seria se tivéssemos que rejeitar de novo todos os relativistas".[35]

Com sua perspectiva e persistência incríveis, John Wheeler conduzira a ressurreição da teoria moribunda de Einstein. Ao dedicar seu prodigioso intelecto e sua criatividade à formação de uma nova geração de jovens e brilhantes relativistas, apoiando a criação dos novos centros espalhados pelo país, ele fomentara uma comunidade nova e efervescente, capaz de refletir a fundo sobre a gravidade. Finalmente os dados eram contundentes, e, com astrônomos, físicos e matemáticos a postos para tratar das grandes perguntas, o Simpósio Texano anunciou uma nova era. A relatividade geral estava de volta à tona.

8. Singularidades

Enquanto a maior parte da plateia ouvia sem entender nada a apresentação de John Wheeler, no Simpósio Texano de 1963, um jovem matemático assistia fascinado à exposição diante do quadro-negro meticulosamente preparado com equações e gráficos. "A palestra de Wheeler me deixou bastante impressionado", lembrou Roger Penrose.[1] E, embora Wheeler fosse teimoso em aceitar a existência das singularidades, na opinião de Penrose, ele estava fazendo a pergunta certa: essas singularidades poderiam ser ingrediente essencial da relatividade geral? A fala de Wheeler no Simpósio Texano anunciou o início de uma década que viria a ser chamada de "Era de Ouro da Relatividade Geral" (por um dos alunos do próprio Wheeler, Kip Thorne), e Roger Penrose seria um dos pensadores brilhantes responsáveis por fazê-la acontecer.[2]

Penrose passara a vida brincando com o espaço-tempo: recortando-o, colando-o de volta, levando-o aos limites. Ele enxergava as coisas de outro modo, com um olhar de matemático ampliado pelo entendimento mais visceral do espaço e do tempo. Seus desenhos, conhecidos como diagramas de Penrose, desvendam o espaço-tempo e revelam suas propriedades mais estranhas. Mostram visualmente o que acontece com a luz quando passa pela superfície Schwarzschild, como a luz se comporta quando sua trajetória é rastreada até o Big Bang, e até como espaço e tempo podem ser esticados para parecer a superfície espumante do mar.

Penrose ainda era estudante de matemática em Londres quando foi atraído pela relatividade geral. Ele aprendeu sozinho as ideias básicas a partir de um livro de Erwin Schrödinger, devidamente intitulado *Space-Time Structure* [A estrutura do espaço-tempo]. Mas o que foi determinante para que ele pensasse nos detalhes foram as palestras de Fred Hoyle pregando a teoria do estado estacionário. Havia algo de fascinante, mas também de estranho, no universo que Hoyle descrevia — e não se encaixava no entendimento de Penrose da relatividade. Ele decidiu fazer uma visita a seu irmão Oliver, também matemático, que estava estudando para um doutorado em Cambridge. Ele acreditava que Oliver poderia ajudá-lo a entender a estranha teoria que tanto o encantava.

Cambridge nos anos 1950, apesar da atmosfera sisuda de claustros com séculos de idade e os rituais sufocantes dos *colleges* e da universidade, estava se tornando um lugar efervescente. Paul Dirac, físico inglês que tivera papel crucial em demonstrar que as teorias quânticas de Heisenberg e Schrödinger eram a mesma coisa, dava aulas brilhantes, requintadamente arquitetadas, sobre mecânica quântica. Hermann Bondi ensinava relatividade geral e cosmologia e, junto com Fred Hoyle, promovia ativamente seu universo do estado estacionário. E ainda havia Dennis Sciama.

Penrose e seu irmão se encontraram no restaurante Kingswood em Cambridge para discutir as palestras que Fred Hoyle transmitia pelo rádio. Penrose não conseguia entender a afirmação de Hoyle que, no modelo do estado estacionário, as galáxias podiam acelerar e tomar distância tão rápido que em algum momento sumiriam em algum horizonte cósmico. Ele se lembrava de pensar que outra coisa precisava acontecer, algo que pudesse ser mostrado em seus diagramas. Oliver apontou para outra mesa e disse: "Bom, você pode perguntar ao Dennis. Ele entende disso tudo".[3] Ele levou Roger Penrose até Dennis Sciama e apresentou os dois, que se entenderam de imediato.

Sciama tinha apenas quatro anos a mais que Penrose, mas já estava envolvido pela teoria de Einstein com o mesmo ardor que transmitiria a uma série de alunos e colaboradores ao longo de quase cinquenta anos. Ele passara uma temporada no Instituto de Estudos Avançados no ano antes da morte de Einstein. Em uma de suas conversas com o fundador da relatividade, Sciama havia declarado, com certa ousadia e imprudência, que estava lá para "apoiar o 'velho Einstein' contra o 'novo Einstein'".[4] Einstein deu risada de seu atrevimento. Sciama estudara com Paul Dirac, até o ponto em que isso era possível, e fora seduzido pelo trabalho de Hoyle, Bondi e Gold. Mas, embora fosse convicto em sua crença no universo do estado estacionário, ele prestava atenção ao que os radioastrônomos vinham descobrindo. Os resultados que vinham do grupo de Ryle o deixavam intrigado. Ele entendia que os novos dados podiam negar o modelo de Hoyle.

Naquela noite em Kingswood, Penrose explicou a Sciama por que as galáxias não sumiriam da vista. Elas perdiam luz e, de longe, teriam a aparência de estar congeladas no tempo, assim como Oppenheimer e Snyder demonstraram que aconteceria com uma estrela que implode quando sua superfície passa pelo horizonte de Schwarzschild. Sciama viu o cintilar nos olhos de Penrose e adorou sua abordagem inovadora do espaço-tempo. Eles seriam amigos pelos cinquenta anos seguintes.

Penrose acabou se mudando para Cambridge para fazer doutorado em matemática, mas ficou seduzido pelas estranhezas matemáticas que encontrou na geometria do espaço-tempo. Estava ansioso para entendê-las melhor. Quando terminou o doutorado, mergulhou de cabeça na relatividade geral, que se tornou seu campo de trabalho. Passou os anos seguintes rondando o mundo, trabalhando com Wheeler em Princeton, com Hermann Bondi em Londres e com Peter Bergmann em Syracuse. Por fim entrou no grupo de Schild em Austin, no Texas, no segundo semestre de 1963.

Era no Texas que a relatividade geral se desenvolvia com mais dinamismo, e os pesquisadores de lá tinham verba de sobra. "Não chegamos a perguntar de onde vinha o dinheiro ou por que alguém achava válido gastar tanto com a relatividade", contou Penrose. "Sempre achei que devia ser engano." Um dos colegas de Penrose era um jovem neozelandês chamado Roy Kerr, que havia passado muitos dias no calor e na umidade do Texas encarando as equações de campo de Einstein, tentando encontrar soluções mais complexas, mais realistas. Ele apresentara um elegante grupo de equações que correspondiam à geometria simples do espaço-tempo. A solução de Kerr podia ser vista como uma forma mais geral da geometria de Schwarzschild. Enquanto este descrevia um espaço-tempo que era perfeitamente simétrico em torno de um ponto, o local onde se encontrava a infame singularidade, a solução de Kerr era simétrica em torno de uma linha que atravessava todo o espaço-tempo. Era como se ele tivesse espalhado a solução de Schwarzschild em torno de um eixo, torcendo e puxando o espaço-tempo à sua volta. Se a intenção era recuperar a solução original de Schwarzschild, bastaria apenas fazer sua solução parar de girar.

Penrose imediatamente se apegou ao resultado de Kerr. Passou horas discutindo a descoberta com seus novos colegas em Austin, reformulando o novo espaço-tempo a seu modo. Assim como Sciama, Schild se identificou com a maneira de Penrose enxergar as coisas. A sacada matemática e os diagramas de Penrose lançaram uma luz totalmente nova sobre a solução de Kerr.[5] Kerr submeteu seu resultado incrivelmente simples e poderoso à *Physical Review Letters*, a revista científica norte-americana que apenas alguns anos antes havia pensado em banir a publicação de qualquer coisa relacionada à relatividade. O texto foi aceito instantaneamente e publicado em setembro de 1963, poucos meses antes do Simpósio Texano marcado para Dallas. Lá o jovem cientista poderia apresentar seus resultados aos astrofísicos.

Temendo que a apresentação de Kerr ficasse muito árida e matemática, Schild tentou convencer Penrose a apresentar a nova solução no lugar de Kerr. Penrose se recusou terminantemente; o pai da criança era Kerr. A preocupação de Schild tinha embasamento. Quando Kerr subiu ao palco para fazer a apresentação, metade dos participantes saiu do salão. Kerr era jovem e desconhecido, um relativista no meio de uma turma de astrofísicos com coisa melhor para fazer naquele momento. Kerr discursou para os que ficaram e, como lembra Penrose: "Eles não deram muita bola".[6] Pouquíssima gente entendeu o sentido do resultado de Kerr, o primeiro grande passo para tornar a solução de Schwarzschild mais geral, mais real e mais útil para astrofísicos. Kerr chegou a escrever um texto curto para os anais do congresso, mas a pessoa encarregada de resumir os destaques do evento preferiu ignorar. Era relatividade geral demais para os astrofísicos.

Não havia um único físico soviético no primeiro Simpósio Texano. Boa parte do altíssimo calibre intelectual da física soviética fora tomada pelo projeto nuclear do país, deixando pouco tempo ou atenção para a relatividade geral. Contudo, assim como uma nova geração de relativistas emergiu do Projeto Manhattan nos Estados Unidos e do desenvolvimento do radar no Reino Unido, muitos dos cientistas nucleares soviéticos acabariam ocasionando o renascimento da relatividade geral na União Soviética dos anos 1960.

O projeto nuclear soviético demorou para decolar. Recursos preciosos da máquina soviética se esvaíam para o front durante a Segunda Guerra Mundial, o que impedia Ióssif Stálin de ordenar o desenvolvimento da bomba. A partir de 1939, depois do artigo de John Wheeler e Niels Bohr que discutia a liberação abundante de energia a partir da fissão nuclear de elementos pesados, os textos científicos sobre fissão nuclear no Ocidente aparentemente sumiram. Para os soviéticos, foi como se a pesquisa ocidental sobre fissão nuclear tivesse cessado por completo. Em 1942, quando o físico soviético Georgii Flerov chamou a atenção em uma carta para a estranheza desse fato, Stálin ficou desconfiado. Ele presumiu que os norte-americanos estavam trabalhando na bomba, e percebeu que deveria entrar no jogo. Assim que a guerra chegou ao fim, Stálin mobilizou sua elite científica para criar um projeto de desenvolvimento da bomba. Sua equipe incluía Lev Landau e Yakov Zel'dovich.

Lev Landau passara por maus bocados na onda de perseguições durante o grande terror do final dos anos 1930. Sua temporada na prisão o tornara um homem amargurado, profundamente desiludido pelo regime, mas ainda à mercê de seus desmandos. Landau a essa altura já era uma figura lendária, responsável por uma ampla gama de descobertas, que iam da mecânica quântica à astrofísica, e criador de uma escola de física e um séquito de discípulos brilhantes que aceitavam ser testados até o limite de suas capacidades intelectuais só pela chance de trabalhar com ele. Para serem aceitos como seus protegidos, os candidatos tinham que passar por uma série de onze provas destruidoras, conhecidas como "O mínimo teórico de Landau", preparadas e supervisionadas pelo próprio, em um processo que podia levar até dois anos.[7] Apenas alguns conseguiam passar da barreira e trabalhar com o grande cientista.

Yakov Zel'dovich, judeu bielorrusso poucos anos mais moço que Landau, fora um aluno precoce. Virou assistente de laboratório aos dezessete anos, concluiu o doutorado aos 24 e rapidamente se tornou um dos principais especialistas soviéticos em combustão e ignição. Era inevitável que ele fosse recrutado para o desenvolvimento da bomba, o que fez em grande estilo. De 1945 até 1963, Zel'dovich participou da construção da primeira bomba atômica soviética, chamada de "Joe-1" pelos norte-americanos ao detectarem sua explosão, em agosto de 1949, e depois trabalhou em sua sucessora, a "superbomba". A União Soviética assim chegou ao nível dos norte-americanos e se tornou uma potência nuclear.

Se por um lado Zel'dovich estava entusiasmado com o projeto nuclear, Landau, ainda abalado pela provação em Lubyana e acalentando ódio profundo por Stálin, fora coagido a participar. E, apesar de contar com a imensa admiração de Zel'dovich, Landau era menos benevolente com o colega e com o projeto nuclear como um todo. Quando Zel'dovich tentou ampliar o projeto da bomba nuclear soviética, Landau se referiu a ele como "aquele puto".[8] Quando Stálin morreu, ele disse a um colega: "É isso. Ele se foi. Não preciso mais ter medo do sujeito, e não vou mais trabalhar nisso [armas nucleares]".[9] Mesmo assim, por sua contribuição ao projeto da bomba soviética, ambos receberam o prêmio Stálin e a medalha de Herói do Operariado Socialista diversas vezes. Landau viria a ganhar o prêmio Nobel de 1962.

Em meados dos anos 1960, Zel'dovich continuava em ascensão, mas Landau entrou em decadência, abatido por um acidente de carro que o transformou em uma sombra do homem que costumava ser, incapacitado de se dedicar à física. Os protegidos de

173

Landau deram sequência a seu trabalho; foram os primeiros soviéticos a procurar singularidades no espaço-tempo. Os dois jovens, Isaak Khalatnikov e Evgeny Lifshitz, depois de passarem pelas provações de uma formação sob a tutela de Landau, estavam bem preparados para lidar com os meandros da teoria de Einstein a fim de conferir o que acontece quando a matéria entra em colapso sob sua própria gravidade.

Oppenheimer e Snyder construíram sua solução em torno de uma aproximação simples, uma esfera perfeitamente simétrica de coisas que entravam em colapso em direção ao seu interior. A simetria perfeita inicialmente incomodara gente como Wheeler, que a encarava como um excesso de idealização. A superfície terrestre é coberta de irregularidades: montanhas imensas, oceanos profundos, vales. E se uma estrela em colapso também fosse desnivelada? As irregularidades e imperfeições poderiam distorcer o colapso de forma que partes da superfície caíssem muito mais rápido que outras, ricocheteassem e voltassem à tona? Se fosse esse o caso, as singularidades talvez nunca se formassem.

Os russos abordaram essa questão atenuando as simetrias aplicadas por Oppenheimer e Snyder. Segundo o cálculo de Khalatnikov e Lifshitz, o espaço-tempo poderia se distorcer e se misturar em cada direção de uma maneira. Imagine que esteja observando de frente a massa ebuliente de coisas, uma estrela imensa, por exemplo, enquanto está implodindo, entrando em colapso em direção ao seu centro. No geral, é de esperar que ela parecesse desigual. As partes de cima e de baixo da bolha talvez entrassem em colapso mais rápido que as laterais, tão rápido que poderiam quicar para fora antes de as laterais da bolha terem tempo de entrar em colapso. Em vez de tudo despencar para dentro, inexoravelmente formando a singularidade, sempre haveria alguma parte se movendo para fora, sustentando o espaço-tempo. Apenas se o colapso fosse perfeitamente simétrico em torno do centro tudo cairia *exatamente* ao mesmo tempo, permitindo que a singularidade se formasse. O artigo de Khalatnikov e Lifshitz, publicado na revista científica *Física Soviética*, chegou à incisiva conclusão de que, em situações realistas, as singularidades *nunca* se formavam. As soluções de Schwarzschild e Kerr eram abstrações que nunca deveriam existir na natureza. Einstein e Eddington, ao que parece, estavam corretos desde o início. Os cientistas soviéticos às vezes recebiam permissão para participar de encontros no Ocidente. O Terceiro Encontro sobre Relatividade Geral e Cosmologia, sucessor do encontro de Chapel Hill, aconteceu em Londres em 1965, com mais de duzentos relativistas participantes. Quando Khalatnikov apresentou seus resultados por lá, todos os relativistas prestaram muita atenção. Ficou evidente que a teoria de Einstein havia decolado na União Soviética, e era difícil para cientistas ocidentais se manterem atualizados. As traduções da revista científica *Física Soviética* chegavam sempre com atraso.

Penrose escutou em silêncio a apresentação de Khalatnikov. Sabia que os soviéticos estavam errados, mas "não seria diplomático" falar. "Não havia como provar alguma coisa da maneira como eles fizeram", afirmou Penrose. "Havia muita suposição. Eles não podiam tirar as singularidades da equação do jeito que fizeram."[10] Na verdade, Penrose poderia provar que singularidades *sempre* se formavam, ao contrário da afirmação de Khalatnikov. Os resultados de Penrose eram totalmente generalizantes porque ele usara métodos inovadores de observação do espaço-tempo.

Desde seu primeiro encontro com Sciama no restaurante Kingswood, em Cambridge, quase dez anos antes, Penrose vinha desenvolvendo seus diagramas até chegar a um conjunto de regras a respeito de como pensar a luz ou qualquer coisa que se propagasse pelo espaço-tempo. Tomando como base um espaço-tempo arbitrário e conferindo algumas de suas propriedades básicas e os tipos de coisas que continha, ele conseguia ter uma noção definitiva do que aconteceria com esse espaço-tempo — se entraria em colapso até formar um ponto ou explodiria para o infinito. Quando aplicou suas regras ao problema do colapso gravitacional, o que Wheeler chamou de "questão do estado final", o resultado foi inevitável: singularidades. Penrose escreveu um artigo, "Colapso gravitacional e singularidades do espaço-tempo", e enviou à *Physical Review Letters*. Como resumiu no texto: "Os desvios da simetria esférica não têm como impedir o surgimento de singularidades no espaço-tempo".[11] Quase meio século depois, ainda se trata de uma obra-prima de concisão, clareza e rigor: um artigo perfeito em menos de três páginas, com breve explicação do problema, as ferramentas matemáticas usadas e a demonstração em um pequeno parágrafo, tudo ilustrado com um dos diagramas típicos de Penrose.

Quando Khalatnikov fez sua apresentação, Penrose já havia submetido seu artigo à publicação. O texto seria aceito e publicado em dezembro daquele ano, mas suas técnicas eram desconhecidas para a maior parte dos relativistas na plateia, principalmente os russos. Quando Charles Misner, um dos alunos de John Wheeler, levantou-se e desafiou Khalatnikov com o resultado de Penrose, a batalha estava perdida. Desconfiados do resultado de Penrose, os russos se recusaram a aceitar que pudessem ter cometido um erro na abordagem. "Eu me escondi num canto", Penrose relembra. "Foi muito constrangedor."[12]

Mas Penrose tinha razão. O que ficou conhecido como *teorema da singularidade* tinha consequências mais abrangentes. Significava que, se a relatividade geral estivesse correta, as soluções de Schwarzschild e Kerr, aqueles espaço-tempos estranhos com singularidades em seu centro, deveriam existir no universo real. Não poderiam ser apenas construções matemáticas. Einstein e Eddington estavam errados. Quatro anos depois, Khalatnikov e

Lifshitz admitiram a derrota. Em 1969, reviram seus cálculos, dessa vez com um de seus alunos, Vladimir Belinski. Consternados, acharam um erro. Se em 1961 haviam percebido que o colapso que leva à formação de uma singularidade era algo muito especial e anormal para acontecer no mundo real, com Belinski descobriram o oposto. À sua maneira, confirmaram o teorema de Penrose: as singularidades sempre se formavam. Eles tiveram a humildade de publicar seus resultados no Ocidente, reconhecendo publicamente o erro cometido.

Penrose demonstrara a inevitabilidade das singularidades no colapso gravitacional e respondera à pergunta de Wheeler sobre o estado final. A confirmação mais profunda viria logo a seguir.

Martin Ryle podia ter fracassado na tentativa de desmantelar a ortodoxia do estado estacionário em Cambridge com suas primeiras medições de radiofontes, mas seus dados estavam se aperfeiçoando. Em 1961, quando foi lançado o Catálogo 4C de radiofontes, a maioria dos radioastrônomos concordou que muitos dos problemas com os dados anteriores haviam sido remediados. Mas o fim do estado estacionário começaria com os próprios defensores da teoria.

Dennis Sciama era um apoiador convicto da teoria do estado estacionário de Hoyle. Também era fascinado por quasares, e atribuiu a um de seus alunos, Martin Rees, a tarefa de conferir as novas medições de Ryle com outros métodos. Rees adotou uma abordagem mais simples e mais límpida do que a técnica de Ryle de representar graficamente o número de quasares como função do fluxo. Em vez disso, Rees delimitou um subconjunto de 35 quasares com desvios para o vermelho já medidos e os dividiu em três fatias. Uma fatia apresentava desvios pequenos para o vermelho, correspondendo a quasares mais próximos à Terra em tempo e distância. A segunda fatia continha quasares com desvios médios para o vermelho, e a última fatia era constituída de objetos com desvios altos para o vermelho, observados no passado distante.

A ideia de Reeds era simples, mas inteligentíssima. No modelo do estado estacionário, no qual o universo não evolui com o tempo, cada fatia deveria ter aproximadamente o mesmo número de quasares. Em vez disso, Rees não descobriu praticamente nenhum quasar na fatia mais recente. Quase todos estavam na fatia mais distanciada. Em outras palavras, o número de quasares parecia ter mudado com o tempo — havia mais no passado —, e por isso o universo não poderia estar no estado estacionário. O gráfico dizia tudo: o universo do estado estacionário não se comprovava. "Foi aquele gráfico que convenceu Dennis", lembra Rees.[13] Dali em diante, Sciama passou a acreditar na teoria de Lemaître, ou no Big Bang, como Hoyle definira em suas aulas, e o que se depreendia dela.

O último prego no caixão da teoria do estado estacionário veio do outro lado do oceano, de New Jersey. Arno Penzias e Robert Wilson vinham trabalhando numa antena em Holmdel, uma instalação de telecomunicações pertencente aos Laboratórios Bell. Sua intenção era reequipar a antena, uma imensa corneta que captava ondas de rádio, e usá-la para medir a galáxia. Para mapear com precisão a estrutura da Via Láctea, primeiro eles precisavam determinar a precisão do instrumento. Então usaram a antena para observar o nada e conferir até onde conseguiam enxergar.

Mas o que eles viram não foi o nada. Penzias e Wilson estavam certamente vendo ou, para ser mais preciso, *ouvindo* alguma coisa: um sibilado baixo, suave, que vinha do vazio. Independentemente do ajuste que fizessem no instrumento, não conseguiam se livrar daquele sibilado. Sem querer, os dois se depararam com uma relíquia do início do universo, um fóssil do Big Bang.

Em fins dos anos 1940, George Gamow, um físico russo que trabalhava nos Estados Unidos, previu a existência de um banho de luz fria que permeava o universo, partindo da ideia do abade Lemaître de que o universo teve início em um caldo quente e denso a partir do qual todos os elementos acabaram por emergir. O argumento é o seguinte: imagine o universo em seu estado mais simples, cheio de átomos de hidrogênio. O átomo de hidrogênio é a pecinha elementar da química, um próton e um elétron unidos pela força eletromagnética. Bombardeando um átomo de hidrogênio com energia suficiente, é possível arrancar o elétron do seu núcleo, deixando um próton solitário flutuando no espaço.

Agora imagine um gás de átomos de hidrogênio forçado a se combinar numa banheira quente. Eles vão entrar em colisão, dar voltas, e serão bombardeados por fótons energéticos, raios de luz zumbindo ao redor. Quanto mais quente ficarem, mais provável será que os elétrons serão arrancados dos prótons. Se o ambiente estiver muito quente, pouquíssimos átomos de hidrogênio ficarão intactos. Em vez de um gás de hidrogênio, o universo ficará cheio de prótons e elétrons livres. No início da vida do universo, quando sua temperatura era maior que milhares de graus, você encontraria pouquíssimos átomos e mais prótons e elétrons livres. Com a passagem do tempo e o resfriamento do universo, os elétrons grudam nos núcleos, deixando sobretudo átomos de hidrogênio e hélio, um salpicar quase insignificante de elementos mais pesados e um fundo fraco, quase invisível, de luz.* Foi isso que Arno Penzias e Robert Wilson encontraram — evidências claras de um estado denso, quente, no início dos tempos. Foi o mais próximo que

---

* Os prótons se fundem em núcleos de elementos mais pesados, como o núcleo do átomo de hélio, em um processo denominado "nucleossíntese" quando a temperatura do universo era suficientemente alta, durante os três primeiros minutos de sua existência. (N. R. T.)

se chegou de provar a existência do Big Bang — o termo que Hoyle utilizara em tom depreciativo. E seria outro aluno de Dennis Sciama, Stephen Hawking, que daria o passo final.

Havia algo de Einstein no jovem Hawking, e seus amigos de infância inclusive o chamavam de Einstein. Não fora brilhante no colégio e, no mínimo, era displicente, brincalhão, levado — um garoto ligeiro e malandro que gostava mesmo era de entreter os colegas. Hawking começou a se interessar cada vez mais por ciência e, em sua candidatura para Oxford, gabaritou o exame de admissão e arrasou na entrevista. Considerou a exigência acadêmica de Oxford ridícula de tão fácil, e se saiu bem o bastante para impressionar tutores e professores. Foi em Cambridge, como aluno de doutorado sob orientação de Sciama, que Hawking seria conduzido ao cosmos e, depois de encontrar sua voz científica, destrinchar uma consequência significativa da descoberta de Penzias e Wilson.

Stephen Hawking era um ano mais velho que Martin Rees e ficou fascinado com a matemática da relatividade geral. No início dos seus estudos de doutorado, descobrira que tinha esclerose lateral amiotrófica e um prognóstico de poucos anos de vida. A princípio, foi uma notícia profundamente desanimadora, porém dois anos depois ele ainda estava vivo e em atividade. O prolongamento de sua saúde o estimulou a se concentrar no trabalho de doutorado e tentar entender o que acontecera de fato no início da expansão do universo — no Big Bang em si. As singularidades seriam inevitáveis no início do tempo tanto quanto no estado final de Wheeler?

Enquanto lutava contra o prognóstico de sua doença, Hawking foi capaz de mostrar que, de fato, um universo em expansão sob condições normais deveria inevitavelmente ter começado com uma singularidade. Ao longo dos anos, ele demonstrou, junto com um físico de origem sul-africana chamado George Ellis, outro talentoso aluno de Sciama, que um universo com radiação vestigial como a encontrada por Penzias e Wilson devia ter começado em um estado singular. Por fim, com Roger Penrose, Hawking construiu um conjunto completo de teoremas que cobria quase todo modelo possível de um universo em expansão que era possível elaborar na época. As singularidades eram inevitáveis, ou assim parecia dizer a matemática de Penrose e Hawking, tanto no futuro como no passado.

No primeiro Simpósio Texano, especulava-se que as fontes distantes e abundantes de ondas de rádio no catálogo de Ryle talvez tivessem relação com o colapso de estrelas supermassivas previsto pela relatividade geral. Chandra já destacara que anãs brancas superpesadas seriam instáveis e poderiam implodir, e Oppenheimer e Snyder tinham demonstrado que, se as estrelas fossem ainda mais pesadas, o passo seguinte no inexorável colapso seriam as estrelas de nêutrons. Embora houvesse provas bastante convincentes da existência de anãs brancas, não havia sinal de estrelas de nêutrons. Isso mudou em 1965, quando Jocelyn Bell chegou a Cambridge para começar seu doutorado no grupo de Martin Ryle.

Bell não trabalhou com Ryle em pessoa, e sim com Anthony Hewish, um de seus assistentes, que a fez construir um radiotelescópio a partir de uma pilha de postes de madeira e telas de arame, que ela deveria usar para determinar e estudar a posição de quasares a 81,5 megahertz. Segundo a própria Jocelyn, seus "primeiros dois anos foram de muito trabalho pesado de campo, num galpão onde fazia muito frio".[14] Mas o cargo tinha suas vantagens: "Quando saí de lá, eu sabia martelar".[15] Em 1967, Bell estava coletando dados num registrador gráfico, analisando mais de trinta metros de papel quadriculado por dia, procurando sinais indicadores de quasares. Mais ou menos 120 metros de papel equivaliam a toda a extensão do céu.

Havia algo de estranho naqueles registros. Para cada 120 metros de papel, havia uma variação de seis milímetros de dados que Bell não era capaz de explicar. Ela não conseguia descobrir o que era aquele sinal, nem de onde vinha. Não havia dúvida de que estava lá, um conjunto de sibilados em uma direção bem específica do céu. "Começamos a chamar aquilo de 'homenzinhos verdes'", lembra Bell. "Eu voltava para casa muito chateada."[16] A equipe decidiu tomar a iniciativa de publicar sua misteriosa descoberta.

Em fevereiro de 1968, saiu um artigo na *Nature* com o título "Observações de uma radiofonte com pulsação veloz". Nesse texto, Bell, Hewish e os demais coautores anunciavam sua descoberta e declaravam: "Sinais incomuns de radiofontes pulsantes foram gravados no Observatório Radioastronômico Mullard". Em seguida, faziam uma afirmação ousada: "A radiação parece vir de objetos locais internos à galáxia, e pode estar associada a oscilações de anãs brancas ou estrelas de nêutrons".[17] Eles especularam que os picos no papel quadriculado eram as oscilações ou pulsações nessas radiofontes densas e compactas.

A descoberta não passou despercebida da imprensa, fazendo entrevistas com Hewish a respeito de sua relevância. Mas, como lembra Bell: "Os jornalistas só me faziam perguntas relevantes como se eu era mais alta ou não tão alta quanto a princesa Margaret".[18] Ela relatou que "eles se viravam para mim e perguntavam minha data de nascimento ou quantos namorados eu já tivera [...] mulher só servia para isso".[19] O tabloide *Sun* deu a manchete: "A menina que viu homenzinhos verdes".[20] Foi o *Daily Telegraph* que deu nome aos objetos mirabolantes; um jornalista sugeriu chamá-los de "pulsares", encurtando a expressão "radioestrelas pulsantes".[21]

A radioastronomia mais uma vez tinha gerado grandes resultados, e mais uma vez por acaso. A descoberta foi extremamente relevante e, em 1974, rendeu o prêmio Nobel aos orientadores de Bell — Tony Hewish e Martin Ryle. Jocelyn Bell foi totalmente ignorada, o que muitos veem como uma das maiores injustiças na história do prêmio. Quase vinte anos depois, Bell participou da cerimônia de premiação como convidada de outro astrônomo, Joseph Taylor Jr., quando este venceu o Nobel de 1993. "No fim das contas pude comparecer", ela comentou, sem nenhum sinal de amargura.[22]

Os pulsares foram a primeira evidência tangível de estrelas de nêutrons. Eles não pulsam de verdade — na verdade giram, o que faz com que emitam um sinal periódico. Mas eles eram o lendário elo perdido no colapso gravitacional, proposto por Landau, estudado por Oppenheimer e explorado em detalhes minuciosos por Wheeler e seus discípulos. Era o último passo antes da formação das inevitáveis singularidades de Penrose.

Quando Yakov Zel'dovich trocou de área, fez isso sem o menor temor. Um de seus alunos se lembra do conselho de Zel'dovich: "É difícil, mas interessante dominar 10% de [...] qualquer área [...]. A trajetória de 10% a 90% é puro prazer e criatividade genuína [...]. Atravessar os outros 9% é absurdamente difícil, e algo distante da capacidade das pessoas em geral [...]. O último 1% é impraticável". A partir daí, Zel'dovich concluía: "É mais sensato passar a um novo problema antes que seja tarde demais".[23]

Assim como Wheeler, Zel'dovich passou da pesquisa nuclear para a relatividade aos quarenta e poucos anos, e montou um dos grupos de pesquisa mais focados do mundo. Os artigos que Zel'dovich escreveu com seus alunos eram quase impressionistas, geralmente com introduções peculiares, do tipo: "O patrono da psicanálise, professor Sigmund Freud, nos ensinou que o comportamento dos adultos depende de suas experiências na infância. Conforme este mesmo espírito, o problema é derivar a [...] estrutura [...] presente [...] do universo [...] a partir [...] de seu comportamento inicial".[24] Pareciam ensaios condensados, salpicados com algumas equações, só o suficiente para destrinchar o tema em questão. Quando traduzidos para o inglês, decifrá-los podia ser complexo. Mas com o tempo passaram a ser admirados pelo que são: verdadeiras joias da astrofísica relativista.

Quando Zel'dovich trocou de área, saiu à procura de estrelas congeladas, o nome que for dado no Oriente às estrelas em colapso de Schwarzschild e Kerr. Essas estrelas eram invisíveis, não emitiam luz e não tinham superfície que pudesse refleti-la. Mas Zel'dovich não conseguia aceitar que esses objetos estranhos ficassem ocultos, dados seu impacto e sua capacidade de distorcer espaço e tempo ao seu redor. Inclusive, como começou a discutir com seus alunos, eles deveriam exercer uma atração inexorável sobre tudo que se aproxima. E assim, Zel'dovich supôs, observando o efeito de estrelas congeladas sobre outras coisas, talvez fosse possível enxergá-los não diretamente, mas de forma indireta. Por exemplo: se o Sol chegasse muito perto de uma estrela congelada, seria forçado a orbitá-la, tal como a Lua em torno da Terra. A estrela congelada seria invisível, então pareceria que o Sol estaria dançando sozinho, oscilando numa estranha órbita sem centro. À procura de estrelas oscilantes, Zel'dovich e sua equipe propuseram: estrelas que parecem estar sozinhas, mas que se comportam como parte de um sistema binário.

Contudo, conjecturou Zel'dovich, estrelas congeladas não deveriam apenas atrair as parceiras; deveriam também destruí--las. Ele fez uma suposição muito simples: ao entrar no campo gravitacional de uma estrela congelada, um objeto deveria se aproximar da velocidade da luz, e com isso condensar e aquecer.

Conforme o material se mistura e se choca, elevando sua temperatura ao cair na estrela congelada, num processo que foi chamado de acreção, passa a irradiar energia. A acreção perto do horizonte Schwarzschild é tão eficiente que consegue emitir até 10% da energia contida em sua massa de repouso, uma quantidade incrível de energia — o processo mais eficiente de emissão de energia no universo. E assim, em um artigo curto publicado na *Doklady Akademii Nauk* em 1964, Zel'dovich continuava a especular que a produção de energia em torno de uma estrela congelada seria acachapante — e suficiente para explicar os quasares de brilho intenso que vinham sendo encontrados por radioastrônomos. Exatamente ao mesmo tempo, um astrônomo norte-americano da Universidade de Cornell, Edwin Salpeter, chegava à mesma conclusão: radioemissões abundantes podiam provir de um objeto imenso que pesava mais de 1 milhão de massas solares ou, segundo suas palavras, "objetos extremamente massivos de tamanho relativamente pequeno".[25]

Zel'dovich não parou por aí. Com seu jovem colega Igor Novikov, aplicou seu argumento aos sistemas binários, como os de uma estrela normal orbitando uma estrela congelada. Eles especularam que a imensa atração gravitacional da estrela congelada arrancaria todo o gás e combustível das camadas externas da estrela normal. Como Roger Penrose já afirmara, seria como "ter que esvaziar [...] uma banheira do tamanho do Loch Lomond por um ralo de tamanho normal".[26] As forças que atuariam sobre o gás seriam tão imensas que quantidades abundantes de luz com energia muito alta, conhecidas como raios X, seriam emitidas. Procurem raios X, foi o que Zel'dovich e seus pupilos disseram ao mundo.

O nome Schwarzschild começou a aparecer com frequência em artigos científicos de astrônomos e astrofísicos à medida que o elo entre estrelas colapsadas ou congeladas e quasares ia se tornando cada vez mais atraente. Porém, como Wheeler lembrou anos depois, o nome que ele e seus colegas nos Estados Unidos vinham usando — "objeto gravitacional completamente colapsado"[27] — era incômodo, e, "depois de usar umas dez vezes, você fica louco para achar coisa melhor".[28] Num congresso em Baltimore, em 1967, uma pessoa na plateia propôs o termo *buraco negro*. Wheeler o adotou, e o nome pegou.

Em 1969, um dos colegas de Dennis Sciama em Cambridge, Donald Lynden-Bell, afirmou na introdução de um de seus artigos: "Estaríamos errados, contudo, ao concluir que objetos tão imensos no espaço-tempo seriam inobserváveis. Minha tese é de que já os temos observado indiretamente há anos".[29] Ele defendia a ideia de que buracos negros gigantes no centro das galáxias sugariam o material circundante, conforme Penrose havia descrito, como a água que escorria por um ralo, borbulhando e girando. O gás em rotação ao redor do buraco formaria um disco plano, como os anéis de Saturno, e o sistema inteiro ficaria travado, girando no seu eixo. Os núcleos das galáxias, alimentados por esses discos de acreção, seriam então verdadeiros faróis, e Lynden-Bell podia mostrar como a energia era criada e emitida. Martin Rees, assim com Dennis Sciama, também passara a trabalhar na construção de modelos detalhados de quasares que pudessem explicar todas as suas propriedades estranhas e distintas — seus tamanhos, suas distâncias, com que velocidade cintilariam e pulsariam, e que quantidades de energia seriam expelidas. Ao longo dos anos seguintes, Rees, com Lynden-Bell e seus alunos e pós-doutorandos em Cambridge conseguiram propor um belo e meticuloso modelo dos fogos de artifício em torno de quasares e radiofontes. As peças estavam se montando.

E então, por fim, os raios X de Zel'dovich e Novikov começaram a aparecer. A partir dos anos 1960, uma equipe comandada pelo físico italiano Riccardo Giaccone enviou foguetes para fora da atmosfera terrestre que, por alguns minutos, tentariam encontrar raios X. E encontraram manchas fortes de raios X espalhadas pelo céu que superavam em brilho os planetas no sistema solar. No início dos anos 1970, o satélite *Uhuru* foi lançado de uma plataforma próxima a Mombasa, no Quênia, com o objetivo único de mapear o céu dos raios X. Foi um sucesso retumbante, que proporcionou medições minuciosas de mais de trezentos objetos emissores de raios X.

Em meio às múltiplas fontes que o *Uhuru* mediu estava Cygnus X-1, uma fonte particularmente brilhante na constelação de Cygnus. Fora vista pela primeira vez em 1964, durante um dos primeiros voos de foguete, mas o *Uhuru* descobriu que sua emissão de raios X cintilava de maneira extraordinariamente rápida, várias vezes por segundo, um indicativo de que era um objeto incrivelmente compacto. Às medições do *Uhuru*, logo se seguiram observações por radiofrequência e frequências ópticas que identificaram a evidência que Zel'dovich e Novikov haviam previsto: uma estrela que é lentamente despida de seu invólucro e oscila conforme é puxada por um objeto denso e invisível com massa maior que a de oito sóis. Era a primeira prova de um buraco negro; não totalmente comprovada, mas muitíssimo provável. Era pequena, poderosa e invisível, mas emitia raios X.

Em meados de 1972, Bryce e Cécile DeWitt montaram um curso de verão em Les Houches, nos Alpes franceses. Participaram os jovens relativistas — os formados por Sciama, Wheeler e Zel'dovich — que haviam se tornado especialistas de renome mundial: Brandon Carter e Stephen Hawking de Cambridge, Kip Thorne e seu aluno James Barden, além de Remo Ruffini, da Caltech e de Princeton, e Igor Novikov representando Moscou. Eram os profetas dos buracos negros.

"A história da transformação fenomenal da relatividade geral, em questão de mais de uma década, do marasmo de pesquisa que abrigava um punhado de teóricos até o posto avançado pujante que atraía números cada vez maiores de gente jovem e altamente talentosa [...] hoje já é conhecida", escreveram os DeWitt no prefácio às minutas do encontro de Les Houches.[30] "Não há objeto ou conceito único que resuma mais a fase atual de evolução da relatividade geral do que os buracos negros." O encontro marcou o ápice de uma década de descobertas fenomenais.

Einstein e Eddington estavam profundamente enganados. Até Wheeler cedera, e em 1967 aceitara que a natureza *não* abominava as singularidades da relatividade geral. A solução de Schwarzschild, descoberta fazia tanto tempo nos campos de batalha do front oriental, e a solução de Kerr, encontrada no calor do verão texano, eram reais e provavelmente existiam na natureza. Eram os verdadeiros pontos finais do colapso gravitacional. Foram previstos pela relatividade geral, eram inevitáveis e simples, e podiam fazer coisas maravilhosas na natureza: abastecer quasares e despir estrelas de seus elementos externos. O radiocéu repetidamente provocava vislumbres acachapantes, e o caos de raio X que vinha sendo descoberto parecia apontar para objetos pequenos e densos. Nenhuma medição era definitiva até então, mas a existência dos buracos negros era algo que começava a se tornar incontornável. Havia apostas sobre quais dos vários elementos estranhos que se observava no céu podiam ser buracos negros de fato. Eles eram quase uma realidade.

Nos anos anteriores, o grupo reunido em Les Houches também havia percebido que, se fosse possível encontrar buracos negros na natureza, eles *teriam que ser* matematicamente simples como as soluções de Schwarzschild e Kerr. Embora Ezra ("Ted") Newman, da Universidade de Syracuse, tivesse ampliado um pouquinho a solução de Kerr para incluir buracos negros com carga elétrica, a solução de buracos negros para a teoria de Einstein podia ser caracterizada por inteiro em termos de apenas três números: sua massa, a velocidade de sua rotação ou *spin* e a carga que possuía. Era um resultado surpreendente. Por que um buraco negro não poderia ter um pouco mais de massa de um lado, tal como um vale? Ou por que não poderia se deformar de um lado e continuar a ter a mesma massa? Era possível inclusive imaginar buracos negros com a mesma massa, *spin* e carga com aparência totalmente diversa, cada qual com suas características individuais. Mas a matemática provava outra coisa e demonstrava com veemência que, com a relatividade geral, tais complicações sumiriam rapidamente. Os morros iriam aplainar, os vales iriam se inundar e as áreas esmagadas iriam inchar. Buracos negros com a mesma massa, *spin* e carga iriam logo se assentar para parecer *exatamente* iguais uns aos outros, indistinguíveis por completo. Wheeler descreveu essa constituição uniforme dizendo: "Buracos negros não têm cabelo", e sua demonstração acabou se tornando o "teorema da calvície".

O encontro de Les Houches mostrou o potencial de grandes mentes unidas para encarar grandes problemas. Como Martin Rees recorda a respeito desse período: "Eram três grupos tentando entender buracos negros: Moscou, Cambridge e Princeton. E sempre senti que havia uma atmosfera adequada entre eles".[31] De fato, durante uma época de tremendo isolamento entre Ocidente e Oriente, seus encontros foram uma grande colaboração para o avanço da ciência. Kip Thorne e Stephen Hawking viriam a visitar Zel'dovich em Moscou e comparar anotações sobre discos de acreção, colapso gravitacional e singularidades. Igualmente importantes foram as viagens curtas, mas de logística complicada, que os físicos soviéticos fizeram ao Ocidente. Como recorda Novikov a respeito de sua visita a um dos Simpósios Texanos, em 1967, dessa vez em Nova York: "Apesar de nosso empenho e ansiedade para colher o máximo de informação e conversar com tantos colegas quanto possível, éramos fisicamente incapazes de cobrir tudo que fosse de interesse".[32] Anos depois, no encontro de Les Houches, em 1972, Novikov e Thorne viriam a ser coautores de um dos artigos sobre discos de acreção.

Em dez anos, a teoria de Einstein sobre a relatividade geral fora transformada. O Simpósio Texano havia se tornado uma reunião frequente de centenas de astrofísicos, e muitos deles agora se definiam como relativistas. Como Roger Penrose relatou: "Vi os buracos negros deixarem de ser uma coisa da matemática e virarem algo em que as pessoas acreditam de fato".[33] A geração da Era de Ouro da Relatividade seria recompensada com cargos de prestígio em grandes universidades. No Reino Unido, Martin Rees e Stephen Hawking assumiram cadeiras de prestígio em Cambridge, assim como Roger Penrose em Oxford. Nos Estados Unidos, os alunos de Wheeler acabaram nos corpos docentes da Caltech, de Maryland e de várias outras universidades de excelência, assim como os seguidores de Zel'dovich na União Soviética. Tudo isso por conta do trabalho na relatividade geral. Parecia que a teoria de Einstein finalmente havia passado a fazer parte do *establishment* da física, e de maneira espetacular.

9. Agruras da unificação

Em 1947, recém-saído da pós-graduação, Bryce DeWitt encontrou Wolfgang Pauli e lhe disse que estava trabalhando na quantização do campo gravitacional. DeWitt não entendia por que as duas grandes teorias do século xx — a física quântica e a relatividade geral — continuavam se distanciando uma da outra. "O que o campo gravitacional está fazendo ali, em isolamento tão esplêndido?", ele se perguntava. "E se alguém simplesmente o arrastasse ao campo tradicional da física teórica e o quantizasse?"[1] Pauli não foi muito encorajador em relação aos planos de DeWitt. "Trata-se de um problema muito importante", ele respondeu, "mas vai exigir alguém muito inteligente."[2] Ninguém podia negar a inteligência considerável de DeWitt, mas, durante mais de meio século, a relatividade geral se mostraria notavelmente resistente a seu empenho.

A relatividade geral estava isolada em sua incompatibilidade com a física quântica. A ascensão do quantum após a Segunda Guerra Mundial levou a uma teoria totalmente nova e poderosa, que reuniu todas as forças e os constituintes fundamentais da matéria em um todo simples e coerente — todas as forças, no caso, com exceção da gravidade. Albert Einstein e Arthur Eddington haviam tentado criar teorias unificadas, sem sucesso, durante décadas. A teoria quântica era diferente. Foi testada com notável precisão em experimentos dentro de colisores gigantescos na Europa e nos Estados Unidos, uma história de sucesso que era fruto do matrimônio entre equações belíssimas e o brilhantismo conceitual com medições realistas e viáveis.

Apesar desses sucessos, havia um homem que se recusava a dar apoio à nova física quântica do pós-guerra. Paul Dirac considerava a teoria quântica das partículas e forças um embuste, motivado pelo pensamento displicente, uma espécie de passe de mágica que deixava de lado problemas fundamentais ao fazer números infinitos sumirem na fumaça. Dirac estava convencido de que essa trapaça era o que não deixava a relatividade geral participar da glória total da unificação de *todas* as forças.

Havia algo de impenetrável em Paul Dirac, homem alto, magro, que dificilmente se pronunciava em público. Quando falava, suas palavras eram quase precisas *demais* e iam direto ao assunto. Muitas vezes aparentava extrema timidez e preferia trabalhar por conta própria, obcecado pela beleza matemática que acreditava ser subjacente à realidade. Seus artigos eram joias matemáticas com consequências abrangentes para o mundo real. Sua formação original era de engenheiro, em Bristol, mas ele rapidamente se estabeleceu como um dos profetas do novo quantum quando chegou a Cambridge, aos vinte e poucos anos. Logo se tornou *fellow* do St. John's College em Cambridge e pouco depois foi nomeado professor da Cátedra Lucasiana de Matemática, cadeira que já fora de Isaac Newton no século XVII. Cambridge lhe concedeu um casulo, um espaço protegido onde podia se isolar e ao mesmo tempo influenciar gerações de físicos, entre eles alguns dos astrofísicos e relativistas que conseguiram revigorar a relatividade geral nos anos 1960. Tanto Fred Hoyle como Dennis Sciama haviam sido seus doutorandos, e Roger Penrose assistira às suas aulas, maravilhado com a clareza e a precisão.

Ironicamente, foi a própria equação fundamental de Paul Dirac para o elétron — a *equação de Dirac*, como veio a ser conhecida — que deu o primeiro passo na rota da unificação, fundindo o princípio da relatividade especial de Einstein aos fundamentos da física quântica. A equação da física quântica nos diz como o estado quântico de um sistema, como um elétron preso a um próton num átomo de hidrogênio, evolui com o tempo. Há uma distinção clara entre espaço e tempo. A relatividade especial de Einstein une espaço e tempo para criar algo indivisível: o espaço-tempo. Além disso, combina as leis da mecânica e as leis da luz em uma estrutura coerente. Paul Dirac conseguiu juntar as leis da física quântica nessa mesma estrutura. Com a equação de Dirac, toda a física, inclusive a física quântica, poderia obedecer ao princípio especial da relatividade.

As partículas no universo podem ser divididas em dois tipos: *férmions* e *bósons*. A regra geral é que as partículas que constituem coisas geralmente são férmions, e partículas que conduzem as forças da natureza são na maioria bósons. Os férmions incluem as partes que constituem os átomos, como elétrons, prótons e nêutrons. Conforme mencionado ao tratar das anãs brancas e estrelas de nêutrons, essas partículas possuem uma propriedade quântica bizarra, que surge do princípio da exclusão de Pauli: dois férmions não podem ocupar o mesmo estado físico. Quando comprimidos no mesmo espaço, eles se afastam através da pressão quântica. Fowler, Chandra e Landau usaram essa pressão para explicar como anãs brancas e estrelas de nêutrons se sustentavam mesmo abaixo de sua massa crítica. Ao contrário dos férmions, os

193

bósons não satisfazem o princípio da exclusão de Pauli e podem ser comprimidos quando necessário. Um exemplo de bóson é o fóton, o portador da força eletromagnética.

A equação desenvolvida por Dirac descreve o comportamento físico quântico de um elétron, um férmion, e ao mesmo tempo satisfaz a teoria da relatividade especial de Einstein. É a equação que descreve as probabilidades de encontrar um elétron em qualquer posição no espaço ou com qualquer velocidade. Em vez de destacar o espaço, a equação de Dirac é definida em todo o espaço-tempo de uma maneira coerente, como exige a relatividade especial. É rica em percepções e informações sobre o mundo natural e suas partículas fundamentais. Para surpresa dele, sua equação também previu a existência de antipartículas. Uma antipartícula tem a mesma massa, mas com carga oposta de sua partícula correspondente. A antipartícula de um elétron é chamada de pósitron. Ela se parece exatamente com um elétron, mas sua carga é positiva, e não negativa. Segundo a equação de Dirac, tanto elétrons como pósitrons devem existir na natureza. A equação também prevê que pares de elétrons e pósitrons podem surgir do vácuo, efetivamente criados a partir do nada. Isso era uma coisa bizarra, difícil de entender, principalmente se considerarmos que, quando Dirac anotou sua equação pela primeira vez, nunca se vira um pósitron. Dirac se negou a afirmar que pósitrons existiam de fato até que, em 1932, eles foram detectados em raios cósmicos. Dirac ganhou o prêmio Nobel no ano seguinte.

Quando Dirac apresentou sua equação, provocou uma revolução no entendimento das partículas e das forças da natureza. Se a física quântica do elétron podia ser descrita na mesma estrutura que o campo eletromagnético — ou seja, obedecendo ao princípio de relatividade especial de Einstein —, por que o campo eletromagnético em si não poderia ser quantizado como o elétron?

Em vez de simplesmente descrever ondas de luz, deveria descrever também os fótons, os quanta de luz que Einstein supusera existir em 1905. Uma teoria quântica de elétrons *e* luz, conhecida como eletrodinâmica quântica, ou EDQ, foi o passo seguinte na trajetória de unificação das partículas e forças. Desenvolvida por Richard Feynman, Julian Schwinger e Shin'ichirō Tomonaga depois da Segunda Guerra Mundial, sinalizava uma nova maneira de estudar a física quântica: quantizar partículas (elétrons) e forças (o campo eletromagnético) em um todo coerente. A EDQ se mostrou extremamente bem-sucedida, e permitiu que seus criadores previssem as propriedades de elétrons e campos eletromagnéticos com precisão sem precedentes, valendo-lhes igualmente o prêmio Nobel.

Embora a EDQ funcionasse de maneira espetacular, Paul Dirac a via com tremendo desgosto. No cerne de seu sucesso, havia um método de cálculo que afrontava a crença profunda do cientista na simplicidade e elegância da matemática. Esse método atendia pelo nome de *renormalização*. Para entender o que significa renormalização, precisamos conferir como os físicos utilizam a EDQ para calcular a massa de um elétron. A massa de um elétron foi medida de forma notável em laboratórios, e é igual a 9,1 décimos de um bilionésimo de um bilionésimo de um bilionésimo de grama — um número muito pequeno. Contudo, a aplicação das equações da EDQ confere um valor infinito à massa do elétron. Isso porque a EDQ permite a criação e destruição de fótons e pares de elétrons e de pósitrons com vida curta — as partículas e antipartículas da equação de Dirac — efetivamente do nada. Todas essas partículas *virtuais* que surgem do vácuo aumentam a energia e a massa dos elétrons, por fim tornando-a infinita. E assim a EDQ, se aplicada de maneira imprudente, leva a infinitudes por todos os lados e oferece a resposta errada. Mas Feynman, Schwinger e Tomonaga argumentavam que, como já *sabemos* a partir de observações que a massa final do elétron é finita, podemos simplesmente "renormalizar" o resultado infinito calculado, substituindo-o pelo valor mensurado e conhecido.

Para um observador mais implacável fica parecendo que tudo que a renormalização faz é jogar fora as infinitudes e arbitrariamente substituí-las por valores finitos. Paul Dirac declarou estar "muito insatisfeito com a situação". Segundo ele: "Isso não é matemática sensata. A matemática sensata aceita negar uma quantidade quando ela é pequena — não negá-la só porque é infinitamente maior e você não quer que seja!".[3] Parecia uma ideia sem muito critério, quase um pensamento mágico. Mas não havia como negar que funcionava espetacularmente bem.

A EDQ foi mais um passo na longa trajetória rumo à unificação. Mas dos anos 1930 aos 1960 ficara claro que havia outras duas forças, além da eletromagnética e da gravidade, que também precisavam ser incluídas na estrutura definitiva. Uma delas era a força *fraca*, proposta nos anos 1930 pelo físico italiano Enrico Fermi para explicar um tipo específico de radioatividade conhecido como decaimento beta. No decaimento beta, um nêutron se transforma em próton e com isso expele um elétron. Trata-se de um processo impossível de entender usando o eletromagnetismo, então Fermi evocou uma nova força que faria tal transformação ocorrer. A nova força age apenas em distâncias muito curtas, em separações internucleares, e é muito mais fraca que o eletromagnetismo; daí seu nome. A outra força, a força *forte*, é a que junta prótons e nêutrons para formar núcleos. Ela também une as partículas mais fundamentais, chamadas de quarks, que constituem prótons, nêutrons e inúmeras outras partículas. Embora também tenha alcance muito curto, é muito mais forte que a força fraca (daí o nome supercriativo). O desafio era, tal como o de James Clerk Maxwell ao unificar as forças elétrica e magnética na força eletromagnética em meados do século XIX, chegar a um modo comum de tratar as quatro forças fundamentais: gravitacional, eletromagnética, fraca e forte.

Ao longo dos anos 1950 e 1960, tanto a força forte como a fraca eram sistematicamente desvendadas e estudadas em detalhes. Conforme passaram a ser mais bem entendidas, uma semelhança matemática começou a emergir entre elas e a força eletromagnética, sugerindo a existência de uma força *unificada* que se manifesta como uma das três forças diferentes, a depender da situação. Ao fim dos anos 1960, Steven Weinberg, do MIT, Sheldon Glashow, de Harvard, e Abdus Salam, do Imperial College de Londres, propuseram uma nova maneira de juntar pelo menos duas das forças, a eletromagnética e a fraca, numa só força *eletrofraca*. A força forte ainda não podia ser incluída no pacote, mas parecia tão similar às outras que se tinha a impressão de que deveria ser possível chegar a uma "teoria grã-unificada" das forças eletromagnética, fraca e forte. Nos anos 1970, foi demonstrado que a teoria eletrofraca e a teoria da força forte eram renormalizáveis, tal como a EDQ. Todas as infinitudes incômodas que surgiam dos cálculos podiam ser substituídas por valores conhecidos, o que tornava as teorias eminentemente previsíveis. A combinação das teorias eletrofraca e forte ficou conhecida como *modelo-padrão*, e oferecia previsões precisas, que foram confirmadas em laboratórios, como o acelerador gigante de partículas no CERN, em Genebra, na Suíça. Essa teoria *quântica* quase totalmente unificada, mas mesmo assim potente e previsível, das três forças — eletromagnética, forte e fraca — foi aceita de forma quase unânime.

A exceção era Paul Dirac. Embora estivesse impressionado com a jovem geração que chegara ao modelo-padrão e maravilhado com a matemática utilizada, ele repetidamente atacava as infinitudes e o que considerava ser o truque nefasto da renormalização. Em suas poucas palestras públicas nas quais foi permitido mencionar o modelo-padrão, ele repreendia seus colegas por não empreenderem mais esforço para encontrar uma teoria melhor, sem infinitudes. Perto do fim de sua carreira em Cambridge, Dirac passou a se isolar cada vez mais. Rejeitava os avanços da física quântica por pura teimosia. Apesar do desejo de privacidade, ele se sentia ignorado pelo restante do mundo da física, que adotara a EDQ e o via como uma figura ultrapassada. Sua reação foi se retrair, ficando fechado em sua sala no St. John's College e evitando o departamento onde tinha seu cargo docente, sem prestar atenção às grandes descobertas da relatividade geral que vinham de Dennis Sciama, Stephen Hawking, Martin Rees e seus colaboradores. Como recorda um de seus contemporâneos em Cambridge: "Dirac era um fantasma que raramente víamos e com quem nunca falávamos".[4] Ele se aposentou da Cátedra Lucasiana em 1969 e se mudou para a Flórida para assumir um cargo de docente. Em seus últimos anos, não se surpreenderia ao descobrir que a relatividade geral se recusava a ceder às técnicas da renormalização.

Bryce DeWitt não tinha ideia do esforço que seria sua busca por uma teoria quântica da gravidade. Enquanto trabalhava com Julian Schwinger em Harvard, testemunhara em primeira mão o nascimento da EDQ. Quando resolveu lidar com a gravidade, DeWitt decidiu tratá-la como o eletromagnetismo e tentou reproduzir o sucesso da EDQ. Havia semelhanças entre eletromagnetismo e gravidade: ambas eram forças de longo alcance que podiam se estender por largas distâncias. Na EDQ, a transmissão da força eletromagnética podia ser descrita como algo que é carregado pela partícula sem massa, o fóton. É possível ver o eletromagnetismo como um mar de fótons zanzando para lá e para cá entre partículas carregadas, como elétrons e prótons, apartando-os ou atraindo-os, a depender de suas cargas relativas. DeWitt abordou uma teoria quântica da gravidade de maneira análoga, substituindo o fóton por outra partícula sem massa, o *gráviton*. Esses grávitons sairiam quicando para lá e para cá entre partículas imensas, atraindo-as para criar o que chamamos de força gravitacional. Tal abordagem abandonava todas as belas ideias da geometria. Enquanto a gravidade ainda estava descrita nos termos das equações de Einstein, DeWitt preferiu pensá-la como apenas outra força, lançando mão de todas as técnicas da EDQ.

Nos vinte anos que se seguiram, DeWitt tentou descobrir como quantizar o gráviton, mas encontrou um desafio gigantesco. Mais uma vez, as equações de campo de Einstein se mostraram rebuscadas demais. Ele testemunhou o desenvolvimento da teoria das outras forças e viu semelhanças nas dificuldades. Mas, se por um lado os problemas com unificação das forças forte, fraca e eletromagnética pareciam se dispersar, a relatividade geral era obstinada, resistente ao encaixe no mesmo grupo de regras quânticas que aparentemente se aplicava às outras três forças. DeWitt não estava só em sua batalha: Matvei Bronstein, Paul Dirac, Richard Feynman, Wolfgang Pauli e Werner Heisenberg em algum momento também haviam tentado quantizar o gráviton. Steven Weinberg e Abdus Salam, os arquitetos do modelo exitoso da força eletrofraca, tentaram aplicar suas técnicas ao modelo-padrão, mas também descobriram que a gravidade era muito difícil.

Conforme DeWitt avançava em seu trabalho, debatendo-se com o gráviton e tentando quantizá-lo, criaram-se bolsões isolados de interesses pelo que ele estava fazendo. John Wheeler o encorajava e pôs seus alunos para trabalhar no problema, assim como o físico paquistanês Abdus Salam, Dennis Sciama em Oxford e Stanley Deser em Boston. Mas, no geral, as reações ao trabalho na gravidade quântica foram desconfiadas e normalmente frias. Michael Duff, ex-aluno de Salam, lembra-se de apresentar resultados da gravidade quântica em um congresso em Cargèse, na Córsega, e de vê-los ser "recebidos com apupos de zombaria".[5] Um aluno de Dennis Sciama chamado Philip Candelas, que estava trabalhando em propriedades quânticas de campos em espaço-tempos com geometrias diferenciadas, ficou sabendo que integrantes do corpo docente de física de Oxford diziam à boca pequena que ele "não estava fazendo física".[6] A gravidade quântica ainda estava muito disforme em comparação ao trabalho de quantização das outras forças. Para muitos, era percebida como perda de tempo.

Em fevereiro de 1974, o Reino Unido estava paralisado. O preço do petróleo havia disparado, uma sucessão de governos inefetivos vinha tentando estancar a disparada da inflação, e o país se viu travado por greves e disputas trabalhistas. Vez por outra a jornada de trabalho semanal era reduzida a três dias para poupar energia, e os contínuos cortes de luz resultavam em refeições noturnas muitas vezes à luz de velas. Foi durante esses dias de trevas que se convocou uma reunião para um balanço dos progressos da quantização da gravidade, quase 25 anos depois que DeWitt começou a trabalhar no assunto. Apesar do clima econômico melancólico, a euforia prevaleceu no início do Simpósio de Oxford sobre Gravidade Quântica. As previsões do modelo-padrão da física de partículas desenvolvida por Glashow, Weinberg e Salam vinham sendo confirmadas de maneira espetacular no acelerador de partículas gigantesco do CERN. Era de esperar que em breve o mesmo se daria com a gravidade quântica.

No entanto, conforme os palestrantes se apresentavam e traziam suas sugestões de soluções ou ideias, o mesmo problema parecia repetidamente aniquilar a rota mais promissora e popular para quantizar a gravidade. A abordagem de DeWitt de deixar de lado a geometria e pensar na gravidade simplesmente como força não estava dando certo. Os organizadores, parafraseando Wolfgang Pauli, inquietavam-se: "O que Deus separou, que homem nenhum possa unir".[7] O problema era que a relatividade geral não era igual à EDQ e ao modelo-padrão. Com a EDQ e o modelo-padrão era sempre possível renormalizar todas as massas e cargas das partículas fundamentais e, para conseguir resultados sensatos, bastava se livrar das infinitudes que apareciam. Mas, se os mesmos truques e técnicas fossem aplicados à relatividade geral, tudo se despedaçava. Seguiam brotando infinitudes que se recusavam a ser normalizadas. Quando enxotadas para outro lado da teoria, elas apareciam em outro lugar, e renormalizar a teoria inteira de um só golpe se revelava impossível. A gravidade, conforme descrita pela relatividade geral, parecia intricada e diferente demais para ser reembalada e fixada como as outras forças. Durante o simpósio, Mike Duff falou em tom sinistro na conclusão de seu discurso: "Parece que as probabilidades estão contra nós, e apenas um milagre pode nos salvar da não renormalização".[8]

A gravidade quântica havia chegado a um beco sem saída, e a relatividade geral se recusava a reunir as outras forças em um contexto unificado. Como assinalou melancolicamente um texto da *Nature* sobre o simpósio: "A apresentação de resultados técnicos por M. Duff só serviu para confirmar os esforços extraordinários necessários para fazer mesmo o mínimo avanço".[9] O fracasso era ainda mais frustrante porque houvera um avanço tremendo na astrofísica relativística, no estudo dos buracos negros e na cosmologia nos anos anteriores, sem falar no sucesso espetacular do modelo-padrão da física de partículas.

O simpósio de Oxford pareceu uma admissão de derrota, a não ser por uma fala surpreendente do físico Stephen Hawking, de Cambridge, sobre buracos negros e física quântica. Em seu discurso, Hawking demonstrou que havia um ponto ideal em que a física quântica e a relatividade geral podiam ser unificadas. Além do mais, ele afirmou ter como provar que buracos negros não eram de fato negros, mas que brilhavam com uma luz incrivelmente fraca. Foi uma declaração mirabolante, que transformaria a gravidade quântica nas quatro décadas seguintes.

No início dos anos 1970, Stephen Hawking era figurinha fácil na cena de Cambridge, trabalhando no Departamento de Matemática Aplicada e Física Teórica, ou DAMTP (Department of Applied Mathematics and Theoretycal Physics). Com apenas trinta anos, já havia feito nome na relatividade geral. Proveniente do grupo de alunos de Dennis Sciama, Hawking trabalhara com Roger Penrose para mostrar que as singularidades deveriam existir desde o princípio dos tempos. No início dos anos 1970, redirecionou sua atenção da cosmologia para os buracos negros e, junto com Brandon Carter e Werner Israel, provou em definitivo que buracos negros não têm cabelos: eles perdem toda memória de como se formaram, e buracos negros com mesma massa, *spin* e carga têm aparência exatamente igual. Ele também conseguiu um resultado intrigante a respeito dos tamanhos de buracos negros. Descobriu que, fundindo dois buracos negros, a área da superfície Schwarzschild, ou evento do horizonte, do buraco negro final seria maior que ou igual à soma da área dos buracos negros originais. Na prática, isso queria dizer que, somando a área total dos buracos negros antes e depois de *qualquer* acontecimento físico, ela *sempre* aumentava.

Hawking realizou todo o seu trabalho enquanto a esclerose lateral amiotrófica consumia seu corpo. No final dos anos 1960, ele caminhava pelos corredores do DAMTP com uma bengala, apoiando-se na parede, mas aos poucos ficou incapaz de se movimentar sem auxílio. À medida que se reduziam suas capacidades de escrever e desenhar, ferramentas essenciais no arsenal de um físico teórico, Hawking foi desenvolvendo uma capacidade formidável para pensar as coisas por todos os ângulos, o que lhe permitiu tratar de questões profundas na relatividade geral e na teoria quântica.

É possível dizer que a grande descoberta de Hawking foi motivada pelo seu incômodo com um resultado proposto por um jovem doutorando israelense de John Wheeler chamado Jacob Bekenstein,* que queria conciliar buracos negros com a segunda lei da termodinâmica. Para tanto, usou um dos resultados de Hawking para fazer uma afirmação totalmente absurda sobre buracos negros. Para Hawking, a afirmação era absolutamente especulativa e equivocada.

Para entender a afirmação de Bekenstein, precisamos fazer uma rápida incursão à termodinâmica, o ramo da física que estuda calor, trabalho e energia. A segunda lei da termodinâmica (são quatro no total) afirma que a entropia de um sistema, ou nível de desordem, sempre cresce. Pense no exemplo clássico de um sistema termodinâmico simples: uma caixa contendo moléculas de gás. Se as moléculas estiverem todas em repouso, empilhadas em um canto, o sistema tem entropia baixa — há pouquíssima desordem. Não há como as partículas estacionárias colidirem com as laterais da caixa e aquecê-la, por isso o sistema tem temperatura baixa. Agora imagine que as moléculas começam a se mexer. Elas circulam livremente pela caixa e se espalham de forma aleatória, fazendo o sistema passar a um estado de alta entropia. Ou seja, a distribuição de moléculas dentro da caixa fica mais desordenada. Conforme se movimentam, elas colidem com as paredes da caixa e transferem para ela parte da energia, aquecendo e aumentando sua temperatura. Quanto mais rápido se movimentam as molé-

---

* Na verdade, Bekenstein nasceu na Cidade do México de pais poloneses que para lá haviam migrado. Posteriormente obteve as cidadanias americana e israelense. (N. R. T.)

culas, mais rápido elas aleatorizam, e mais rápido a entropia sobe até chegar ao máximo. Aliás, quanto mais rápido as moléculas se movimentam, menos provável que venham a voltar a um estado pacífico, ordenado, de baixa entropia. Mas não é só isso: moléculas mais rápidas talvez transfiram mais calor para as paredes da caixa, aumentando ainda mais a temperatura do sistema. Isso nos revela duas coisas: a caixa tende a um estado de alta entropia, como afirma a segunda lei da termodinâmica, e com entropia vem temperatura.

Bekenstein queria examinar o paradoxo do que aconteceria se uma caixa de coisas fosse jogada num buraco negro. A caixa podia conter qualquer coisa: enciclopédias, gás de hidrogênio, um pedaço de ferro. Para simplificar, vamos usar nossa caixa de gás. A caixa vai sumir no buraco, e rapidamente o teorema da calvície vai se ativar. Depois do acontecimento, não haverá como saber o que caiu originalmente. Toda a informação sobre a caixa vai se perder. Mas, se for assim, toda a desordem do gás na caixa — toda aquela entropia — também some, e a entropia total do universo diminui. Os buracos negros aparentemente eram contraditórios com a segunda lei da termodinâmica.

A forma que Bekenstein encontrou para não negar a segunda lei da termodinâmica foi usar o resultado de Hawking. Quando coisas são jogadas num buraco negro, a área do horizonte de evento nunca diminui — ela permanece a mesma ou aumenta. E assim Bekenstein concluiu que, caso se queira que a segunda lei da termodinâmica seja válida para todo o universo, os buracos negros *devem* ter entropia, diretamente relacionada à área da superfície do horizonte de evento. O crescimento na área do buraco negro mais do que compensaria a perda de desordem, sugada por trás do horizonte de evento; e a entropia do universo, dessa forma, nunca diminuiria. Ainda assim, levada às últimas consequências, a solução de Bekenstein para o paradoxo mostrava um resultado bizarro. Se um buraco negro tem entropia, então, assim como a caixa de moléculas de gás, também deveria ter temperatura. Até o próprio Bekenstein considerou que estava indo longe demais e escreveu em seu artigo: "Enfatizamos que não se deve entender T como a temperatura do buraco negro; tal identificação decerto levaria a todo tipo de paradoxo, o que não é útil".[10]

Apesar das ressalvas de Bekenstein, Hawking ficou irritado com suas afirmações. Segundo as leis da termodinâmica, não há como aumentar a entropia de um buraco negro sem fazer com que, de alguma forma, ele irradie calor. Para Hawking, isso era ir longe demais, pois era óbvio que buracos negros eram negros: as coisas podiam cair em buracos negros, mas com certeza não podiam sair. O fato de que a área total dos buracos negros não podia diminuir, como ele mesmo havia demonstrado, podia até se parecer com entropia, mas não era *exatamente* entropia — entropia era só uma analogia útil para explicar tal comportamento.

Mas havia sinais de que Bekenstein podia estar certo e Hawking errado. Para começar, em 1969, Roger Penrose descobrira que um buraco negro giratório, descrito pela solução de Kerr, podia emitir energia. Imagine uma partícula acelerada em velocidade próxima à da luz quando cai na órbita de um buraco negro de Kerr. Se decair em duas partículas, uma das quais é sugada pelo horizonte de evento, a partícula remanescente pode ser acelerada e lançada para fora com mais energia do que quando entrou, conservando a energia total do sistema e do universo. Com esse processo estranho, conhecido como *super-radiância de Penrose*, os buracos negros efetivamente emitem energia, como se brilhassem de maneira bizarra. Mas havia outras ideias circulando. Em 1973, Stephen Hawking visitou Yakov Zel'dovich e seu jovem colega Alexei Starobinsky e ficou sabendo que eles tinham entendido o que acontece com um buraco negro de Kerr: o buraco varreria o vácuo quântico que o cerca, usando sua energia para emitir energia e inclusive irradiar.

Hawking decidiu usar a física quântica para pensar em partículas próximas do horizonte de evento de um buraco negro, onde coisas estranhas podiam acontecer. O que encontrou de fato foi estranho. A física quântica permite que pares de partículas e antipartículas se formem no vácuo. Em circunstâncias ordinárias, as partículas são criadas e então, com a mesma velocidade em que surgiram, colidem entre si e são aniquiladas, desaparecendo totalmente. Mas, como Hawking descobriu, a situação é muito diferente perto do horizonte de evento: algumas das antipartículas serão sugadas para dentro do buraco negro, enquanto as partículas ficam onde estão. Esse processo vai acontecer repetidamente e, conforme as antipartículas são sugadas, o buraco negro vai, de forma lenta e constante, emitir uma corrente de partículas de energia. Hawking delineou os detalhes do que aconteceria se as partículas não tivessem massa, como os fótons. E descobriu que, observado à distância, o buraco negro iria brilhar com uma claridade incrivelmente baixa, muito similar à de uma estrela fraca. E, tal como uma estrela — nosso Sol, por exemplo —, seria possível atribuir-lhe uma temperatura. Ao olhar a luz que nosso Sol emite, podemos medir sua temperatura à superfície em aproximadamente 6 mil graus Kelvin. Em outras palavras, *por causa* da física quântica, Hawking descobriu que os buracos negros previstos pela relatividade geral emitiam luz e tinham temperatura.

Foi um resultado matemático notavelmente claro e sem ambiguidade com consequências de longo alcance. O cálculo de Hawking podia mostrar que a temperatura com que o buraco negro brilha é inversamente proporcional à sua massa. Assim, por exemplo, um buraco negro com a massa do Sol teria temperatura de um bilionésimo de Kelvin, e um buraco negro com a massa da Lua teria temperatura de aproximadamente 6 graus Kelvin. Quando o buraco negro brilha, ele desbasta parte de sua massa — ou "evapora", como Hawking descreveu.[11] Mas buracos negros muito menores evaporavam muito mais rápido. Por exemplo, um buraco negro com massa de aproximadamente 1 trilhão de quilogramas (um buraco negro pequeno, do ponto de vista astrofísico) iria evaporar dentro do período de vida do universo e liberar uma explosão de energia no último décimo de segundo. Da forma como Hawking descreveu, seria "uma explosão muito menor segundo padrões astronômicos, mas equivalente a mais ou menos um megaton de bombas de hidrogênio".[12] Hawking deu a seu artigo, que acabaria publicando na *Nature*, o título de "Explosões em buracos negros?".

Quando Stephen Hawking fez sua apresentação no simpósio de Oxford, estava sentado de maneira desajeitada numa cadeira de rodas diante do auditório. Tinha algo revolucionário a relatar, e falou com clareza e determinação, explicando seus cálculos à plateia reunida. Ao terminar, deparou-se com silêncio quase absoluto. Como recorda Philip Candelas, aluno de Dennis Sciama na época: "Tratavam Hawking com muito respeito, mas ninguém entendia de fato o que ele dizia".[13] Como o próprio Hawking viria a lembrar: "Fui recebido com incredulidade geral [...]. O moderador da discussão [...] disse que aquilo não fazia sentido".[14] Na resenha do simpósio de Oxford na *Nature*, reconheceu-se que "a grande atração do congresso foi uma apresentação do infatigável S. Hawking", embora o autor da resenha tenha se mostrado cético em relação à previsão de buracos negros que explodem, e escreveu: "Por mais interessante que seja a proposta, não se discerne mecanismo físico plausível que possa levar a tal efeito dramático".[15]

Levaria algum tempo para a descoberta de Hawking ser absorvida, mas algumas pessoas perceberam imediatamente a relevância do seu feito. Dennis Sciama se referia ao artigo de Hawking como "um dos mais belos na história da física" e imediatamente colocou alguns de seus alunos para trabalhar nos seus desdobramentos.[16] John Wheeler descreveu o resultado de Hawking como "um confeito dançando na língua".[17] Bryce DeWitt se propôs a rederivar o resultado de Hawking a seu modo e escreveu uma explanação da radiação dos buracos negros que viria a convencer um novo grupo.

O cálculo de Hawking da radiação de buraco negro não era gravidade quântica. Não envolvia quantização do campo gravitacional, desvendando regras e processos aos quais os grávitons podiam ser submetidos, como DeWitt e tantos outros vinham tentando sem sucesso. Mas ele teve êxito em misturar a física quântica e a relatividade geral para chegar um resultado interessante, algo a que a gravidade quântica, caso um dia viesse a acontecer, poderia se referir e explicar com mais detalhes. Ao longo dos anos seguintes, a radiação dos buracos negros deu nova esperança ao desafio impossível de quantizar a gravidade. Hawking indicou de forma sólida o caminho para quantizar não apenas objetos dentro do espaço-tempo, mas o espaço-tempo em si. Formando um novo grupo de estudantes para trabalhar no seu programa, Hawking viria a se concentrar intensamente na gravidade quântica durante os quarenta anos seguintes. Portanto, era apropriado que, dez anos depois de Paul Dirac se aposentar da Cátedra Lucasiana no DAMTP, Stephen Hawking fosse nomeado à mesma cadeira, cargo que acabou ocupando durante mais de 25 anos.

Quando um jovem aluno perguntou a John Wheeler como se preparar melhor para trabalhar com gravidade quântica — era melhor ser especialista em relatividade geral ou em física quântica? —, ele respondeu que provavelmente seria melhor se o aluno trabalhasse com outra coisa. Foi um sábio conselho. As teimosas infinitudes continuavam a frustrar toda tentativa de quantizar a relatividade geral, e parecia que qualquer empreitada na busca pela gravidade quântica estava fadada ao fracasso.

Mas também era verdade, como Hawking demonstrara em seu resultado espetacular, que quando a relatividade geral e a física quântica se encontram acontecem coisas inesperadas. Buracos negros tinham entropia e emitiam calor, o que ia contra a ideia dos relativistas de que os buracos negros eram mesmo negros. Mas os cálculos de Bekenstein e Hawking também aparentavam lançar nova luz sobre o quantum, ao qual a relatividade geral parecia fazer coisas estranhas. Num sistema físico comum e vulgar, como uma caixa de gás, a entropia está relacionada ao volume. Quanto mais volume, mais maneiras possíveis de randomizar as coisas e criar desordem, a marca da entropia. Toda a aleatoriedade, a desordem, está contida *dentro* da caixa. A relação direta entre entropia e volume é parte integrante da termodinâmica de manual. Mas o que Bekenstein e Hawking descobriram, como vimos, é que a entropia do buraco negro está relacionada à área de sua superfície, e não ao volume que ocupa no espaço. É como se a entropia de nossa caixa cheia de partículas de gás estivesse de alguma forma nas paredes da caixa, e não nos movimentos aleatórios das partículas de gás no seu interior. Como é possível armazenar entropia na superfície de um buraco negro, que, como sabemos, deveria ser simples e calvo, apenas emitindo luz de maneira uniforme através da radiação de Hawking?

Espinhosa e inescrutável, com todos os novos resultados acachapantes nos buracos negros, a gravidade quântica havia se tornado o desafio definitivo à nova geração de físicos brilhantes. Mas, embora a gravidade quântica tenha virado um verdadeiro campo de batalha de ideias que iriam se desdobrar ao longo das décadas seguintes, outra batalha acontecia na relatividade geral. Em vez de exercícios mentais e equações inteligentes, essa batalha dizia respeito a instrumentos e detectores tentando medir ondas esquivas no tecido do espaço-tempo, emanando de buracos negros em colisão.

10. Enxergando a gravidade

Joseph Weber já foi celebrado como o primeiro observador das ondas gravitacionais. Foi ele que criou, praticamente sozinho, o campo de experimentos com ondas gravitacionais. No fim dos anos 1960 e início dos 1970, os resultados de Weber foram festejados como grandes realizações da relatividade. Porém, por volta de 1991, ele foi rebaixado. Como declarou a um jornal local naquele ano: "Somos número um na área, mas não recebo verba desde 1987".[1]

À primeira vista, a situação de Joe Weber parecia estranhamente injusta. No auge da carreira, seus resultados eram discutidos em todo congresso de relevância sobre a relatividade geral, junto com estrelas de nêutrons, quasares, o Big Bang quente e buracos negros emissores de radiação. Havia infinitos artigos tentando explicá-los. Weber era aposta segura para o prêmio Nobel. E então, tão depressa quanto viera a proeminência, Weber foi banido ao ostracismo dentro da academia. Evitado pelos colegas, rejeitado pelas agências de fomento, incapaz de publicar nas revistas científicas tradicionais, Weber foi condenado a uma morte científica longa e solitária, uma nota de rodapé esquisita e desconfortável na história da relatividade geral. Alguns viriam a dizer que foi só depois do ocaso de Weber que teve início de verdade a busca pelas ondas gravitacionais.

Ondas gravitacionais estão para a gravidade como as ondas eletromagnéticas estão para a eletricidade e o magnetismo. Ao mostrar que eletricidade e magnetismo podiam ser unificadas em uma teoria abrangente, o eletromagnetismo, James Clark Maxwell definiu as bases para que Heinrich Hertz revelasse que havia ondas eletromagnéticas que oscilam dentro de uma determinada gama de frequências. Nas frequências visíveis, essas ondas seriam luz, que nossos olhos estão bem sintonizados a captar e interpretar. As frequências mais compridas seriam as ondas de rádio, que bombardeiam nossos aparelhos sonoros, transmitem a informação sem fio de e para nossos laptops e permitem que vejamos os quasares imensamente energéticos nos confins longínquos do universo.

Meses após conceber a relatividade geral, Albert Einstein mostrara que, tal como o eletromagnetismo, o espaço-tempo de sua nova teoria deveria conter ondas. As ondas poderiam ser ondulações nos próprios espaço e tempo. O espaço-tempo funciona como um lago; quando você joga uma pedrinha, ela provoca ondulações que propagam de uma ponta a outra. Assim como ondas eletromagnéticas e as ondulações na água do lago, as ondas gravitacionais conseguem transportar energia de um ponto a outro.

Ao contrário das ondas eletromagnéticas, as ondas gravitacionais se revelaram incrivelmente difíceis de encontrar. Sua eficiência para carregar a energia de um sistema gravitante é muito baixa. Como a Terra orbita o Sol a uma distância de 150 milhões de quilômetros, perde energia lentamente através das ondas gravitacionais e vai chegando mais perto do Sol — porém a distância entre a Terra e o Sol encolhe em um ritmo ínfimo, mais ou menos o comprimento de um próton por dia. Isso quer dizer que, ao longo de toda a sua existência, a Terra vai chegar mais perto do Sol em um mero *milímetro*. Mesmo se algo for grande o suficiente para gerar uma quantidade abundante de ondas gravitacionais, elas se tornam sussurros fraquíssimos quando viajam pelo espaço-tempo. O espaço-tempo na verdade é menos um lago e mais um lençol de aço, incrivelmente denso, que mal tremula ao mais forte dos puxões.

Foi difícil para os físicos engolirem as ondas gravitacionais. Quase meio século depois de Einstein defender sua existência, muitos se recusavam a acreditar que fossem uma realidade. As ondas eram vistas como mais uma estranheza matemática que podia ser deixada de lado a partir do entendimento mais profundo da teoria da relatividade geral. Arthur Eddington, pelo menos, estava convencido de que as ondas gravitacionais não existiam. Após repetir o cálculo em que Einstein determinou como as ondas gravitacionais apareceriam na relatividade geral, Eddington passou a defender que elas eram um artefato que dependia da maneira como espaço e tempo eram descritos. As ondas teriam surgido por conta de um erro, uma ambiguidade em posições de rotulação no espaço e no tempo, e podiam ser absolutamente ignoradas. Não seriam ondas de verdade, e segundo Eddington viajavam à "velocidade do pensamento", diferente das ondas eletromagnéticas, que viajavam à velocidade da luz.[2] Em uma incrível reviravolta, o próprio Einstein concluiu que havia se enganado no cálculo original e, em 1936, apresentou um artigo à *Physical Review* escrito em conjunto com um de seus assistentes mais jovens, Nathan Rosen, no qual argumentou que ondas gravitacionais não tinham como existir.*

Hermann Bondi fez a defesa mais convincente das ondas gravitacionais no encontro de Chapel Hill, em 1957. Bondi, que então liderava um grupo de relativistas no King's College de Londres, apresentou um exercício mental simples: pegue uma vareta e passe-a por dois anéis afastados a curta distância. Aperte os anéis só o suficiente para conseguirem se mexer, só roçando a vareta. Se uma onda gravitacional passar, mal vai afetar a vareta. A vareta será rígida demais para captá-la. Mas os anéis vão se mover para cima e para baixo na vareta, como boias no mar, que as ondas jogam para lá e para cá. Os anéis vão se deslocar para os lados, aproximando-se e afastando-se conforme a onda passa, e ao fazê-lo vão entrar em atrito contra a vareta e aquecê-la, transferindo energia. Como o único lugar de onde a energia poderia vir seria das ondas gravitacionais, as ondas teoricamente transportam energia. O argumento de Bondi era simples e eficiente. Richard Feynman, que também participava do encontro, apresentou uma linha de raciocínio similar, e a maior parte dos participantes se convenceu. As ondas gravitacionais estavam lá para quem as quisesse descobrir. Joe Weber estava em Chapel Hill, perplexo com as discussões. Bondi, Feynman e todos os outros participantes podiam ficar só discutindo se ondas gravitacionais eram reais ou não — ele iria atrás delas.[3]

Weber era do tipo que se dispunha a tentar o impossível. Era um homem prático e obsessivo, que na adolescência havia aprendido a consertar rádios para ganhar algum dinheiro. Visionário com arroubos artísticos, constantemente levando a tecno-

---

* De fato esse trabalho nunca foi publicado. Logo depois Einstein se convenceu de que estava errado. Veja a discussão em: <http://scitation.aip.org/content/aip/magazine/physicstoday/article/58/9/10.1063/1.2117822>. (N. R. T.)

logia além do que se imaginava viável, conseguia projetar e construir experimentos com os mínimos recursos, e então os utilizava para sondar os confins distantes do mundo físico. Sua motivação se estendia a todos os aspectos da vida; ele corria cinco quilômetros toda manhã e trabalhou em dois turnos até os setenta e tantos anos.

Weber era formado na Academia Naval dos Estados Unidos como engenheiro elétrico e foi comandante de um navio durante a Segunda Guerra Mundial. Por conta de sua experiência com eletrônica e rádio, foi convidado a comandar o programa de medidas defensivas eletrônicas da Marinha americana. Ao deixar o Exército, tornou-se professor de engenharia elétrica da Universidade de Maryland, onde decidiu trocar de área, começando um doutorado em física.

Em meados dos anos 1950, Weber se interessou pela gravidade. John Wheeler incentivou Weber a mergulhar na área, levando-o à Europa por um ano para pensar sobre a nova fronteira da relatividade geral. Quando voltou, Weber estava pronto para começar a projetar e construir um instrumento. À medida que mergulhava na tarefa de gravar ondas gravitacionais, aos poucos foi esboçando diversas possibilidades, preenchendo cadernos com projetos de engenhocas. Um dos métodos acabou virando seu preferido. A ideia era simples: construir cilindros de alumínio gigantes e pesados e pendurá-los no teto. Amarrado no ventre de cada cilindro ficava um conjunto de detectores incrivelmente sensíveis, que enviariam um pulso elétrico para um gravador caso o cilindro vibrasse. Qualquer coisa poderia acionar o mecanismo — um telefone tocando, um carro rodando por perto, uma porta batendo. Por isso Weber teve que isolar os cilindros o máximo possível, eliminando todas as fontes possíveis de tremores e sacudidas.

Quando enfim ligou seus cilindros — ou *barras de Weber*, como ficariam conhecidas —, ele imediatamente começou a captar tremores. As barras vibravam e, assim que se eliminaram todas as perturbações conhecidas, ainda sobraram algumas poucas: pequenos sinais que podiam muito bem ser radiação gravitacional. Havia algo de estranho nos sinais, porém. Caso fossem mesmo radiação gravitacional, deviam ter origem em um acontecimento tão explosivo que teria sido observado através de telescópios. O sinal era muito forte para ser radiação gravitacional. Weber precisava aperfeiçoar seu aparelho.

Para ter absoluta certeza de que qualquer tremor nos cilindros vinha de uma onda gravitacional, Weber posicionou uma de suas quatro barras no Laboratório Nacional de Argonne, a quase mil quilômetros do laboratório da Universidade de Maryland. Se os cilindros nos *dois* locais tremessem ao mesmo tempo, seria forte sinal de que estavam sendo transpassados por ondas gravitacionais provenientes do espaço. Weber ia comparar as leituras dos detectores em cada uma das barras. Caso um registro disparasse em mais que uma barra *simultaneamente,* o mais provável era que a fonte da perturbação fosse um mesmo fator externo — uma onda gravitacional — agitando as duas barras, e não só uma sacudida aleatoriamente coordenada em cada uma delas. Ele estava atrás dessas "coincidências", como definia. Mais uma vez, Weber ligou sua máquina e ficou no aguardo.

Em 1969, depois de trabalhar mais de uma década no seu experimento, Weber tinha algo a apresentar ao mundo: um punhado de tremores coincidentes não só entre os cilindros do LNA e da Universidade de Maryland, mas entre os *quatro* cilindros. Era coincidência demais para ser aleatório. Eles deviam estar captando algo em uníssono. Não havia terremotos, tampouco havia alguma tempestade eletromagnética incomum à qual ele pudesse atribuir o fenômeno. Weber aparentemente havia descoberto as ondas gravitacionais.

Ao longo dos anos seguintes, Joseph Weber aperfeiçoou seu experimento para garantir que não estivesse direcionando sua descoberta para aquilo que queria encontrar. Os tremores nas barras eram poucos, espaçados e ficavam ocultos no ruído inerente ao experimento. As barras podiam se sacudir simplesmente por conta do calor, conforme os átomos e moléculas internos vibravam no ir e vir, e, sem a devida cautela, os olhos captavam padrões onde não havia nenhum. Para contornar esse empecilho, Weber desenvolveu um programa de computador que captaria os tremores e identificaria as coincidências automaticamente. Ele também decidiu introduzir um leve atraso na gravação do sinal de um dos cilindros, para comparar posteriormente com outros cilindros. Se a coincidência fosse real, o sinal de um cilindro chegaria ao do cilindro com sinal retardado *depois* que essa coincidência tivesse acontecido — o número de coincidências deveria diminuir na comparação entre os registros dos dois cilindros. E, de fato, esse número caiu.

Em 1970, Weber já vinha realizando seu experimento fazia tempo suficiente para determinar a direção da radiação gravitacional que seu instrumento estava captando. Parecia emanar do centro da galáxia, o que ele via como um bom presságio. Como escreveu em seu artigo: "Uma característica positiva é o fato de que [10 bilhões de] massas solares estão ali e fazia sentido descobrir que a fonte seja a região do céu que contém a maior parte da massa da galáxia".[4]

Conforme Weber se convencia de que estava mesmo detectando ondas gravitacionais com seus experimentos, o restante do mundo começou a prestar atenção.[5] Sua descoberta pegou todos de surpresa. Uma detecção tão direta de ondas gravitacionais era inesperada, mas a princípio não havia motivo para duvidar da descoberta. Os resultados de Weber eram mencionados repetidamente pelos relativistas, que tentavam entender seu significado.

Roger Penrose calculou o que aconteceria se duas ondas gravitacionais colidissem — o resultado final seria explosivo a ponto de ativar a máquina de Weber? Stephen Hawking criou seu próprio exercício mental: arremessar um buraco negro contra outro, torcendo para que gerassem um estouro de radiação gravitacional que poderia explicar a detecção de Weber. Ao longo desses primeiros anos, a fama de Weber só fez crescer. Ele foi entrevistado pela revista *Time*, e seu trabalho ganhou destaque no *New York Times*, assim como em incontáveis jornais nos Estados Unidos e na Europa. Enquanto isso, os resultados — ou coincidências, nas palavras de Weber — não paravam de aparecer.

Os resultados de Weber eram incríveis, e pareciam bons demais para ser verdade. Weber aparentava ter encontrado uma fonte inacreditável de radiação gravitacional, muito maior do que qualquer outro cientista considerava possível.[6] Por mais sofisticadas que fossem as barras de Weber, e por mais refinados que fossem os detectores colados nelas, não eram um mecanismo *tão* sensível assim. Para conseguir um tremor detectável, as barras de Weber teriam que balançar com ondas gravitacionais de potência incrível, verdadeiros colossos direcionados à Terra.

Isso era um problema, pois, embora as supostas ondas gravitacionais viessem do centro da galáxia, onde havia muita coisa prestes a implodir, colidir e agitar o espaço-tempo, esse local ficava a mais de 20 mil anos-luz da Terra. Se houvesse mesmo um emissor de ondas gravitacionais escondido no centro da Via Láctea, as ondas que emitiria teriam se diluído no espaço intermediário até virar quase nada no momento em que chegassem à Terra. Aliás, como Weber ressaltou, a quantidade de energia nas ondas gravitacionais detectadas equivalia a mil estrelas do tamanho do Sol destruídas no centro da galáxia a cada ano, um número realmente colossal.

Martin Rees, em Cambridge, mostrou-se cético em relação aos resultados de Weber desde o princípio. Ao lado de seu ex--orientador de doutorado, Dennis Sciama, e de George Field, da Universidade de Harvard, Rees se propôs a descobrir quanta energia poderia estar vazando do centro da galáxia na forma de ondas gravitacionais. Rees e seus colaboradores descobriram que duzentas estrelas do tamanho do Sol, no máximo, podiam ser destruídas a cada ano para provocar ondas gravitacionais. Para que fosse mais que isso, a galáxia teria que estar inflando, e eles demonstraram que não era esse o caso verificando o movimento de estrelas próximas. Seus cálculos eram aproximados, por isso eles foram cuidadosos quanto às conclusões. O artigo afirmava: "Já que a alta taxa de perda de massa sugerida pelos experimentos de Weber não é excluída pelas considerações astronômicas diretas aqui discutidas, evidentemente seria desejável que tais experimentos fossem repetidos por outros".[7] Weber seguiu em frente sem preocupações, pois o que Rees, Field e Sciama propunham era uma discussão *teórica*. Talvez a teoria estivesse errada, mas os experimentos com certeza estavam certos.

Seguindo o caminho aberto por Weber, novos experimentos começaram a ser montados em Moscou, Glasgow, Munique, nos Laboratórios Bell, em Stanford e Tóquio. Alguns eram cópias exatas do mecanismo de Weber, e todos eram de uma ou outra maneira inspirados pelo projeto original. Conforme foram sendo postos a funcionar e os resultados começaram a aparecer, surgiu um padrão: com exceção de alguns eventos no detector de Munique, aparentemente nenhum deles encontrava a quantidade abundante de coincidências que Weber vinha captando com seu aparato. Elas não apareciam, de forma nenhuma. Weber se manteve inabalável. Ele tinha dez anos de vantagem em termos de reflexão sobre os experimentos, e lhe era claro que todos os outros aparelhos eram menos sensíveis que o seu, portanto não era surpresa que não captassem sinais. Se queriam criticar seus resultados, deveriam construir um detector *exatamente* igual ao seu, uma "cópia carbono". Depois os resultados poderiam ser discutidos. Muitos dos envolvidos nos experimentos, incluindo os pesquisadores de Glasgow e dos Laboratórios Bell em Holmdel, retrucaram que os experimentos que vinham realizando *eram* cópias carbono, e mesmo assim eles não viam nada do que Weber encontrara. Mais uma vez, Weber tinha uma desculpa: não eram cópias de qualidade.

Mas havia algo de preocupante no experimento do próprio Weber. Para começar, suas barras não teriam como ser necessariamente mais sensíveis que as demais. Em um campo incipiente como aquele, não estava claro como determinar a sensibilidade dos experimentos. O mais preocupante, porém, era o fato de que Weber mostrava uma tendência a cometer erros e *ainda assim* encontrar coincidências. Por exemplo, ele afirmara que as ondas gravitacionais que media vinham do centro da galáxia. Concluiu isso ao notar que os tremores aconteciam sobretudo em eventos concentrados a cada 24 horas, quando as barras se direcionavam para o centro da galáxia. Mas Weber havia entendido mal uma questão importante: ondas gravitacionais não teriam nenhuma dificuldade em *atravessar* a Terra. Portanto, se as barras estivessem alinhadas com o centro da galáxia, mas do outro lado da Terra, o esperado seria que encontrassem as mesmas coincidências. Assim, os eventos deviam acontecer a cada doze horas, não a cada 24, como Weber afirmava. Quando ele percebeu que cometera um engano, reanalisou os dados e descobriu que, de fato, havia um ciclo de doze horas de coincidências que não fora captado na sua análise inicial. Aparentemente, ele descobriu o que queria assim que soube o que procurava. Bernard Schutz, jovem relativista na época, lembra que "havia muita desconfiança. Weber não abria os dados para conferência, e parecia que sempre encontrava o que queria".[8]

Um problema ainda mais gritante surgiu quando Weber uniu forças com outra equipe experimental na Universidade de Rochester. Como de costume, quando Weber comparou os tremores dos cilindros de Maryland com os de Rochester, encontrou diversas coincidências, vibrações que pareciam acontecer exatamente ao mesmo tempo nos dois lugares, um sinal claro de ondas gravitacionais. O que aconteceu foi que Weber não entendera direito como a equipe de Rochester registrava o tempo de cada evento, e as coincidências que encontrara na verdade aconteciam com uma diferença de quatro horas. Assim que se corrigiu a sincronia, Weber reanalisou os dados e, mais uma vez, encontrou coincidências.

A descoberta de Weber parecia ser à prova de falhas e erros de cálculo. Ele conseguia encontrar coincidências em qualquer coisa. E essas coincidências só podiam significar ondas gravitacionais. A capacidade inabalável de Weber de ignorar erros teve impacto devastador na sua reputação. O fato de que ninguém mais conseguia reproduzir seus resultados também não ajudou. Um experimentalista de renome, Richard Garwin, escreveu na *Physics Today*, sob o título "Contestando a detecção de ondas gravitacionais", que as coincidências de Weber "*não* resultavam de ondas gravitacionais e, indo além, *não podiam* resultar de ondas gravitacionais".[9] A comunidade de relativistas deu as costas para Weber. Anteriormente autor de uma série de artigos de destaque, seu ritmo de publicações despencou. Suas verbas secaram, e um número cada vez maior de seus colegas se recusava a apoiar seus prolíficos experimentos. Ao fim dos anos 1970, Weber estava isolado do *establishment* da física.

Os experimentos de Weber podiam ter perdido o crédito, mas seus resultados puseram algo muito, muito maior em movimento. Desse turbilhão nasceu um novo campo de estudos. Os astrônomos haviam percebido que, em vez de captar ondas eletromagnéticas — como ondas de luz, ondas de rádio e raios X —, era possível usar as ondas gravitacionais como uma nova forma de enxergar o universo. Melhor que isso: *com* as ondas gravitacionais eles poderiam observar coisas nos confins distantes do espaço-tempo que eram inacessíveis com telescópios convencionais. A astronomia óptica, a radioastronomia e a astronomia de raio X passariam a ser acompanhadas pela astronomia das ondas gravitacionais.

Em 1974, dois astrofísicos norte-americanos, Joe Taylor e Russell Hulse, descobriram não uma, mas duas estrelas de nêutrons — uma orbitando a outra em trajetórias bem próximas. Uma das estrelas de nêutrons era um pulsar, que emitia clarões de luz a cada poucos milésimos de segundo, e podia ser acompanhada facilmente orbitando sua companheira em silêncio. Conforme as estrelas de nêutrons orbitavam as outras, Taylor e Hulse podiam medir suas posições com precisão incrível. Eles haviam descoberto um laboratório novo e perfeito para a relatividade geral. Einstein já afirmara que dois objetos orbitando um ao outro perderiam energia para o espaço-tempo ao redor e suas órbitas encurtariam até que, por fim, um caísse sobre o outro. Embora viesse a abandonar tal afirmação, seus cálculos estavam lá, prontos para ser testados. E o pulsar de milissegundos de Hulse e Taylor podia ser usado exatamente para isso.

Em 1978, no nono Simpósio Texano, realizado em Munique, Joe Taylor anunciou um novo resultado.[10] Depois de quatro anos seguindo o pulsar de milissegundos, ele podia afirmar com segurança que a órbita estava encurtando, como Einstein havia previsto. Conforme as duas estrelas de nêutrons se orbitavam, iam perdendo energia pela radiação gravitacional. A evidência da radiação gravitacional era indireta, mas com certeza estava lá, e casava magnanimamente com a teoria — as medidas eram claras e sem margem para ambiguidade. As ondas gravitacionais existiam.

Da desastrada detecção de Weber, emergia um novo campo de ciência experimental. Vários grupos mundo afora começaram a construir detectores. Alguns mexiam no projeto original de Weber, resfriando os cilindros drasticamente para que não vibrassem à temperatura ambiente. Outros mudavam o formato dos receptores, construindo esferas que seriam sensíveis a ondas que viessem de todas as direções. Mas os sinais que procuravam eram tão ínfimos e tão esquivos que era necessário um receptor maior e melhor, que tivesse a sensibilidade obscena necessária para captar ondulações no espaço-tempo. Havia uma abordagem que se destacava entre as outras, muitíssimo mais poderosa, porém absurdamente mais cara: interferometria a laser.

Um interferômetro a laser se vale das melhores ferramentas da física moderna. Para começar, usa um feixe de laser, um raio de luz incrivelmente focado, amplificado e concentrado em um alvo minúsculo. Caso seja bem-feito, é possível disparar um laser por quilômetros e ele vai atingir seu alvo, iluminando a ponta de um lápis. Joe Weber, aliás, foi uma das primeiras pessoas a trabalhar com o conceito do laser, na sua vida prévia às ondas gravitacionais. Fez isso ao mesmo tempo que Charles Townes, na Columbia University, mas nunca recebeu o crédito total pela colaboração e acabou não figurando entre os premiados pela descoberta no prêmio Nobel de 1964.

A interferometria a laser também utiliza outra propriedade da luz: o fato de que ela se comporta como onda. Imagine as ondas no oceano. Quando duas ondas com comprimento exatamente igual se encontram, interferem uma na outra. Isso quer dizer que, caso as ondas se encontrem quando estão ambas em um pico, somam-se de maneira construtiva, e a onda resultante terá um pico muito mais alto (e um vale bem mais profundo).

Mas, se uma delas estiver num pico e outra num vale, uma vai cancelar a outra e interferir de maneira destrutiva. Existe, claro, uma grande gama de comportamentos entre esses dois extremos. Essas duas propriedades da luz laser podem ser usadas para detectar movimentos ínfimos de objetos afetados por ondas gravitacionais. O manual de instruções diz o seguinte: suspenda duas massas, uma distante da outra, e emita um feixe de laser sobre cada uma.* Cada um dos feixes vai refletir as massas e interferir com o outro; o padrão de interferência resultante dependerá do comprimento de onda e da distância exata percorrida. Se uma das massas variar sua posição levemente, o padrão de interferência vai estremecer e mudar. Monitorando o movimento no padrão de interferência, teoricamente seria possível detectar os deslocamentos microscópicos induzidos pelas ondas gravitacionais, e com muito mais precisão e exatidão do que com as barras de Weber.

A interferometria a laser envolvia um jeito totalmente novo de fazer ciência, pelo menos para os relativistas. A relatividade até então era constituída por operações a lápis e papel, com um experimento aqui e outro ali. Havia alguns laboratórios e algumas poucas colaborações entre universidades e institutos. Não era como a física de partículas ou a nuclear, com seus imensos aceleradores e reatores. Mas agora se fazia necessária uma nova cultura de pesquisa, que pudesse sustentar os gastos de dezenas ou mesmo centenas de milhões de dólares para montar os experimentos. Em vez de equipes reduzidas, seriam necessárias grandes organizações com centenas de cientistas e técnicos.

Dessa vez, a coisa deveria ser feita do jeito certo. Os envolvidos precisariam saber o que estavam procurando. Era evidente

---

* Essas massas são espelhos refletores. (N. R. T.)

que as ondas gravitacionais tinham que partir de algo que levasse a teoria até o limite. Os pulsares de milissegundos de Hulse e Taylor pareciam inofensivos, duas estrelas muito compactas, uma orbitando a outra. Mas pareciam capazes de emitir ondas, o bastante para sugar visivelmente energia de suas órbitas. Estrelas de nêutrons eram estrelas quase à beira da implosão que distorciam o espaço e o tempo o suficiente para destacar toda a glória da teoria de Einstein.

Uma possível fonte de ondas gravitacionais em abundância podia ser uma supernova. Supernovas são estrelas em implosão que durante alguns segundos brilham mais forte que os bilhões de estrelas da nossa galáxia juntos, antes de se tornarem estrelas de nêutrons ou buracos negros. No momento da explosão, uma supernova é a coisa mais brilhante que há no céu. Como as supernovas são uma fonte muito forte de ondas eletromagnéticas, os astrofísicos especularam que teriam energia suficiente para deformar e sacudir o espaço-tempo ao se mover, disparando um estouro de ondas gravitacionais. Em 1987, uma supernova explodiu na Grande Nuvem de Magalhães, a mais ou menos 160 mil anos-luz de distância de nós, e foi observada em toda a sua glória com telescópios normais. Para vergonha de todos os envolvidos, não havia uma única barra ou outra forma de detecção ativa no momento para tentar captar as ondas gravitacionais. Só a de Joe Weber. Sem surpreender ninguém, ele afirmou que havia detectado algo e, como já era costume, foi ignorado.

O problema das supernovas é que elas são muito imprevisíveis e, embora essas explosões imensas possam de fato disparar um estouro de energia, quando as ondas gravitacionais de uma supernova alcançam um detector na Terra, não passam de um mero *blip*. Poderiam ser confundidas com qualquer outro ruído espúrio que conseguisse chegar ao instrumento. Era necessário um sinal límpido que, embora fraco, tivesse forma e formato definitivo, perfeitamente identificável, como encontrar um rosto conhecido na multidão.

Havia algo que talvez se prestasse a isso. O sinal da onda gravitacional das estrelas de nêutrons orbitantes que Hulse e Taylor haviam observado poderia, a princípio, ser calculado com a precisão necessária. Ao contrário do pandemônio de ondas que saíam de uma explosão cósmica, o sinal da onda gravitacional deveria ser regular e periódico, como uma sirene, e mudaria lentamente com o tempo à medida que as estrelas de nêutrons perdessem energia e uma se aproximasse da outra. O sinal era simples e fácil de descrever, talvez até fácil de detectar.

Mas por que parar por aí? Por que não ir atrás do grande prêmio? Uma estrela de nêutrons que orbita e mergulha num buraco negro proporcionaria um sinal muito mais forte e, obviamente, um sistema binário constituído por dois buracos negros ressaltaria a deformação do espaço e do tempo einsteinianos em toda glória. Dois buracos negros orbitando um ao outro disparariam um zumbido constante de ondas gravitacionais. Quanto mais perto ficassem, mais forte seria a intensidade do zumbido, até que, quando estivessem prestes a se fundir, soltariam um trinado, o *chirp*, e depois um estouro de ondas que se esvairiam enquanto os buracos negros colapsassem em um só. O que os instrumentos buscariam seria essa forma de onda: a inspiralação, o *chirp* e o *ringdown*. Esses binários relativistas eram como pedras preciosas escondidas no firmamento. E os detectores de ondas gravitacionais iam encontrá-las.

Embora parecesse algo simples e direto — bastava procurar estrelas de nêutrons inspiralando e buracos negros —, faltava uma informação crucial. O que o detector de ondas gravitacionais *enxergaria*? Como o movimento inspiralação-*chirp-ringdown* ia aparecer no instrumento? Os observadores, a nova raça de astrônomos das ondas gravitacionais, teriam que saber que tipo de sinal esperar, não de forma aproximada, mas exata, se quisessem destacá-lo da bagunça de ruídos que invariavelmente poluía os dados. E, para conseguir uma resposta precisa a essas perguntas, seria necessário voltar ao velho problema de resolver as equações de campo de Einstein, dessa vez para encontrar soluções matemáticas precisas que possibilitassem desvendar a aparência das ondas gravitacionais. Décadas de experiência mostravam que as equações de Einstein pareciam morder qualquer um que tentasse domá-las. A única saída era resolver as equações em um computador potente e ver o que acontecia quando dois buracos negros circundavam um ao outro até, por fim, colidir.

Charles Misner, um dos alunos e colaboradores de John Wheeler, já alertara sobre o caráter traiçoeiro das equações no encontro de Chapel Hill, em 1957. Era preciso ter cuidado ao tentar resolver os monstros não lineares que Einstein deixara como legado, pois, segundo Misner, havia apenas dois resultados possíveis: "ou o programador se mata, ou a máquina vai explodir".[11] E a segunda opção foi exatamente a que aconteceu. Em 1964, quando um dos ex-alunos de Wheeler, Robert Lindquist, tentou rodar o modelo, o programa entrou em parafuso. Conforme os buracos negros chegavam mais perto, os erros nas soluções ficavam maiores, e rapidamente o computador começou a disparar lixo, uma diarreia numérica. Os erros eram tão incorrigíveis que Lindquist desistiu.

Nos anos 1970, foi a vez de Bryce DeWitt tentar descobrir em um computador o que aconteceria quando dois buracos negros colidissem. Embora seu ardor sempre tivesse sido pela gravidade quântica, ele aprendera a simular equações complicadas no computador durante seu trabalho no projeto da bomba com Edward Teller no Laboratório Nacional Lawrence Livermore, na Califórnia. No Texas, passou a um de seus alunos, Larry Smarr, a tarefa de desvendar quanta radiação gravitacional seria emitida caso dois buracos negros colidissem.[12] Eles rodaram o código no grande computador da Universidade do Texas e conseguiram chegar a uma estimativa aproximada da aparência das ondas gravitacionais. A partir de então, os erros levavam a um erro de funcionamento, e o computador começava a vomitar lixo. Era um vislumbre da forma de onda, mas muito incipiente para ser útil. As singularidades do espaço-tempo voltariam a aparecer e matar o resultado.

Nas três décadas seguintes, equipes de programadores trabalhariam para tentar sem sucesso simular as binárias. O trabalho estava avançando, mas, como lembra Frans Pretorius, um relativista com base em Princeton: "A obviedade não funcionava, ninguém sabia bem por quê, e as pessoas meio que se debatiam no escuro. E o que tornava o problema tão traiçoeiro era o dispêndio computacional do problema como um todo".[13] Nos anos 1990, o problema da colisão de buracos negros chegou a ser considerado um dos grandes desafios da física computacional nos Estados Unidos, com investimentos de milhões de dólares em grupos de todo o país para adquirir supercomputadores e rodar seus programas. Vez por outra acontecia um progresso, e os resultados podiam avançar um pouco mais antes que os erros aparecessem. Virou uma área por si só: a relatividade numérica.

Resolver as equações de buracos negros em colisão era algo difícil e impiedoso, tanto quanto detectar as ondas gravitacionais em si, e emblemático das equações de campo de Einstein. Jovens relativistas eram absorvidos pelas tentativas de resolver as equações de Einstein no computador e desperdiçavam carreiras — geralmente curtas — buscando conseguir um aprimoramento mínimo no que já havia sido feito. Era como jogar um jogo de computador absurdamente complicado, em geral de forma solitária, sem recompensas intermediárias, sem avançar fases e sem vitórias épicas.

Para alguns, a relatividade geral passou a significar relatividade numérica. Um grupo de relatividade geral não seria completo sem um ou mais relativistas tentando resolver o problema de colisões de buracos negros no computador com um olho voltado para ondas gravitacionais. Havia congressos e encontros sobre o problema em que todos podiam se reunir para exibir novos macetes, gráficos e diagramas. As equações, contudo, não cediam. E, com as formas de onda que saíam das simulações das binárias, não havia a mínima esperança de encontrá-las com os detectores.

Relembrando esse período de trevas, Pretorius contou: "Havia uma possibilidade muito séria de que esse problema fosse tão difícil que não seria resolvido em nenhum nível à época [em que o detector de ondas gravitacionais] fosse ligado".[14] Os dados podiam facilmente se mostrar uma previsão útil do que as simulações de computador seriam capazes de revelar.

Mas havia outro lado na guerra pela relatividade numérica, que teria impacto surpreendente no mundo como um todo. Ao longo do final dos anos 1970 e início dos 1980, Larry Smarr criou códigos numéricos cada vez mais elaborados, que tentava rodar nos maiores computadores a que tivesse acesso. Estabelecido nos Estados Unidos, Smarr precisava fazer a maior parte de suas análises numéricas na Alemanha e, incapaz de rodar seus códigos no seu país, sua frustração ia crescendo. Em meados dos anos 1980, Smarr tivera sucesso em convencer o governo norte-americano a financiar uma rede de centros de supercomputadores para servir a todos os ramos da ciência que precisassem de *data crunching*. Smarr seria o diretor de uma dessas novas instituições, o Centro Nacional para Aplicações de Supercomputação, em Illinois, e foi seu grupo de pesquisa que, nos anos 1990, criou o primeiro navegador da web, o Mosaic, que permitia visualizar dados remotos via internet. E assim, em meio à batalha para conquistar os buracos negros, foi a relatividade numérica que deu a luz à cultura da navegação na internet, hoje crucial em nossa vida.

* * *

Enquanto os relativistas numéricos lidavam com seus fracassos, o plano de construir um instrumento eficiente de ondas gravitacionais continuava sendo posto em prática. Dessa vez, não poderia haver descobertas falsas que fossem além da capacidade do instrumento — a era de Weber acabara. O interferômetro foi o método escolhido, mas as exigências para um aparelho como esse eram extremas. A luz do laser teria que viajar a tal distância que um minúsculo desvio das massas devido às ondas gravitacionais fosse detectável no padrão de interferência. Mesmo com um interferômetro com quilômetros de comprimento, a luz do laser teria que quicar para lá e para cá, refletindo-se em espelhos vinculados a massas, mais de cem vezes. Os espelhos teriam que ser perfeitos e perfeitamente alinhados. E ainda assim o desvio seria minúsculo. Um estouro de ondas gravitacionais que viesse de uma binária inspiralando levaria a um desvio de uma fração ínfima, do comprimento de um próton.

Um interferômetro totalmente funcional que pudesse detectar de fato ondas gravitacionais do espaço sideral seria um monstro quase impossível de construir. O feixe de laser teria que viajar quilômetros por vez sem desviar da sua trajetória nem no comprimento de um átomo. O equipamento precisaria ser instalado de forma a simular que estivesse flutuando, longe de todos os ruídos do cotidiano, com espelhos perfeitos e processamento de sinal de último tipo para conseguir desvendar os desvios imperceptíveis. Deveria ser capaz de distinguir o efeito das marés da Terra, que poderiam mudar as coisas de lugar em uma fração de milímetro, o retumbar de caminhões de rodovias distantes e as vibrações da rede elétrica.

Teria que ser perfeito em todos os sentidos, e precisaria ser grande. Conforme os interferômetros começaram lentamente a tomar conta do campo das ondas gravitacionais, ficou claro que seu tamanho e custo limitariam o número de equipamentos que era possível construir. Na Europa, britânicos e alemães uniram forças para instalar um interferômetro com braços de mais ou menos 600 metros. Localizado perto de Sarstedt, na Alemanha, ele recebeu o nome GEO600. Um outro, muito maior, batizado em homenagem ao aglomerado Virgem, de mais de mil galáxias, com braços de 3 quilômetros, foi concebido por franceses e italianos e construído em Cascina, na Itália. No Japão, um interferômetro menor, o TAMA, foi construído com braços de 300 metros de extensão.

O grande destaque da interferometria de ondas gravitacionais viria a ser o Observatório de Ondas Gravitacionais por Interferometria a Laser, ou LIGO (Laser Interferometer Gravitational Wave Observatory). Originalmente, era comandado por dois experimentalistas, Rainer Weiss do MIT e Ronald Drever da Caltech, e pelo teórico Kip Thorne. Concebido no início dos anos 1970, o LIGO teve um parto difícil e turbulento.

Era para ser, de longe, o maior de todos os interferômetros. Na verdade, era composto de dois interferômetros, um com base em Hanford, estado de Washington, e outro em Livingston, na Louisiana. Com dois detectores em posições distantes, seria possível excluir resultados falsos por conta de ruídos, terremotos e ou agitação de tráfego por perto. E, se somasse esforços a um dos outros detectores, como o GEO600, talvez fosse capaz de especificar a direção das fontes de onda gravitacional, o que tornaria um observatório de verdade, um telescópio propriamente dito. Ninguém ainda tinha certeza *absoluta* do que esperar, ou se o instrumento teria a devida sensibilidade. O LIGO teria que ser construído em dois passos. Primeiro era necessário montar uma "prova de conceito", um protótipo gigante que funcionaria da maneira que os relativistas e experimentalistas queriam, um processo cuja previsão era que tomasse mais de uma década. Só depois disso o

LIGO poderia ser atualizado e começar a procurar coisas interessantes. Os projetos levariam bastante tempo, mas a recompensa se o LIGO enxergasse mesmo ondas gravitacionais seria acachapante. A detecção permitiria que observássemos o universo de forma totalmente nova, sem usar ondas de luz ou de rádio ou qualquer das outras abordagens convencionais. Também seria uma janela completamente nova para a teoria da relatividade geral de Einstein, pois, embora muita gente acreditasse que as ondas gravitacionais estivessem por lá, ninguém as havia visto diretamente. A detecção de ondas gravitacionais pelo LIGO estaria no nível da descoberta do elétron, do próton e do nêutron no princípio do século XX. Seria, sem sombra de dúvida, um experimento vencedor do prêmio Nobel.

A empolgação com o LIGO não era unanimidade. Previa-se que o projeto fosse custar centenas de milhões de dólares em gastos de construção e operação, sugando verbas de outros projetos de pesquisa. Era inevitável que o LIGO tirasse dinheiro de outros experimentos de ondas gravitacionais, mas seu impacto nas verbas também afetaria outras áreas. E, ao se definir como um observatório, o LIGO também estava pisando nos calos dos astrônomos. Eles viam que o LIGO ia sugar grana preciosa das pesquisas. Em matéria de 1991 no *New York Times*, Tony Tyson, dos Laboratórios Bell, que trabalhara com ondas gravitacionais nos primórdios do novo campo de estudos, escreveu: "Ao que parece a maior parte da comunidade da astrofísica considera muito difícil conseguir informações relevantes de um sinal de onda gravitacional, mesmo se fosse detectado".[15] Como declarou Jeremiah Ostriker, um respeitado astrofísico de Princeton, ao *New York Times*, o mundo "devia esperar até que alguém inventasse uma abordagem menos dispendiosa e mais confiável em relação às ondas gravitacionais".[16] Os astrofísicos foram veementes, quase fanáticos, em sua oposição ao LIGO. Quando convocados a fazer um ranking de que projetos astronômicos deveriam ganhar prioridade das agências de fomento dos Estados Unidos no início dos anos 1990, um painel de astrônomos comandado por John Bahcall, do Instituto de Estudos Avançados de Princeton, nem se deu ao trabalho de incluir o LIGO.

A National Science Foundation dos Estados Unidos recusou as duas primeiras propostas do LIGO e demorou cinco anos desde a primeira proposta ser apresentada até finalmente aprovar a terceira, com um orçamento de 250 milhões de dólares, quantia aparentemente exorbitante para um instrumento que provavelmente não veria nada e que era, à primeira vista, tecnologicamente impossível de construir. Mas enfim, em 1992, depois de quase vinte anos de maquinação, projeto e sonho, o experimento perfeito poderia seguir adiante.

Kip Thorne e seus colaboradores já estavam discutindo planos para o LIGO quando Frans Pretorius nasceu na África do Sul. Pretorius foi criado nos Estados Unidos e no Canadá e terminou seu doutorado na Universidade da Colúmbia Britânica, em Vancouver, aprendendo o ofício em um dos centros nevrálgicos da relatividade numérica. Recebeu a oferta de um posto de *fellow* na Caltech, os domínios de Kip Thorne, para fazer o que bem entendesse. Pretorius decidiu tratar do problema dos pares de buracos negros inspiralados em seus próprios termos. Ao contrário do que ocorria nas grandes equipes de programadores de informática dedicados ao problema intransponível que era simular inspiralação, *chirp* e *ringdown*, Pretorius trabalhava sozinho, "por baixo dos panos", segundo suas palavras, sem tomar parte nas parcerias que projetavam programas de computador para resolver o problema.[17] Pretorius deu um passo atrás e reviu todas as tentativas fracassadas das últimas décadas, selecionando partes de várias ideias que podiam ser promissoras. Ele então se propôs a escrever um programa numérico a partir do zero, a seu próprio modo, incorporando todas aquelas ideias. Pretorius tinha um instinto incrível em relação ao que podia e não podia funcionar. No código resultante, as equações de Einstein ficaram muito mais simples, tão simples que pareciam as do eletromagnetismo. E ondas eletromagnéticas eram fáceis de resolver e fazer evoluir. Então ele rodou seu programa. O cálculo levou meses, período que Pretorius lembra como "agonia pura".[18] Mas, para sua surpresa e júbilo crescentes, conseguiu rodar o programa até o fim, do instante em que os buracos negros começavam a inspiralar até se fundirem, soltando um estouro de ondas, e em seguida se acalmarem até que se tornassem um único buraco negro em alta rotação. Era a descrição precisa e exata das ondas gravitacionais que todos procuravam loucamente. Pretorius enfim resolvera as equações de campo de Einstein no computador. Ele havia se baseado em uma série de ideias já existentes, mas foi preciso seu olhar renovado sobre o problema para montá-las do jeito certo.

Pretorius anunciou seus resultados em um congresso sobre relatividade geral em Banff, na província de Alberta, em janeiro de 2005. As equações de campo de Einstein finalmente estavam escancaradas, e pela primeira vez era possível simular dois buracos negros se orbitando, sugando um ao outro a sua atração inexorável até que os dois se fundissem em um, lançando um bombardeio de ondas gravitacionais que pouco a pouco desapareceria. "Foi extremamente animador", disse Pretorius. "Teve gente tão interessada que saiu da palestra para organizar uma sessão em que as pessoas pudessem fazer perguntas com mais detalhes."[19] Meio ano depois, dois outros grupos anunciaram que também haviam conseguido resolver o problema usando métodos completamente diferentes de evolução das binárias de buraco negro. Assim como Pretorius, conseguiram seguir o colapso catastrófico de um par de buracos negros até o fim. Foi como se a descoberta de Pretorius tivesse desbloqueado mentalmente todo o trabalho feito por outras equipes. E os resultados começaram a aparecer, confirmando o cálculo de Pretorius.

Agora havia uma sensação palpável de euforia e alívio. Até que *enfim* seria possível descrever aquelas evasivas formas de onda. Os observadores saberiam como selecionar os sinais fantasmagóricos escondidos no caos de ruídos medido pelos interferômetros.

Perto do fim da vida, Joseph Weber transmitia a impressão de ser um homem amargurado. Ele se eriçava de raiva em qualquer discussão sobre ondas gravitacionais. Nos poucos congressos ou palestras a que comparecia, o público se via diante de décadas de fúria reprimida. Ele se irritava à mínima tentativa de questionamento. Weber havia enxergado a radiação gravitacional antes de qualquer um, e ninguém iria lhe roubar essa conquista. Freeman Dyson, um de seus apoiadores desde o início, mantinha correspondência com Weber nessa fase de idade mais avançada, e implorava para que ele recuasse. Dyson escrevera: "Um grande homem não tem medo de admitir em público que cometeu um erro e mudou de ideia. Sei que você é um homem com integridade. Você é forte o bastante para admitir que está errado. Se fizer isso, seus inimigos vão se alegrar, mas seus amigos vão se alegrar ainda mais. Você há de salvar sua reputação como cientista".[20]

Weber não fez nada disso. Pelo contrário: ele havia se tornado um peso para a pesquisa sobre ondas gravitacionais, fazendo uma campanha voraz contra o LIGO. Weber já aparecera o suficiente na imprensa para ganhar nome no mundo afora como o perito em ondas gravitacionais. Quando falava, às vezes os poderes constituídos ouviam. No início dos anos 1990, enquanto o

LIGO empreendia sua terceira tentativa desesperada de conseguir verba, Weber correspondeu-se com o Congresso dos Estados Unidos, afirmando que financiar um instrumento de preço tão absurdo seria jogar dinheiro no lixo. Suas barras, conforme ele afirmava, haviam enxergado ondas gravitacionais e custado uma fração daqueles milhões de dólares. Não havia necessidade de gastar fortunas. Seu discurso inflamado teve pouco impacto; ao longo da carreira, Weber fizera tantas afirmações absurdas que, como lembra Bernard Schutz, "na época em que ele estava contra o LIGO, ninguém queria ficar ao seu lado".[21] Embora se sentisse ignorado, Weber estava só piorando a própria situação, pois passou a ser um inimigo do campo que havia criado.

Weber faleceu em 2000, antes de o LIGO entrar em operação. Foram décadas de dedicação para fazer o mais perfeitamente afinado dos instrumentos funcionar. Ao longo do caminho, aconteceu um atraso depois do outro. Kip Thorne fizera apostas com vários colegas nos anos 1980 e 1990 que ondas gravitacionais seriam descobertas antes da virada do milênio, e perdeu todas. Mesmo no início do século XXI, o LIGO se deparava com contratempos, dos madeireiros com serras circulares na floresta de Louisiana que ativavam os detectores em Livingston, a misteriosos zumbidos nos reatores nucleares em torno da base de Hanford, em Washington. Mas, quando finalmente foi acionado, em 2002, e funcionou por alguns anos, o LIGO conseguiu demonstrar a sensibilidade que todos ansiavam. Foi a primeira fase da jornada experimental exposta na proposta do início dos anos 1990. Seus detectores conseguiram captar vibrações de comprimento menor que um próton, como se previra décadas antes. Na verdade, a equipe do LIGO anunciou que o instrumento era ainda mais sensível do que o previsto. O LIGO era, em todos os sentidos, um sucesso retumbante, mesmo que não enxergasse nada. Como esperado de sua primeira versão, ainda não era sensível o bastante para detectar ondas gravitacionais, mas mostrou o caminho que havia pela frente. A equipe do LIGO agora pode aprimorar o instrumento existente de forma que, em algum momento, possa enxergar as ondulações no espaço-tempo que Einstein previra.

Trata-se de um jogo de longa duração. Ao contrário dos resultados de Weber, que vieram com rapidez e constância no instante em que ele ligou o instrumento, o LIGO consumirá o esforço de milhares de técnicos ao longo de muitas décadas antes que consiga detectar de fato as ondas gravitacionais. O trio fundador, Ron Drever, Kip Thorne e Rainer Weiss, agora com seus setenta e tantos ou oitenta e tantos anos, talvez não esteja presente quando o momento chegar, e talvez eles tenham dedicado a vida a algo que nunca verão. Mas há uma confiança inabalável no fato de que as ondas existem; a teoria de Einstein as prevê, e elas foram vistas, ainda que indiretamente, através do decaimento orbital suave mas constante dos pulsares de milissegundos. É apenas questão de tempo até que se possa enxergar as ondas gravitacionais e, dessa forma, o campo de estudos que começou com o estrondo de Weber vai terminar com um gemido: o suspirar do espaço-tempo tremeluzente ao atravessar a Terra.*

---

* A descoberta de ondas gravitacionais foi anunciada pelo LIGO em 11 fev. 2016. O evento, denominado GW150914, foi detectado pelos dois instrumentos do LIGO em 14 set. 2015 e, de acordo com os cálculos de relatividade numérica, corresponde a uma fusão de dois buracos negros com massas de aproximadamente 29 e 36 vezes a massa do Sol, ocorrida 1,3 bilhão de anos atrás. Nessa fusão, uma energia correspondente a cerca de três vezes a massa do Sol foi emitida na forma de ondas gravitacionais em uma fração de segundo. Um segundo evento denominado GW151226 foi anunciado em 15 jun. 2016. É possível ler mais a respeito em <www.ligo.caltech.edu/news/ligo20160211> e <www.ligo.caltech.edu/news/ligo20160615>. (N. R. T.)

11. O universo escuro

No encontro Diálogos Críticos sobre Cosmologia de 1996, em Princeton, os grandes nomes da área entraram em confronto direto em relação ao estado do universo. Os organizadores haviam escolhido uma série de questões abertas e controversas para o debate público, claramente instigando brigas. Pares de palestrantes convidados — astrônomos, físicos e matemáticos de renome — deixaram de lado o protocolo usual dos congressos ao subir no palco. Eles foram para o ataque, um tentando destruir o argumento do outro. Foi um jeito estranho, embora fascinante, de discutir ciência.

Martin Rees, que à época já havia contribuído muito para o entendimento dos buracos negros e para a teoria do Big Bang e se tornado uma das grandes autoridades em astrofísica relativista, deu início às hostilidades. Ele defendeu que a cosmologia é "uma ciência fundamental" e "a maior das ciências ambientais".[1] É o que dá a aplicação definitiva dos belíssimos teoremas matemáticos e físicos criados no século xx por Einstein, Dirac e tantos outros. Além disso, a cosmologia lida com uma enormidade de observações de galáxias, quasares e estrelas, buscando explicar como esses mecanismos aparentemente confusos se combinam no grande panorama do universo. A tarefa da cosmologia é difícil, controversa e inconclusa, mas, segundo Rees, sua importância é inigualável.

O panorama do universo que a cosmologia começava a revelar à época do congresso de Princeton era de fato bizarro. Ao que parecia, entendíamos muito menos do universo do que pensávamos. Na verdade, uma grande fração do universo parecia estar na forma de substâncias exóticas nunca vistas em laboratório. Batizadas de "matéria escura" e "energia escura", afetavam o espaço-tempo, mas eram estranhamente esquivas e indetectáveis. A defesa do universo escuro surgiu inevitavelmente numa tarde em que a estrutura de larga escala do universo entrou em discussão. Foi esse o primeiro tópico que me atraiu à cosmologia.

Quando observamos o universo, vemos uma trama elaborada de luzes, de galáxias amontoadas em aglomerados, filamentos e paredes, que deixam grandes espaços vazios. O universo é rico, cheio de informação e complexidade. De onde vem a estrutura do universo em larga escala? Essa era a principal pergunta para os participantes do congresso, pois a resposta ainda estava em discussão, e os organizadores do congresso dedicaram uma tarde inteira ao tópico. J. Richard Gott, astrônomo alto e desengonçado de Princeton, com um sotaque carregado e arrastado do Sul dos Estados Unidos, levantou-se para defender o bom senso. À primeira vista, o universo parece muito vazio; então Gott propôs um universo quase que totalmente desprovido de matéria, que evoluiu lentamente até formar uma trama de galáxias e aglomerados de galáxias que viriam a colonizar o céu noturno. Outro astrônomo de Princeton jovem e cheio de energia chamado David Spergel sugeriu que o universo não está totalmente vazio, mas sim cheio de uma forma de matéria invisível e escura. A matéria escura de Spergel seria constituída por uma partícula fundamental que não estaria representada no modelo-padrão da física de partículas e que ainda não havia sido observada em experimento nenhum. Mas foi o último palestrante, Michael Turner, cosmólogo teórico de inteligência afiada proveniente de Chicago, que fez a proposta mais mirabolante da tarde: por que não supor que o universo é permeado pela energia de uma constante cosmológica? No universo de Turner, mais ou menos dois terços da energia total estaria representada pela constante que Einstein se recusara terminantemente a aceitar quase setenta anos antes. O público não se deixou levar pela proposta de Turner. *Tudo menos uma constante cosmológica*, exclamaram — essa fora a maior gafe de Einstein.

Mediando o embate gladiatorial entre as versões de universos estava Philip James (Jim) Peebles, então professor da Cátedra Albert Einstein de Ciências da Universidade de Princeton. Alto e magro, com o rosto pensativo decalcado de um retrato de Modigliani, Peebles era um exemplo de *gentleman*, e moderava o debate com toda a polidez. Embora tivesse o cuidado de manter a linha da discussão, às vezes dava uma risada de alegria quase infantil com as alfinetadas e os comentários lançados no palco. O encontro dos Diálogos Críticos foi em parte organizado para comemorar o sexagésimo aniversário de Peebles, um tributo muito apropriado. Nas três décadas anteriores, Peebles fora o arquiteto principal da teoria da estrutura de larga escala do universo que está no cerne da cosmologia moderna.

No início dos anos 1970, Jim Peebles publicou um volume fininho, *Physical Cosmology* [Cosmologia física], que resumia uma sequência de aulas de pós-graduação que ministrou em Princeton em 1969. John Wheeler havia sido seu aluno, feito anotações e, segundo Peebles, foi responsável por uma pressão violenta para que ele publicasse as aulas. Na introdução a *Physical*

Cosmology, Peebles mencionava rapidamente a constante cosmológica, explicando que "a constante cosmológica Λ [a letra grega 'lambda' maiúscula, que é o símbolo matemático da constante cosmológica] raramente é mencionada nestas anotações".[2] Para Peebles, a constante era uma complicação desnecessária, "o segredinho vergonhoso" da cosmologia.[3] Todos sabiam que a matemática permitia sua existência, mas, como a constante deixava a física muito bizarra, muito problemática, todos fingiam que ela não existia. Agora, um quarto de século depois, apesar da oposição ferrenha da maioria dos colegas de Peebles, a constante cosmológica estava prestes a ressurgir. E viria com força.

Quando Jim Peebles chegou a Princeton, em 1958, recém-saído da faculdade de engenharia na Universidade de Manitoba, descobriu que John Wheeler e sua turma vinham estudando os buracos negros e o estado final. Wheeler não era o único acólito da relatividade geral em Princeton; havia também Robert Dicke. Assim como Wheeler, em meados dos anos 1950, Dicke percebeu que a teoria de Einstein estava abandonada, com pouco ou nenhum progresso em experimentos. Ele criou seu próprio grupo de gravidade em Princeton, no qual a relatividade geral podia ser discutida e, o mais importante, mensurada e testada. "Tive a oportunidade de orbitar Bob e fazer muitas coisas interessantes, até que bastante rápido, na minha carreira", contou Peebles.[4] Ele entrou para a equipe de Dicke como aluno de doutorado e, depois de obter o título, passou a se concentrar na pesquisa dos testes da física da gravidade. Ele passaria os cinquenta anos seguintes em Princeton.

Nos anos 1960, segundo lembrou Peebles, a cosmologia ainda era "um assunto limitado — um assunto, como se costumava propagandear, com dois ou três números" e, de acordo com ele, "uma ciência com dois ou três números sempre tem o aspecto de uma coisa desoladora".[5] Havia pouca gente trabalhando ativamente em campo, e pouquíssima pesquisa em curso. Para Peebles, era bem apropriado. Ele podia se dedicar em privado, em silêncio e em seu próprio ritmo a tratar de problemas que chamassem sua atenção. Depois de terminar o doutorado em física quântica, Peebles se concentrou em enriquecer a cosmologia. Começou pelo que os colegas de Princeton descreviam como *bola de fogo primordial*, desvendando o que acontecera de fato com átomos e núcleos bem no princípio do universo quente e denso. O cientista trabalhava como um artesão. Trancado em seu escritório, preenchia página após página com equações escritas à mão, repassando lentamente seus cálculos e refinando sua abordagem.

Seu mentor, por sua vez, partiu para uma abordagem distinta. Como lembra Peebles, "para ele, a física com certeza era teoria, mas tinha que levar a um experimento que pudesse ser realizado no futuro próximo".[6] Sendo assim, Dicke mandou sua equipe procurar o vestígio de radiação da bola de fogo primordial. Eles criaram uma nova forma de detector que podia vasculhar o céu a partir do telhado do prédio da faculdade de física, mas não encontraram a radiação a tempo. Numa terça-feira em fins de 1964, a equipe de Dicke se reuniu na sala dele para a reunião semanal quando o telefone tocou. Dicke atendeu e falou com alguém por alguns minutos. "Passaram na nossa frente", ele anunciou ao desligar.[7] Arno Penzias havia acabado de informar que ele e Robert Wilson, nos Laboratórios Bell, podiam ter encontrado provas da radiação vestigial. Em questão de meses, Dicke e equipe replicariam o resultado dos Laboratórios Bell, mas era tarde demais: Penzias e Wilson viriam a ganhar o prêmio Nobel sozinhos.

Para Peebles, havia algo de errado com o retrato do cosmos que saía nos livros de física dos anos 1960. À época, havia duas abordagens completamente distintas. De um lado, estava a história e evolução do universo, a história que Friedmann e Lemaître haviam contado. Ela explicava como o espaço, o tempo e a matéria evoluíram nas maiores escalas possíveis. Do outro lado, havia as coisas que os astrônomos observavam, galáxias e aglomerados de galáxias. Embora essas galáxias fizessem parte do universo, sua presença parecia quase superficial e desconectada do desenvolvimento e da estrutura fundamentais do universo, como rodopios vivos e coloridos de luz pintados no espaço-tempo. Era verdade que galáxias contavam muito a respeito do universo, a velocidade com que se expandia, quanta coisa continha de fato. Mas, olhando para o céu, Peebles achou que devia haver mais nas galáxias — estava convencido de que deviam ter um papel-chave na evolução da estrutura de grande escala do universo, e era claro que sua origem teria de ser conectada também a ela. As galáxias não podiam ter surgido do nada, grandes bolhas de luz, gás e estrelas espalhados no espaço-tempo por mero acaso. Só podia significar que as galáxias também deviam ter seu papel na teoria da relatividade geral de Einstein. A pergunta era: como? Era o desafio perfeito para Peebles: um problema difícil, em aberto, no qual praticamente ninguém queria trabalhar.[8]

O papel da gravidade na formação de cada galáxia era óbvio. Uma quantidade de matéria entra em colapso sob a atração de sua própria gravidade. Se houver matéria suficiente, e energia cinética o bastante para evitar o colapso até um certo limite, a bolha resultante se torna uma galáxia, controlada pela sua própria atração gravitacional. O que era menos claro quando Peebles tratou do tópico foi como os efeitos gravitacionais na formação individual de galáxias se relacionavam com o papel da gravidade na expansão do universo como um todo. O abade Lemaître assinalara que devia existir alguma ligação, e o teórico russo George Gamow refletira sobre como as galáxias se formariam em um universo em expansão, mas nenhum dos dois conseguiu chegar a um cálculo apropriado para apoiar suas especulações. Em 1946, Evgeny Lifshitz, um dos discípulos de Lev Landau, tomara as equações de campo de Einstein e tentara relacionar o que acontecia na escala do universo à escala muito menor de cada galáxia. Seu resultado indicava como a estrutura de larga escala do universo iria emergir — pequenas ondulações no espaço-tempo evoluiriam e cresceriam, segundo suas equações, e as galáxias acabariam se formando e se aglomerando em regiões de alta curvatura para criar as grandes estruturas que se observam hoje.[9]

Quando Peebles desvendou como átomos e luz teriam se comportado no universo primordial, percebeu que esse novo entendimento do universo inicial e quente poderia explicar como galáxias teriam se formado logo depois do Big Bang. Quando Peebles chegou a algumas estimativas aproximadas da idade do universo, da densidade dos átomos, da temperatura da radiação vestigial, ele descobriu que estruturas colapsadas *podiam* se formar, com massa entre 1 bilhão e centenas de milhares de bilhões de vezes a do Sol, tal como a Via Láctea. Como Gamow havia conjecturado anteriormente, o universo primordial parecia ser terreno fértil para galáxias.

Peebles continuou a desvendar os detalhes de como as galáxias se formavam, mas não estava só. Um jovem doutorando de Harvard chamado Joseph Silk defendia que as bolhas em colapso que acabariam formando as galáxias também deveriam deixar marca na bola de fogo primordial — uma colcha de retalhos de regiões quentes e frias na radiação vestigial recentemente descoberta por Penzias e Wilson. Os resultados de Silk encontraram eco em Rainer Sachs e seu aluno Arthur Wolfe, de Austin, que descobriram que mesmo nas maiores escalas a radiação vestigial seria afetada pelo colapso gravitacional de toda a matéria no universo. A equipe de Yakov Zel'dovich na União Soviética também chegara à mesma conclusão. Seus resultados sugeriam que, com a observação das ondulações da radiação residual de quando o universo tinha poucas centenas de milhares de anos, seria possível ver os primeiros momentos que levaram à formação das galáxias. A cosmologia física de Gamow e Peebles começava a dar frutos, ainda que de maneira dispersa e inarticulada.

Peebles queria explicar a expansão do universo — o início quente, a bola de fogo primordial, os átomos, o colapso gravitacional — em termos de física básica, combinando relatividade geral, termodinâmica e as leis da luz. Ao lado de um aluno de doutorado de Hong Kong chamado Jer Yu, Peebles anotou todas as equações que permitiriam acompanhar a evolução do universo desde os primeiríssimos momentos depois do Big Bang até hoje. O universo de Peebles começa em estado uniforme e quente, com um pequeno conjunto de ondulações que perturba o lamaçal primordial de gás e luz. Conforme as perturbações evoluem, encontram a pressão do plasma sujo e grudento de elétrons e prótons livres. O universo vibrava em ondulações como a superfíce de um lago até o momento em que elétrons e prótons se combinaram para formar hidrogênio e hélio. Então começou a fase seguinte: átomos e moléculas passaram a se amontoar, entrando em colapso em virtude da atração da gravidade, criando pepitas de massa e luz espalhadas pelo espaço-tempo. São as galáxias e aglomerados de galáxias que emergiram do Big Bang aquecido.

No universo de Peebles e Yu, o modo como as galáxias estão espalhadas no espaço para formar a estrutura de larga escala do universo deveria carregar consigo a memória do princípio quente do universo. A radiação vestigial que restava do Big Bang, cuja temperatura Penzias e Wilson mediram em apenas três graus Kelvin, deveria trazer um eco das pequenas ondulações que semearam a formação das galáxias. Ao resolver as equações do universo em um todo consistente e coerente, Peebles e Yu descobriram uma maneira nova e poderosa de estudar a teoria da relatividade geral de Einstein: observar como as galáxias são distribuídas no espaço para formar a estrutura de larga escala do universo e usar isso para descobrir como o espaço-tempo teve início e evoluiu.

Apesar da narrativa atrativa e convincente, os resultados de Peebles e Yu foram recebidos com silêncio. "Ninguém prestou atenção no nosso artigo", lembrou Peebles.[10] Combinando várias áreas da física, Peebles e Yu haviam chegado a uma terra de ninguém intelectual. A falta de resposta não era motivo de preocupação para Peebles. Ele continuou trabalhando com o universo, ocasionalmente recrutando um aluno ou jovem colaborador, mas na maior parte do tempo fazendo seus cálculos em paz e silêncio, sozinho.

Agora que tinha um modelo do universo, Peebles precisava revisar parte dos dados para ver se estava na direção certa. No início dos anos 1950, o astrônomo francês Gérard de Vaucouleurs, trabalhando na Universidade do Texas, havia conferido um catálogo específico de mais de mil galáxias, o Catálogo Shapely--Ames, e encontrara um "encadeamento de galáxias" que se estendia pelo céu, maior que qualquer aglomerado, uma espécie de "superaglomerado" ou "supergaláxia".[11] Seu trabalho não foi bem recebido. Walter Baade, astrônomo da Caltech, negou o resultado, dizendo: "Não temos prova da existência de uma Supergaláxia",[12] assim como Fritz Zwicky, que simplesmente afirmou: "Superaglomerações não existem".[13] Peebles encarou com ceticismo o resultado de Vaucouleurs, mas, como lembrou um de seus alunos, Peebles ecoaria a visão de seu mentor, Bob Dicke, de que "boas observações valem mais do que mais uma teoria medíocre".[14] Então ele se propôs a mapear a estrutura de larga escala por conta própria, com seus orientandos, às vezes com resultados surpreendentes. Quando Marc Davis e John Huchra, dois jovens pesquisadores de Harvard, descobriram que havia de fato estruturas imensas nos levantamentos mais nítidos das galáxias que conseguiam obter, Peebles ficou "embasbacado". Ele reconheceu: "Escrevi artigos bastante ácidos com exemplos de como astrônomos do passado haviam sido iludidos exatamente por essa tendência [...] de captar padrões no ruído. Estava clara a necessidade de um mecanismo que formasse o padrão".[15] Mas, com o tempo, ele percebeu que as galáxias estavam de fato organizadas numa vasta trama de muros, filamentos e aglomerados, o que se tornou conhecido como teia cósmica. A estrutura de larga escala que Peebles previra nos modelos de computador começava a emergir no mundo real.

Em 1979, Stephen Hawking e um relativista sul-africano chamado Werner Israel prepararam um apanhado sobre o estado de coisas da relatividade para comemorar o centenário de Einstein, reunindo os pesquisadores de ponta em cosmologia, buracos negros e gravidade quântica. Bob Dicke e Jim Peebles contribuíram com um pequeno ensaio, com o título "A cosmologia do Big Bang — enigmas e panaceias". Era um texto curto. Em poucas páginas, Dicke e Peebles expuseram o que acreditavam ser os problemas fundamentais em uma teoria de sucesso incrível.

Então o que havia de errado? Para começar, o universo parecia uniforme demais. Embora no passado tivessem surgido tentativas de explicação, Dicke e Peebles não conseguiam identificar uma que funcionasse. E havia mais. Por que a geometria do espaço, ao contrário da do espaço-tempo, parecia tão simples? A geometria do espaço parecia não ter curvatura geral, e as regras da geometria escolar euclidiana se aplicavam. Regras como *linhas paralelas nunca se cruzam* e *a soma dos ângulos de um triângulo é 180 graus* pareciam invariavelmente verdadeiras. Um universo sem curvatura espacial é aceito na relatividade geral, mas se trata de um caso muito especial. As equações de Einstein preveem que a evolução do universo provavelmente geraria curvatura com velocidade surpreendente. Então, se o universo hoje parece não ter curvatura, deve ter tido ainda *menos* curvatura no passado. O universo em que vivemos hoje é altamente improvável. Além disso, as galáxias e estruturas constituídas por galáxias perpassando os céus precisavam ter vindo de algum lugar. As condições tinham que ser perfeitamente ajustadas para o universo parecer o que parece hoje. No Big Bang, a tendência do universo à expansão tinha que ser suficiente para compensar a atração da gravidade e impedir que o espaço-tempo como um todo entrasse em colapso sobre si, mas não tão extremo a ponto de o espaço-tempo se desfazer no vácuo. O artigo se reduzia a uma questão simples: o que aconteceu lá no princípio de tudo?

O artigo de Dicke e Peebles foi seguido de outro texto curto, de autoria de Yakov Zel'dovich. Este último refletia sobre o universo primevo seguindo a linha de raciocínio do abade Lemaître ao discutir o átomo primordial. Havia uma abundância de fenômenos interessantes em jogo no universo inicial e quente, que poderia impactar sua evolução e afetar a maneira como ele evoluíra ao que vemos hoje. Zel'dovich instou a comunidade de físicos e relativistas a descobrir quais seriam esses efeitos.

Os artigos de Dicke e Peebles e de Zel'dovich foram visionários. Apenas um ano depois, a cosmologia mudaria totalmente em razão de uma proposta simples de como o universo inicial evoluíra. A ideia vinha circulando ainda incompleta, mas foi Alan Guth, pós-doutorando no Centro de Aceleração Linear de Stanford, que propôs a essência da inflação cósmica. Guth percebeu que, em algumas das teorias grã-unificadas — teorias que tentavam unificar as forças eletromagnética, fraca e forte em uma força abrangente —, o universo podia ficar preso em um estado no qual a energia de um dos campos era incrivelmente alta e dominava tudo o mais. Naquele estado, o universo seria levado a se expandir rapidamente, ou inflar, nas palavras de Guth. Embora a ideia original de Guth tenha se mostrado falha — se o universo estivesse preso naquele estado, não havia como sair dele —, novas maneiras de fazer o universo inflar rapidamente foram propostas por outros.

A ideia de um universo inflante, ou em *inflação*, abriu um novo rumo na cosmologia, revelando um novo período no passado do universo a ser explorado. Agora havia uma teoria que previa exatamente como o universo devia ser quando sua estrutura começou a se formar, e ao que parecia tratava de problemas levantados por Dicke e Peebles. Para começar, a teoria da inflação estabelecia quase instantaneamente que o espaço não tinha curvatura. Imagine pegar um balão redondo que você possa segurar na mão e encher tão rápido que quase no mesmo instante fica do tamanho da Terra. Da sua perspectiva, o balão aparentaria ser muito plano. A inflação também levaria o universo a um estado tremendamente uniforme e imaculado. Qualquer imperfeição ou grandes vazios que naturalmente pontilhariam o panorama do espaço-tempo seriam empurrados para longe do nosso olhar. A inflação também trouxe consigo uma maneira de dar o pontapé inicial no crescimento da estrutura bem no início do universo. Durante o período de inflação intensa, as flutuações quânticas microscópicas no tecido do espaço-tempo seriam esticadas e ficariam marcadas nas maiores escalas.

A inflação, como os astrofísicos de Chicago expuseram de forma sucinta, determinou o vínculo entre "espaço interno e espaço externo".[16] O espaço interno era o mundo do quantum e das forças fundamentais, e o espaço externo englobava o cosmos, onde a relatividade geral ganhou vida. E assim o programa de pesquisa que Peebles vinha desenvolvendo ao longo da década anterior, junto com o trabalho de Zel'dovich, Silk e outros, ganhou novo propósito: a estrutura de larga escala do universo, a distribuição das galáxias e a luz vestigial deveriam conter as pistas que vinculam o espaço interno e o externo. Foi quando os demais cientistas começaram a prestar atenção.

Em 1982, Peebles tentou construir um novo universo. O modelo antigo que havia desenvolvido com Jer Yu, constituído por átomos e radiação, não estava dando certo. Quando comparava os resultados de seu modelo com os levantamentos de galáxias mapeadas no céu, havia discrepâncias. A realidade simplesmente não era compatível com seu tão elegante cálculo. Não só isso, mas, na década anterior, as galáxias em si pareciam ter ficado bem mais complicadas. Emergia um estranho retrato do que se passava dentro delas.

A astrônoma norte-americana Vera Rubin havia descoberto que as galáxias pareciam girar muito mais rápido do que se supunha, como uma espécie de rodas de Catarina maníacas unidas por uma força misteriosa. Rubin direcionou seu telescópio para a galáxia de Andrômeda, um redemoinho de estrelas e gás que gira a centenas de quilômetros por segundo. Pelo menos é isso que parece na observação por telescópio. Havia muito mais luz no centro, onde todas as estrelas são concentradas, por isso Rubin esperava que a maior parte da atração gravitacional que mantinha a galáxia unida viesse desse ponto. Mas, ao observar os acúmulos de estrelas cada vez mais distantes do centro da galáxia, ela descobriu que sua movimentação era rápida demais. Aliás, as estrelas estavam em velocidade tão alta que Rubin simplesmente não conseguia entender como a atração gravitacional do centro da galáxia conseguia retê-las. Seria como se a Terra repentinamente dobrasse ou triplicasse a velocidade de sua órbita ao redor do Sol. A não ser que o Sol desse um jeito de aumentar sua atração gravitacional, a Terra simplesmente sairia voando de sua órbita e dispararia pelo espaço. Havia outra coisa, grande e invisível, que mantinha as estrelas mais externas em suas órbitas.

Fritz Zwicky observara um fenômeno similar nos anos 1930, mas seus resultados foram ignorados por mais de trinta anos. Zwicky havia observado o aglomerado de galáxias Coma, e somou o total de massa que enxergava lá. Em seguida calculou a velocidade com que as galáxias se movimentavam dentro do aglomerado e descobriu que estavam em velocidade muito alta. Como Zwicky escreveu em artigo que publicou na Suíça em 1937: "A densidade da matéria luminosa em Coma deve ser minúscula em comparação com a densidade em um tipo de matéria escura".[17]

Jim Peebles enfrentava seus próprios problemas com as galáxias. Junto com um jovem colaborador de Princeton, Jerry Ostriker, ele se propôs a construir modelos computacionais simples de como as galáxias se formavam, representando-as como um bando de partículas, uma puxando a outra pela gravidade e girando em espiral. Mas, quando punha seus modelos para girar, as galáxias se desintegravam. Uma bolha se formava no centro, que se esticava pelos braços e rasgava a galáxia. Ostriker e Peebles tentaram estabilizar seus modelos imergindo suas partículas em movimento em uma bola de massa invisível. Essa esfera de coisas — um halo, como chamaram — iria reforçar a gravidade que mantinha a galáxia coesa. O halo tinha que ser escuro (ou seja, invisível), de forma a não ser detectado por telescópios. Paradoxalmente, o modelo demonstrou que a matéria escura tinha que ser muito mais abundante que os átomos observados nas estrelas. Em fins dos anos 1970, Sandra Faber, que trabalhava em Santa Cruz, na Califórnia, e Jay Gallagher, que atuava em Illinois, escreveram uma resenha na qual se organizaram as descobertas que os astrônomos haviam conseguido ao observar galáxias e que Peebles e seus colegas descobriam quando as simulavam. Eles concluíram: "Achamos provável que a descoberta de matéria escura há de perdurar como uma das grandes conclusões da astronomia moderna".[18]

Em 1982, quando Peebles começou a construir um novo modelo do universo, decidiu incluir átomos *e* matéria escura. Na verdade, ele partiu do pressuposto de que quase *todo* o universo era constituído por uma forma de matéria misteriosa composta de partículas pesadas, invisível a nós porque não interagia com a luz. O modelo da matéria escura fria de Peebles era simples e lhe permitia prever como a distribuição das galáxias se dava, assim como o tamanho das ondulações na radiação vestigial. Essa abordagem viria a ter tremendo impacto no desenvolvimento da cosmologia, mas, como Peebles lembrou: "Eu não levei tão a sério [...] Escrevi porque era simples e cabia nas observações".[19]

Embora Peebles não se referisse à era inflacionária proposta, seu novo modelo casava perfeitamente com o *zeitgeist*. Ele suscitava uma partícula imensa que podia advir da física fundamental, conectando o espaço interno com o externo. O modelo da matéria escura fria, ou CDM (de *cold dark matter*), foi adotado por um exército crescente de astrônomos e físicos, que começaram a ajustar os detalhes mais finos de como galáxias se formavam de fato. Marc Davis, de Berkeley, aliou-se a dois astrônomos britânicos, George Efstathiou e Simon White, além do mexicano Carlos Frenk, para construir modelos computacionais que seguissem a formação de galáxias individuais e de aglomerados de galáxias em universos virtuais. Em suas simulações, o *gang of four*, como ficou conhecido o quarteto, acompanhava centenas de milhares de partículas nas suas interações, que se uniam para formar a estrutura de larga escala do universo.

Embora o CDM tenha feito fama e sido adotado com avidez, aparentemente muitas coisas deram errado. No modelo CDM que Peebles criou, o universo só podia ter 7 bilhões de anos, ou seja, era recente demais. Os astrônomos encontraram bolsões densos de estrelas conhecidos como aglomerados globulares se agitando nas galáxias. Essas concentrações de luz eram cheias de estrelas antigas, que deviam ter se formado ainda no início da história do universo, quando o espaço era repleto sobretudo de hidrogênio e hélio, o que queria dizer que os aglomerados globulares deveriam ter pelo menos 10 bilhões de anos. E havia mais. Se o universo era constituído primariamente de matéria escura fria, a proporção de matéria escura para os átomos seria mais ou menos de 25 para 1. Por mais empenhados que tenham sido na observação, os astrônomos não conseguiam entender onde estava essa matéria escura. A partir da velocidade com que as galáxias rotacionavam ou da temperatura de aglomerados de galáxias que observavam, eles conseguiam inferir a gravidade presente (quanto mais forte fosse, mais atração gravitacional teria que haver) e quanta matéria escura era necessária para gerar tal gravidade. A proporção de matéria escura para átomos que vinham encontrando era próxima de 6 para 1. Os métodos para pesar a matéria escura ainda eram crus e imprecisos, mas o déficit parecia ser grande demais para ser explicado dentro da margem de erro. Quase imediatamente depois de criar o modelo CDM, Peebles se viu obrigado a desistir e buscar modelos alternativos. "Lançou-se muita rede de pesca nos anos 1980 e início dos 1990", como ele colocou.[20]

O *gang of four* não se saiu muito melhor. Eles usaram seus modelos computacionais para criar universos virtuais e os compararam com o universo real para conferir se eram parecidos. Não eram. Para começar, o universo real parecia ser bem mais estruturado e complexo em escalas maiores do que os universos artificiais. No modelo de universo CDM, as galáxias eram muito mais aglomeradas em escalas pequenas, mas se uniformizavam mais rápido quando se fazia um *zoom out* para conferir o panorama geral do que no universo real. Era possível mitigar alguns dos problemas nos universos virtuais camuflando um pouco os resul-

252

tados, mas a verdade era que o modelo simples de Peebles não funcionava.

Apesar de estar em conflito com observações elementares, o modelo da matéria escura fria foi adotado pela maioria dos astrônomos e físicos. Era conceitualmente simples e casava bem com a inflação e na evidência de matéria escura nas galáxias. Os defensores do CDM procuravam maneiras de desenvolver melhor o modelo e consertá-lo de alguma forma. Uma das maneiras de consertar o CDM envolvia ressuscitar a constante cosmológica de Einstein. Para muitos, isso era tabu.

O argumento contra a constante cosmológica havia ganhado força desde que Einstein a apresentara em 1917. Embora ele tenha descartado rapidamente a constante cosmológica de sua teoria após a descoberta do universo em expansão, alguns de seus pares se agarraram à ideia. Tanto Eddington como o abade Lemaître decidiram incorporá-la a seus modelos do universo. Lemaître chegou a conjecturar que a constante cosmológica era nada mais que a densidade de energia do vácuo. Em 1967, Zel'dovich mostrou o problema sério que poderia ser representado por uma constante cosmológica.[21] Ele somou a energia de todas as partículas virtuais que iriam sumir e ressurgir no universo e descobriu que a densidade de energia resultante seria parecida com uma constante cosmológica, mas deveria ter um valor gigantesco. Em termos precisos, a constante cosmológica resultante seria infinita, exatamente pelos mesmos motivos que tudo que envolva gravidade quântica era infinito, mas com alguns ajustes poderia se tornar finito. Mesmo assim, era um número imenso, ordens de magnitude maior que qualquer energia já medida no cosmos.

O cálculo de Zel'dovich mostrou que, se havia uma energia do vácuo no universo — e, portanto, uma constante cosmológica —, era grande demais para ser compatível com observações. A única maneira de proceder seria supor que algum mecanismo físico ainda não descoberto intervinha para deixar a constante cosmológica igual a zero. Na prática, os cosmólogos decidiram ignorar a constante cosmológica e fingir que ela não existia.

Ainda assim, cada vez mais, sempre que alguém tentava resolver os problemas com o modelo CDM, a constante cosmológica, denotada pela letra grega lambda, ressurgia como uma das soluções possíveis. Em 1984, o próprio Peebles descobriu que um universo viável com matéria escura fria precisaria que lambda constituísse por volta de 80% da energia total do universo. Quando o *gang of four* — Davis, Efstathiou, Frenk e White — tentou simular um de seus universos incluindo lambda, descobriram que muitos dos problemas com que se deparavam na conjuntura simples do CDM desapareciam.

Em 1990, George Efstathiou, então na Universidade de Oxford, publicou um artigo na *Nature* chamado "A constante cosmológica e a matéria escura fria". No texto, Efstathiou e seus colaboradores comparavam a estrutura de larga escala de um universo simulado, incluindo a constante cosmológica, com o universo real, dessa vez usando um catálogo com milhões de galáxias, compilado ao longo de anos. Na saraivada de introdução, eles afirmavam: "Defendemos aqui que os sucessos da teoria CDM podem ser mantidos e as novas observações encaixadas numa cosmologia espacialmente plana, na qual até 80% da densidade crítica é fornecida por uma constante cosmológica positiva", e passaram a mostrar que um universo como esse aparentemente era coerente com todos os dados observacionais disponíveis até aquele momento.[22] Jerry Ostriker e Paul Steinhardt, um dos pais da teoria da inflação, publicaram um artigo na *Nature* em 1995 no qual argumentaram que "um universo que tem densidade energética crítica e uma constante cosmológica grande parece ser favorecido".[23] Tudo parecia apontar para lambda.

Embora sinais de lambda surgissem na estrutura de larga escala, todos continuavam mantendo distância da constante cosmológica. Como escreveu Jim Peebles em 1984: "O problema com essa opção [...] é que ela não parece plausível".[24] Conforme Efstathiou e companhia afirmaram na conclusão do artigo: "Uma constante cosmológica diferente de zero teria implicações profundas na física fundamental".[25] Em outro artigo, George Blumenthal, Avishai Dekel e Joel Primack, de Santa Cruz, na Califórnia, argumentaram que uma constante cosmológica "exige uma quantidade aparentemente implausível de ajustes dos parâmetros da teoria".[26] De fato, como escreveram Jerry Ostriker e Paul Steinhardt, a prova observável lançava um desafio impossível: "Como podemos explicar que o valor da constante cosmológica seja diferente de zero, de um ponto de vista teórico?"[27] O problema não podia continuar sendo um segredinho vergonhoso.

No encontro de Princeton em 1996, Michael Turner, da Universidade de Chicago, viu-se diante de um bombardeio de ataques ao entrar na disputa, junto com Richard Gott e David Spergel, em defesa da constante cosmológica. As observações estavam a seu favor, mas a constante cosmológica permanecia impalatável demais para seus colegas cosmólogos. Era impossível em termos concentuais e desagradável em termos estéticos. Ele provavelmente teria se saído melhor se houvesse pedido intervenção divina. Ao fim do debate, o modelo CDM padrão, sem constante cosmológica, foi declarado vencedor. Jim Peebles assistiu ao espetáculo com fascínio.

Em 1996, a cosmologia já havia ido muito além das expectativas mais desvairadas de Jim Peebles. Ele foi, junto com Yakov Zel'dovich, Joe Silk e alguns outros, um dos pioneiros solitários que construíram a teoria da estrutura de larga escala. Peebles tinha efetivamente constituído as técnicas que foram usadas não apenas para teorizar, mas também para analisar observações. Agora, uma nova geração de teóricos estava avançando com suas ideias com ferocidade alarmante, e os astrônomos mapeavam o universo com precisão cada vez maior.

Nessa nova era, Peebles se viu na estranha posição de opositor em um campo que ajudara a criar. Ele era contrário ao fervor com que o modelo CDM fora adotado por seus colegas e costumava apoiar novos modelos para competir com o seu. Porém, como dissera seu mentor Bob Dicke, boas observações sempre ganham. Os apoiadores do CDM e Peebles estavam prestes a ser passados para trás.

Em 1992, George Smoot, um dos principais investigadores no Cosmic Background Explorer, ou COBE, afirmaram: "Se você for religioso, isso é como procurar Deus".[28] O COBE era um experimento em um satélite projetado para detectar a radiação vestigial que restara do Big Bang com precisão sem precedentes e para mapear como sua intensidade mudava conforme o olhar era direcionado para pontos distintos do céu. Smoot estava falando da primeira medição das esquivas *ondulações* na radiação vestigial, as pequenas imperfeições que, segundo Peebles, Silk, Novikov e Sunyaev vinham afirmando fazia 25 anos, deveriam existir. Foi uma longa e quase vergonhosa busca. Conforme o tempo passava e as ondulações continuavam invisíveis, os teóricos retrabalhavam suas previsões, baixando as expectativas. Em 1992, o satélite COBE, usando um conjunto de detectores baseado nas ideias de Bob Dicke, montou um mapa da radiação vestigial, e um suspiro coletivo de alívio foi ouvido. Smoot viria a ganhar o prêmio Nobel pelo seu trabalho no COBE.

A descoberta do COBE foi só o princípio. O retrato das ondulações na luz vestigial ainda era turvo, sem foco. As ondulações precisavam ganhar foco, pois, como Peebles, Novikov e Zel'dovich haviam demonstrado, deveria haver uma trama vivaz de pontos quentes e frios na luz vestigial que podia ser usada para mapear a geometria do espaço. Se a geometria do espaço fosse de fato euclidiana, o tamanho dos pontos deveria subtender um ângulo de mais ou menos um grau no céu. E medir a geometria do espaço era equivalente, por meio da relatividade geral, a medir a quantidade de energia no universo inteiro. Experimentos melhores se faziam necessários. Dezenas de grupos pelo mundo desenvolveram instrumentos que podiam medir a radiação vestigial com mais precisão e foco. Foi como se um bando de exploradores intrépidos tivesse se proposto a mapear um novo continente, recém-descoberto. Na virada do milênio, quando as peças se juntaram, um grupo de experimentalistas anunciou a descoberta de que os pontos frios e quentes de fato tinham um tamanho angular de mais ou menos um grau e, portanto, a geometria do espaço devia ser plana. O resultado foi o que a inflação havia previsto, e mais uma prova da estrutura de larga escala do universo para o CDM e a constante cosmológica.

Os dados complementares que definitivamente fizeram a balança pender em favor da constante cosmológica vieram não do campo da estrutura de larga escala que Peebles havia construído com tanto amor, mas sim de explosões de supernovas no universo distante. A primeira pista apareceu em janeiro de 1998, no encontro anual da Sociedade Astronômica Americana, quando uma equipe de astrônomos e físicos da Costa Oeste dos Estados Unidos chamada Projeto Cosmologia Supernova afirmou que não havia atração gravitacional da matéria escura ou de átomos suficiente para retardar a expansão do universo. Na verdade, o Projeto Cosmologia Supernova descobrira indícios de que a expansão do universo muito provavelmente vinha se acelerando. Isso queria dizer que o universo estava ou muito mais vazio do que se pensava, ou tinha uma constante cosmológica que estava afastando o espaço.

O Projeto Cosmologia Supernova estava, em certo sentido, apenas repetindo o que Hubble e Humason haviam feito nos anos 1920: medir as distâncias e os desvios para o vermelho de objetos distantes. Em vez de observarem galáxias, os observadores agora tinham que procurar supernovas individuais, estrelas que explodiam com luz tão intensa quanto uma galáxia inteira concentrada na ponta de um alfinete, e que podiam ser vistas a distâncias muito maiores que as observadas por Hubble e Humason. Embora em espírito o trabalho do Projeto Cosmologia Supernova ecoasse o de Hubble e Humason, não era mais um serviço para duas pessoas, e sim uma grande operação com equipes espalhadas por mais de três continentes que usava diversos telescópios na Terra, além do Telescópio Espacial Hubble, para chegar a seus números. Os métodos de mensuração eram difíceis e haviam tomado mais de uma década de aperfeiçoamento.

O Projeto Cosmologia Supernova era seguido de perto pelo projeto High-Z de Localização de Supernovas, que encontrava resultados parecidos: evidências que tentavam comprovar a expansão acelerada do universo e, portanto, uma constante cosmológica.

Nenhuma das equipes conseguiu chegar a anunciar o que vira nos dados. Nos encontros da Sociedade Astronômica Americana em Washington, em janeiro de 2008, suas apresentações foram quase dolorosamente cautelosas. A implicação real dos resultados foi discutida sem alarde nos corredores e chegou aos jornais. No dia seguinte aos anúncios das equipes das supernovas, o relato no *Washington Post* afirmava: "As descobertas também parecem dar novo alento à teoria de que existe uma suposta constante cosmológica".[29] Algumas semanas depois, a revista *Science* foi além, publicando um artigo com o título "Estrelas que explodem indicam força repulsiva universal".[30] Na matéria, o líder do Projeto Cosmologia Supernova, Saul Perlmutter, recusou-se a ratificar a afirmação, comentando apenas: "Precisamos investigar mais".

Pouco mais de um mês depois, a equipe High-Z confessou: havia lambda nos dados que apresentaram. Além de esvaziado de átomos e de matéria escura, o universo estava cheio de outra coisa que o fazia acelerar. Integrantes da equipe High-Z foram convidados a programas de TV em todo o planeta para explicar seus estranhos resultados, insondáveis para o grande público. A CNN anunciou que os cientistas estavam "atônitos em saber que o universo pode estar acelerando",[31] e o líder da High-Z, Brian Schmidt, declarou ao *New York Times* o seguinte: "A minha reação fica entre a surpresa e o horror. Surpresa porque eu não esperava esse resultado, e horror em saber que a descoberta provavelmente será vista com descrédito pela maioria dos astrônomos — que, assim como eu, são extremamente céticos diante do inesperado."[32] O Projeto Cosmologia Supernova rapidamente seguiu a deixa com seus próprios resultados. Era oficial: lambda existia. Pela descoberta, os líderes das duas equipes, Saul Perlmutter, Brian Schmidt e Adam Riess, receberam o prêmio Nobel em 2011.

Durante anos, décadas até, houvera incerteza sobre a constituição, a idade, a geometria e os elementos básicos do universo. Todas as propostas tinham seus prós e contras, e a cosmologia se tornara uma questão que envolvia ao mesmo tempo estética e ciência, com estudiosos que optavam por teorias de acordo com seu gosto pessoal. Mas agora a teoria mais impalatável de todas, a constante cosmológica, era declarada vencedora. Em questão de meses, um novo modelo-padrão de cosmologia, conhecido como modelo da concordância, ou "Lambda CDM", por absoluta falta de imaginação, havia fincado raiz. O novo modelo do universo continha um coquetel de átomos, matéria escura fria e uma constante cosmológica. Era o universo que a estrutura de larga escala vinha sugerindo fazia uma década, mas que praticamente ninguém se mostrara disposto a aceitar. Mesmo Peebles, com sua indisposição a seguir a manada, ficou surpreso ao ver como tudo se unia.

Mas foram os dados que fecharam a conta, exatamente como seu mentor dissera. Peebles teve que admitir: "A melhor explicação para o que os dados nos dizem é uma constante cosmológica. Ou algo que se parece com uma constante cosmológica".[33]

Quando Jim Peebles se aposentou como docente em Princeton, em 2000, começou a dedicar a maior parte de seu tempo a fazer caminhadas e a tirar fotos da natureza. Ele apreciava a beleza e às vezes a estranheza dos pássaros com que se deparava nos passeios, e agora tinha mais tempo para isso. Em vez de se concentrar nos padrões que as galáxias traçavam no céu ou a maneira como giravam, ele podia se perder na beleza das florestas e matas ao seu redor. Esse olhar meticuloso e essa atenção aos detalhes o ajudaram a liderar a transformação da cosmologia em uma ciência rígida e exata. Mais uma ramificação da relatividade geral havia amadurecido e ganhado vida própria. O esforço tranquilo e persistente de Peebles, seu "rabiscar", como gostava de dizer, situara a estrutura de larga escala do universo firmemente no centro da física e da astrofísica. O rebelde que tinha dentro de si guiara o campo rumo a um modelo bizarro do universo que fincou raiz: um universo no qual 96% da energia estava em algumas substâncias escuras, uma combinação de matéria escura e constante cosmológica. Em comparação com quando começara, quase cinquenta anos antes, era uma reviravolta surreal.

A constante cosmológica agora era aceita com unanimidade. O problema fundamental persistia: a inconsistência brutal entre o que Zel'dovich havia previsto ao somar a energia das partículas virtuais no universo e o valor que era observado de fato, um desencontro de mais de cem ordens de magnitude. Mas, se no passado tal inconsistência levava os cosmólogos a ignorar a possibilidade da constante cosmológica, agora eles a recebiam de braços abertos. Estava nos dados, era incontornável. No livro que escreveram sobre astrofísica relativista, em 1967, Yakov Zel'dovich e Igor Novikov argumentaram: "Depois que o gênio saiu da garrafa [...] diz a lenda que é dificílimo conseguir capturá-lo e colocá-lo de volta lá dentro".[34] A analogia fazia sentido. Com a tendência geral ao modelo da concordância, a constante cosmológica tinha que ser abordada de peito aberto.

Ou talvez não. Um novo esforço para mais uma vez evitar a constante cosmológica suscitou um tipo de coisa totalmente diferente que estava esticando o espaço. Esse exótico novo campo, partícula ou substância se comportava muito como uma constante cosmológica, mas logo começou a ser chamado de "energia escura".[35] Havia, e ainda há, grandes expectativas em relação à energia escura e seu potencial de aliar os sucessos da cosmologia observacional com a criatividade da física de partículas e o quantum. Cosmólogos jovens e antigos se juntaram em peso para trabalhar na questão; numa fala em congresso, um palestrante mostrou um slide com mais de cem modelos distintos de energia escura, uma prova da criatividade da nova geração de cosmólogos. Ainda assim, a invenção da energia escura ainda não resolvia o problema que Zel'dovich levantara — o de que a energia do vácuo era, em princípio, grande demais para ser aceita. Mais uma vez, a postura geral foi fingir que a discrepância não existia. Seria necessária uma revolução na teoria quântica para chegar a uma solução controversa.

A ascensão da cosmologia física nos últimos quarenta anos transformou o modo como vemos o espaço-tempo e o universo. Ao investigarem a relatividade geral na maior das escalas e cuidadosamente fazer surgir as propriedades de larga escala do universo, Jim Peebles e seus contemporâneos abriram uma janela totalmente inédita para a realidade. Aliados ao sucesso estupendo no mapeamento da distribuição das galáxias e da radiação vestigial, seu trabalho revelou um universo bizarro, cheio de substâncias exóticas que ainda não são muito bem entendidas. É algo muito distante da cosmologia dos anos 1960, uma ciência "desoladora", como Peebles chamou, com apenas três números. A cosmologia moderna tem sido um dos grandes sucessos da teoria da relatividade geral de Einstein e da ciência moderna como um todo, que ao mesmo tempo levanta e responde questões a respeito do universo.

12. O fim do espaço-tempo

A Cátedra Lucasiana de Física e Matemática em Cambridge foi oferecida a Stephen Hawking em 1979. Uma das cadeiras mais prestigiadas do mundo na física teórica, já fora de Isaac Newton e Paul Dirac, e agora era oferecida a um relativista que ainda não tinha chegado aos quarenta anos. Hawking merecia. Em pouco menos de duas décadas de pesquisa, fizera contribuições duradouras que tratavam do nascimento do universo e da física dos buracos negros. Sua realização suprema fora, sem dúvida, a prova de que os buracos negros emitiam radiação, tinham entropia e temperatura e eventualmente evaporavam. A radiação Hawking havia tomado o mundo da física de surpresa. Buracos negros eram supostamente escuros e simples. A partir da conjectura de Jacob Bekenstein, Hawking demonstrara que os buracos negros devem conter uma vasta quantidade de desordem, e que a desordem está diretamente relacionada à área do buraco negro, e não, como em todos os sistemas físicos até então, com seu volume. A pergunta na cabeça de todos era: como a entropia fica alojada em um buraco negro? E, no fundo, todos achavam que a gravidade quântica deveria ter a resposta.

A busca pela gravidade quântica aparentemente havia chegado a um impasse. À época do simpósio de Oxford de 1975, quando Hawking anunciou sua descoberta da radiação dos buracos negros, já estava ficando óbvio que a relatividade geral não era renormalizável e estava assolada por infinitudes que não haviam como esconder. A relatividade geral era radicalmente diferente de outras teorias de forças fundamentais, resistente aos métodos convencionais usados para construir o modelo-padrão de partículas e forças. Era preciso fazer algo radicalmente diferente, e Hawking e seus colegas físicos se depararam com uma gama desconcertante de opções. Ao final dos anos 1970, um bombardeio de novas ideias e técnicas inundou o campo da gravidade quântica, o que provocaria divisões profundas nas décadas seguintes. Campos em oposição iriam se agarrar com ardor a suas próprias regras a respeito de como quantizar a relatividade geral, recusando-se dogmaticamente a aceitar outras abordagens. A comunidade de físicos que trabalhava com a gravidade quântica iria se dividir em duas tribos opostas, embrenhadas no que alguns chamariam de uma verdadeira guerra. Ainda assim, desse ambiente turbulento e às vezes sectário, emergiria uma visão comum de que a antiga ideia do espaço-tempo como continuum teria que ser abandonada, e uma perspectiva radicalmente nova da realidade precisaria ser adotada.

Stephen Hawking sempre foi de fazer afirmações ousadas e controversas, muitas vezes visionárias e às vezes perniciosas. Ao assumir a Cátedra Lucasiana, Hawking usou sua aula inaugural, "Vislumbramos o fim da física teórica?", para apresentar sua visão do futuro da física, anunciando que "a meta da física teórica pode ser alcançada no futuro não tão distante, quem sabe no final deste século".[1] Na mente de Hawking, a unificação das leis da física e uma teoria quântica da gravidade estavam próximas.

Ele tinha bons motivos para fazer essa afirmação ousada, baseada em avanços promissores em torno de um novo campo chamado *supersimetria*. A supersimetria imagina uma simetria profunda na natureza, que conecta inexoravelmente todas as partículas e forças no universo. Cada partícula elementar deve ter um gêmeo invertido: para cada férmion existe um bóson gêmeo, e vice-versa. Uma teoria proposta inicialmente em 1976 levou a supersimetria um passo à frente e espelhou o próprio espaço-tempo, criando a *supergravidade*. Quando Hawking deu sua aula, a supergravidade parecia ser a solução que todos esperavam: uma candidata viável à teoria quântica da gravidade. Mas a supergravidade se mostrou bem complicada. Ela expandia o espaço-tempo em dimensões extras, que exigiam um conjunto muito mais complexo de equações do que as que Einstein havia proposto originalmente. Cada cálculo tomava meses de trabalho, e os resultados eram assolados por infinitudes e partículas que simplesmente não se encaixavam. Um pequeno grupo de obstinados continuou insistindo, mas, pelo menos como teoria da gravidade quântica, a supergravidade rapidamente foi deixada de lado. Hawking teria que buscar em outro lugar o fim da física teórica.

Embora Hawking estivesse otimista em sua fala inaugural de Cambridge, em 1979, vinha refletindo sobre um problema estranho com o qual havia se deparado enquanto descobria que os buracos negros emitiam radiação. O problema pairava sinistramente sobre todas as tentativas de quantizar a gravidade, e deixaria uma das crenças mais basilares da física em pedaços. Hawking se aproveitaria de uma reunião na mansão de um empreendedor rico, Werner Erhard, para apresentá-lo a um grupo seleto de colegas.

Erhard ganhara dinheiro e fama administrando cursos de autocapacitação pelos Estados Unidos. Fora influenciado por uma mistura heterogênea de eruditos e religiões, do zen-budismo à cientologia, mas tinha inclinação para a física. Todo ano ele organizava uma série de palestras sobre física, para as quais convidava físicos ilustres, como Hawking e Richard Feynman. Quando, em 1981, Hawking foi convidado a dar uma palestra, decidiu falar de um resultado bizarro que havia publicado em 1976 e que o vinha incomodando desde então. A palestra foi na verdade proferida por um dos orientandos de Hawking na pós-graduação — à época, o cientista já estava incapacitado de palestrar sozinho —, e foi intitulada "Paradoxo da informação em buracos negros".[2]

A palestra tratava da crença sagrada da física de que, uma vez dadas as informações completas sobre um sistema físico, sempre será possível reconstruir o passado daquele sistema. Imagine uma bola que passe voando pela sua cabeça. Se você soubesse a velocidade com que se move e sua direção de voo, seria possível reconstruir exatamente de onde veio e pelo que passou no caminho. Ou então pegue uma caixa cheia de moléculas de gás. Medindo as posições e a velocidade de cada molécula de gás na caixa, seria possível determinar onde cada partícula estivera em qualquer momento no passado. Situações mais realistas tendem a ser mais complicadas. Considere o laptop que estou usando para escrever este capítulo. Eu precisaria de um monte de informações a respeito do mundo para conseguir reconstruir exatamente como o dispositivo veio a existir, mas, em princípio, as leis da física me dizem que é possível. Em um nível de complexidade ainda maior, conhecer todas as informações sobre um estado quântico deveria possibilitar a reconstrução do passado de um estado. De fato, isso está embutido nas leis da física quântica: a informação é sempre conservada. A informação está no cerne da previsibilidade, e os físicos se agarravam à regra fundamental de que a informação nunca é destruída.

A informação nunca é destruída, mas só até encontrar um buraco negro. Se fosse jogado em um buraco negro, este livro iria sumir de vista. A massa e a área do buraco negro se ampliariam um pouco, e o buraco negro irradiaria luz. Com o tempo o buraco negro vai evaporar totalmente e sumir, deixando para trás um banho de radiação indistinto. Se um saco de ar com a mesma massa do livro for arremessado no buraco negro, acontece exatamente a mesma coisa: a área do buraco negro cresce, ele emite luz e acaba desaparecendo, e no fim sobra um banho de radiação idêntico. O produto final será *exatamente* o mesmo em ambas as situações, embora o ponto de partida sejam situações totalmente distintas. Na verdade, não precisamos nem esperar que os buracos negros sumam. Enquanto estão irradiando, eles vão ter aparência exatamente igual, e será impossível reconstituir se o ponto de partida foi este livro ou um saco de ar. A informação terá desaparecido.

Hawking havia identificado um paradoxo: se os buracos negros existissem, eles iriam irradiar e evaporar, mas isso significava que o universo era imprevisível. A ideia de que havia conexão direta entre causa e efeito, pressuposto básico da física newtoniana, einsteiniana e quântica, teria que ir para o lixo. O anúncio de Hawking chocou seus colegas. Muitos simplesmente se recusaram a aceitar o que ele estava dizendo. Caso a informação se perdesse, não havia futuro na física como ciência capaz de previsões. A não ser que um buraco negro fosse muito mais fértil do que se pensava inicialmente, respeitando um novo tipo de microfísica que lhe permitisse armazenar informação e ao mesmo tempo garantir que, ao fim de sua vida, essa informação fosse devolvida ao mundo externo. A saída teria necessariamente que vir da gravidade quântica.

Em 1967, Bryce DeWitt escreveu dois manifestos opostos entre si para quantizar a relatividade geral. Já com quarenta e poucos anos, e depois de passar quase vinte deles tentando lidar com o problema impossível, tinha em mãos um trio de manuscritos que resumiam seu trabalho. Eles ficaram conhecidos como "A trilogia", e para muitos viriam a ser a escritura sagrada da gravidade quântica.[3] DeWitt teve o cuidado de reconhecer todos os esforços anteriores em relação à gravidade quântica, mas seus manuscritos proporcionavam os fundamentos para combinar a física quântica e a relatividade geral sem precisar recorrer a outras fontes, resumindo na prática seu próprio trabalho e o de todos que haviam tentado fazer isso antes dele.

O primeiro artigo da trilogia descrevia o que DeWitt chamava de abordagem *canônica*. Era uma abordagem que outros — entre eles Peter Bergmann, Paul Dirac, Charles Misner e John Wheeler — já haviam proposto. Assim como na relatividade geral, a geometria ocupava um papel central. A abordagem canônica decompõe o espaço-tempo em duas partes distintas: espaço e tempo. A relatividade geral assim deixa de ser uma teoria sobre o espaço-tempo como um todo indivisível e se torna uma teoria a respeito de como o espaço evolui com o tempo. DeWitt então mostrou que era possível introduzir a física quântica a esse caldo, encontrando uma equação que pode ser usada para calcular as *probabilidades* de determinada geometria do espaço conforme evolui temporalmente. Tal como Schrödinger havia feito com a física quântica de sistemas ordinários, DeWitt encontrou uma função de onda para a geometria do espaço.

Embora o próprio DeWitt logo viesse a rejeitar a abordagem canônica, ela foi rapidamente adotada por John Wheeler. Os dois se encontraram no aeroporto Raleigh-Durham, e DeWitt mostrou sua equação. Como lembra DeWitt: "Wheeler ficou absolutamente empolgado e começou a falar disso o tempo todo".[4] Durante muitos anos, DeWitt a chamaria de equação Wheeler, e Wheeler a chamaria de equação DeWitt. Todas as outras pessoas as chamavam simplesmente de equação de Wheeler-DeWitt.

O segundo e o terceiro artigos na trilogia de DeWitt eram seu cerne. Seus textos mapeavam a outra trajetória, a abordagem *covariante*. Nessa abordagem, a geometria era totalmente esquecida, e a gravidade era só mais uma força, transportada pela sua partícula mensageira, o gráviton. Era a abordagem que tentava imitar os sucessos da EDQ e do modelo-padrão, mas que havia levado a infinitudes devastadoras devido ao avanço de maneira tão avassaladora na época do Simpósio de Oxford sobre Gravidade Quântica de 1974.

As abordagens canônica e covariante encarnavam duas filosofias muito distintas, e tratavam do problema de quantizar a gravidade com espíritos bem diferentes. A abordagem canônica tinha a geometria no cerne, ao passo que a covariante só tratava de partículas, campos e unificação. Essas abordagens colocariam duas comunidades em lados opostos.

O estandarte do modelo covariante acabaria carregado por uma abordagem radicalmente nova à unificação, chamada teoria das cordas. Na verdade, a teoria das cordas surgira como uma empreitada quase artesanal em fins dos anos 1960, para tentar explicar o comportamento de todo um catálogo de novas partículas exóticas que vinham aparecendo nos experimentos em aceleradores de partículas. A ideia básica era que essas partículas, minúsculos objetos como pontos, seriam mais bem descritas em termos de pedacinhos microscópicos e vibrantes de cordas. Partículas com massas distintas seriam nada mais que vibrações diferentes de cordas ínfimas que vagavam pelo espaço. A grande sacada é que um único objeto desses, uma só corda, poderia descrever *todas* as partículas. Quanto mais uma corda se agitava, mais energética era, e mais pesada a partícula que ela descreveria. Era uma espécie de unificação, mas totalmente diferente de tudo o que já havia sido proposto.

A ideia de cordas fundamentais era fascinante, mas, de início, falha. Sempre que alguém tentava encontrar previsões físicas, números infinitos não paravam de pipocar, e não era possível renormalizá-los, tal como na EDQ ou no modelo-padrão. Além do mais, a teoria com cordas previa a existência de uma partícula que se comportava exatamente como o gráviton, considerado responsável pela força gravitacional. Embora tal partícula viesse a ser útil na teoria quântica da gravidade, não tinha lugar no que a teoria das cordas havia se proposto a fazer: explicar as novas e exóticas partículas encontradas nos aceleradores.

Depois de um surto de interesse inicial, a teoria das cordas caiu no esquecimento em meados dos anos 1970, renegada pela maior parte da física tradicional. Um de seus defensores, Murray Gell-Mann, físico ganhador do prêmio Nobel, descrevia a si mesmo como "uma espécie de patrono da teoria das cordas" e "conservacionista". Como ele recorda: "Eu preparei uma reserva para preservação de teóricos das supercordas em extinção na Caltech e, de 1972 a 1984, muitos dos trabalhos sobre a teoria foram feitos lá".[5]

Em 1984, um dos teóricos das cordas protegidos da extinção por Murray Gell-Mann na Caltech, John Schwartz, estabeleceu uma parceria com um jovem físico britânico de Londres chamado Michael Green. Os dois sugeriram que a teoria das cordas poderia ter mais utilidade como teoria da gravidade quântica. Eles mostraram como a teoria das cordas em um universo de dez dimensões poderia incorporar a gravidade quântica caso satisfizesse certas restrições e obedecesse a certas simetrias. No ano seguinte, um coletivo de físicos de partículas e relativistas — composto de Edward Witten, de Princeton, Philip Candelas, de Austin, e Andrew Strominger e Gary Horowitz, de Santa Barbara — foi ainda além. Eles mostraram que, se essas seis dimensões extras do universo tivessem um tipo de geometria muito particular, conhecido como geometria de Calabi-Yau, as equações da teoria das cordas teriam soluções exatamente similares a uma versão super-simétrica do modelo-padrão. O modelo padrão real deveria estar a um pequeno passo a partir dali.

Ao fim dos anos 1980, a teoria das cordas havia se tornado uma força esmagadora. Parecia ter algo a oferecer para todos. A matemática parecia nova e empolgante, assim como a geometria não euclidiana deve ter soado para Einstein quando ele a adotou para entender a relatividade geral. Matemáticos usavam suas novíssimas ferramentas — não só a geometria, mas também a teoria dos números e a topologia — para ver o que a teoria das cordas podia render.

Perto do fim do século xx, a teoria das cordas atingiu seu auge, tornando-se mais fascinante e coerente e ao mesmo tempo mais complexa e desconcertante. No congresso anual sobre teoria das cordas na Califórnia, em 1995, Edward Witten anunciou que os modelos surgidos ao longo da década anterior estavam todos conectados e eram, na verdade, aspectos distintos de uma teoria subjacente, muito mais rica, que ele chamou de *teoria-M*. Segundo suas próprias palavras: "M quer dizer Magia, Mistério ou Membrana, conforme o gosto".[6] A teoria-M de Witten, de fato, continha não só cordas, mas também objetos de dimensões superiores, chamados de membranas — ou, para encurtar, branas —, que podiam ficar boiando no universo de dimensão superior.

Apesar da euforia e da arrogância, a teoria das cordas não conseguia contornar um problema quase existencial. Parecia haver versões em excesso dela. E, mesmo que a pessoa se fixasse em uma só versão da teoria, havia muitas, muitas soluções possíveis que podiam corresponder ao mundo real. Uma estimativa aproximada apontou a possível existência de 10^{500} soluções para *cada versão* da teoria das cordas, um panorama realmente obsceno de universos possíveis que ficou conhecido como a *paisagem*. A teoria das cordas continuava incapaz de fazer previsões singulares.

Diversos opositores de renome argumentavam que a teoria das cordas prometia de mais e entregava de menos. "Acho que todo esse negócio de supercorda é uma loucura, e está indo na direção errada", disse Richard Feynman pouco antes de sua morte, em 1987. "Não gosto que eles não calculem nada. Não gosto que eles não contestem suas ideias. Não gosto que, quando alguma coisa não bate com o experimento, eles apareçam com uma explicação [...]. Não me parece certo."[7]

A visão de Feynman encontrou eco em Sheldon Glashow, que, junto com Steven Weinberg e Abdus Salam, havia construído o extremamente bem-sucedido modelo-padrão. Ele escreveu que "físicos das supercordas ainda não demonstraram que sua teoria funciona de fato. Eles não têm como demonstrar que a teoria-padrão é resultado lógico da teoria das cordas. Não conseguem nem ter certeza de que seu formalismo inclui uma descrição de coisas como prótons e elétrons".[8]

Daniel Friedan, figura proeminente da teoria das cordas na revolução inicial dos anos 1980, reconheceu as insuficiências da teoria. Como Friedan admitiu: "A crise de longa data da teoria das cordas é seu fracasso total em explicar ou prever qualquer física de longa distância [...]. A teoria das cordas não pode dar explicações definitivas sobre o conhecimento existente do mundo real e não consegue fazer previsões definitivas. A confiabilidade da teoria das cordas não pode ser avaliada, muito menos estabelecida. A teoria das cordas não tem credibilidade como candidata a teoria da física".[9] Os céticos continuavam minoria, e foram facilmente ignorados. Quem entrasse no campo da gravidade quântica nos anos 1980 ou 1990 pensaria que a abordagem covariante havia vencido e que a teoria das cordas era o único caminho a seguir.

Havia uma coisa em especial que deixava os relativistas gerais irritadíssimos com a teoria das cordas: nela, assim como em qualquer abordagem covariante da gravidade quântica, a geometria do espaço-tempo, a essência e finalidade da relatividade geral, aparentemente sumia. Tudo se resumia a descrever uma força, como as outras três forças reunidas no modelo-padrão, e quantizá-la. Para um pequeno grupo de relativistas, o caminho a seguir era outro, o que Wheeler havia adotado e DeWitt, descartado: a abordagem canônica. Ali talvez fosse possível preparar uma teoria quântica da própria geometria. Em meados dos anos 1980, um relativista indiano chamado Abhay Ashtekar encontrou uma forma de avançar nesse sentido.

Ashtekar era um relativista convicto que trabalhava na Universidade de Syracuse. Criou uma abordagem engenhosa para desenredar as equações de campo de Einstein, reescrevendo-as de forma que as não linearidades diabólicas sumissem e a relatividade geral parecesse muito, muito mais simples. A sacada de Ashtekar destravou as equações de Einstein de maneira inesperada e abriu a porta para que três jovens relativistas desvendassem sua natureza quântica.

Assim como Bryce DeWitt, Lee Smolin se apaixonou pela gravidade quântica no instante em que chegou a Harvard para a pós-graduação, nos anos 1970. Seu orientador, Sidney Coleman, deixou Smolin mergulhar de cabeça na gravidade quântica, trabalhando com Stanley Deser na Universidade de Brandeis. Como estudante, Smolin encarou fracasso retumbante em quantizar a gravidade, mas isso não diminuiu seu ímpeto para resolver o problema. Foi só quando se fixou em Yale como professor assistente que ele percebeu como a sacada de Ashtekar tornava seu trabalho muito mais fácil. Em Yale, Smolin estabeleceu uma parceria com Theodore Jacobson, ex-aluno de Cécile DeWitt-Morette no grupo de relatividade do Texas. Smolin e Jacobson descobriram que, em vez de tratar das propriedades quânticas da geometria em pontos isolados do espaço conforme evoluíam com o tempo, era muito mais fácil trabalhar com a geometria de uma coleção de pontos, concentrando-se em pedaços do espaço em qualquer momento dado. No caso de seus estudos, os elementos constitutivos naturais da teoria quântica eram laços no espaço que podiam ser usados para construir soluções para a equação Wheeler-DeWitt. As coisas pareciam se acomodar, e surgiu uma maneira nova de pensar sobre a geometria quântica. Os laços podiam se conectar e se entrelaçar como cota de malha ou uma trama mais complexa. Como em um tecido, de longe não se viam as tramas e conexões, e assim emergia o espaço-tempo suave, curvado, da teoria de Einstein. A abordagem de Smolin e Jacobson ficou conhecida como *gravidade quântica de laços*.

Smolin foi acompanhado em sua busca por um jovem e iconoclasta físico italiano chamado Carlo Rovelli, que também havia iniciado a carreira trabalhando na álgebra impossível da gravidade quântica. Rovelli gostava de ser rebelde. Ele montara uma rádio pirata durante seu período de estudante em Roma, fora perseguido pelas autoridades italianas por suas opiniões políticas e se arriscara a prisão por recusar o alistamento militar. As opiniões alternativas lhe cabiam muito bem. Smolin e Rovelli levaram a questão ainda mais longe e viram como os laços podiam ser conectados, entrançados e amarrados. Ao fazerem isso, tomaram distância do ponto de partida, a geometria do espaço, para uma visão ainda mais fragmentada da geometria. Em meados dos anos 1990, eles se depararam com uma ideia antiga que Roger Penrose usara para descrever um sistema quântico em termos de um simples andaime matemático, o que Penrose chamava de rede de *spin*. Tal como um trepa-trepa em um parque infantil, a estrutura seria uma rede de vínculos e vértices, cada qual carregando consigo propriedades quânticas especiais. Rovelli e Smolin mostraram que essas redes eram soluções ainda melhores para a equação de Wheeler-DeWitt. Porém, as redes não tinham semelhança com o retrato intuitivo de espaço e tempo com o qual trabalharia qualquer relativista de respeito.

As redes de *spin* de Rovelli e Smolin eram uma maneira totalmente inovadora de observar a gravidade quântica. Em seu modelo, o espaço não existia em nível quântico — era atomizado ou molecularizado como água. A água, que parece suave e contínua no nível macroscópico, na verdade é constituída por moléculas, pequenos aglomerados de prótons, elétrons e nêutrons que boiam no espaço vazio, precariamente conectadas entre si por meio da força elétrica. Do mesmo modo, segundo Rovelli e Smolin, embora o espaço possa parecer ter uma superfície, ele não deveria existir quando observado com um microscópio extremamente poderoso. Na teoria de Rovelli e Smolin, caso fosse possível observar distâncias de um trilionésimo de trilionésimo de centímetro, não haveria espaço, só a estrutura ou rede.

A gravidade quântica de laços era a valente rival da teoria das cordas nas tentativas de quantizar a gravidade. A gravidade quântica de laços e seus derivados ofereciam uma alternativa canônica à abordagem covariante da teoria das cordas. Os devotos da gravidade quântica de laços não fizeram nenhuma tentativa de unificar todas as forças, mas, ao tomar a geometria como ponto de partida, tentaram preservar parte da beleza da ideia original de Einstein na relatividade geral. Ironicamente, com isso abandonaram a ideia do espaço-tempo como algo fundamental.

Em uma aula dada em 2004, pouco antes de sua morte, Bryce DeWitt se mostrou maravilhado com o ponto a que a gravidade quântica havia chegado:

Ao examinar a teoria das cordas, ficamos surpresos por ver como a situação mudou de figura depois de cinquenta anos. A gravidade já foi vista como uma espécie de pano de fundo inócuo, certamente irrelevante para a teoria quântica de campos. Hoje a gravidade tem papel central. Sua existência justifica a teoria das cordas! Existe um ditado que diz: "Não se faz bolsa de seda com orelha de porco". No início dos anos 1970, a teoria das cordas era uma orelha de porco. Ninguém a levava a sério como teoria fundamental [...]. No início dos anos 1980, a situação mudou de figura. A teoria das cordas de repente passou a precisar da gravidade, assim como de uma porção de outras coisas que podiam ou não estar lá. Desse ponto de vista, a teoria das cordas é uma bolsa de seda.[10]

DeWitt nunca havia trabalhado com a teoria das cordas, mas suas preferências eram evidentes. Em relação à abordagem canônica, ele mostrava muito menos entusiasmo. Achava que "deveria ser confinada à lata de lixo da história",[11] pois, entre outras coisas, "viola o próprio espírito da relatividade". Inclusive, segundo De-Witt: "a equação de Wheeler-DeWitt está errada [...]. É errado usá-la como uma definição da gravidade quântica ou como base para análise refinada e detalhada".[12] Ele reconheceu o trabalho de Abhay Ashtekar na equação como algo "elegante", mas, "fora alguns resultados aparentemente importantes nas ditas 'espumas de spin', tendo a ver esse trabalho como deslocado".[13] A antipatia de DeWitt refletia a visão dominante no mundo da física teórica: a teoria das cordas estava vencendo.

Os teóricos das cordas costumam se deleitar com aquilo que entendem ser seu sucesso. Mike Duff, de volta a Londres, declarou: "Fizemos avanços tremendos com a teoria das cordas e a teoria-M [...]. E é a única tentativa de unificação."[14] Muitos de seus defensores estão convencidos de que a supersimetria e as dimensões extras logo serão descobertas, e que a teoria das cordas é a única abordagem aceitável. O próprio Stephen Hawking já afirmou que "a teoria-M é a única candidata a teoria completa do universo".[15] Quando questionado sobre a abordagem rival, a canônica, vista por muitos como herdeira de fato da filosofia de Wheeler de quantizar a geometria, Duff acusa o outro lado de afirmar que "gravidade quântica" é sinônimo de "gravidade quântica de laços".[16] E ele não está só. "Eles não conseguem nem calcular o que faz um gráviton. Como é que eles vão saber se estão certos?", questionou Philip Candelas, firmemente entrincheirado no campo da teoria das cordas.[17]

Em meados dos anos 2000, o antagonismo profundamente arraigado entre os diferentes campos na busca pela gravidade quântica veio a público. Durante anos, um ou outro artigo de opinião de alguns estudiosos de mais notoriedade vinham aparecendo em blogs e revistas de ciências para o público em geral, questionando a hegemonia da teoria das cordas na física teórica. Por volta de 2006, saíram dois livros afirmando que a teoria das cordas estava, na verdade, destruindo o futuro da física. Os autores — Lee Smolin, um dos defensores da gravidade quântica de laços, e Peter Woit, físico matemático de Columbia — afirmavam que jovens físicos ingênuos estavam sendo atraídos para trabalhar em uma área que, depois de quase trinta anos, ainda não havia apresentado resultados rígidos e tangíveis o suficiente para unificar as forças e explicar a gravidade quântica. Segundo eles, o mundo acadêmico estava dominado por teóricos das cordas que contratavam mais teóricos das cordas e deixavam de fora jovens que não queriam seguir suas regras à risca. Como Smolin declarou em 2005:

> Muita gente se frustra porque essa comunidade que se autointitula dominante — e é dominante de fato em muitos lugares dos Estados Unidos — não tem interesse por outros trabalhos de qualidade. Veja só: quando temos encontros sobre gravidade quântica, tentamos convidar um representante de cada uma das

grandes teorias contrárias, incluindo a das cordas. Não é que sejamos supermoralistas; é simplesmente assim que procedemos. Mas, no encontro anual internacional sobre teoria das cordas,[18] eles nunca fizeram uma coisa dessas.[19]

A blogosfera pegou fogo com a discussão, e o campo pró-cordas, apreensivo com os ataques, assumiu a tarefa de esclarecer as coisas. Afirmações postadas em websites de física foram seguidas por centenas de comentários, uma mistura desordenada de detalhes técnicos, polêmicas e pura ignorância. Todo mundo tinha sua opinião.

A hostilidade contra a teoria das cordas era palpável em 2011, quando Michael Green, substituto de Stephen Hawking na Cátedra Lucasiana em Cambridge, foi dar uma palestra sobre a teoria das cordas em Oxford. Junto com John Schwartz, Green dera o pontapé inicial para a expansão da teoria das cordas em 1984, e eu testemunhei um colóquio seu em Londres no início dos anos 1990 com enorme aclamação. Os teóricos das cordas estavam em alta. Dessa vez, porém, em Oxford, a atmosfera era bem mais fria. Embora a maioria das perguntas tivesse tratado de questões específicas de sua fala, algumas foram alfinetadas. Não há palestra sobre teoria das cordas hoje que consiga passar sem a pergunta inevitável: "Essa teoria é passível de teste?". A pergunta sempre vem de alguém simpático ao campo anticordas.

Ainda é cedo para prever como o antagonismo entre duas tribos que trabalham na gravidade quântica vai se desenrolar. Por algum tempo, aqueles que trabalham em formulações da gravidade quântica que não envolviam cordas estiveram em situação difícil, mas agora parece que teóricos das cordas que trabalham com a gravidade quântica também estão em apuros.

Um resultado notável da discussão tem sido que muito mais gente tem familiaridade com a ideia da gravidade quântica. A guerra entre as abordagens canônica e covariante chegou inclusive à TV. No famoso seriado *Big Bang Theory*, dois personagens encerraram um relacionamento porque não concordavam a respeito de qual abordagem ensinar aos filhos. Comos Leslie Winkle esbravejou ao sair do quarto de Leonard Hofstadter: "Assim não vai dar certo".[20]

Trinta anos depois de Stephen Hawking prever o fim da física, e logo após pegar o mundo de surpresa com seu paradoxo da informação do buraco negro, não existe uma teoria com que todos concordem a respeito da gravidade quântica, e muito menos uma teoria unificada completa de todas as forças fundamentais. Ainda assim, apesar da dificuldade inerente à busca pela gravidade quântica, há alguns pontos de concordância. Uma visão radicalmente nova e quase *compartilhada* da natureza do espaço-tempo está emergindo. Da teoria das cordas à gravidade quântica de laços até todas as outras tentativas localizadas de quantizar a relatividade geral, quase todas as abordagens admitem que o espaço-tempo é realmente fundamental. Essa percepção pode ser diretamente relacionada à descoberta de Hawking da radiação dos buracos negros e pode ajudar a resolver o problema da perda de informação em buracos negros e o fim da previsibilidade na física. Um dos principais passos para resolver o paradoxo de Hawking é entender como os buracos negros armazenam a informação que devoram e como a devolvem ao mundo exterior. Isso exigiria um conceito de buraco negro mais complexo que aquele presente no retrato ingênuo da relatividade geral, que inclui um horizonte e nada mais. Até certo ponto de forma surpreendente, tanto a gravidade quântica de laços como a teoria das cordas, além de outras propostas mais herméticas e mais marginalizadas da gravidade quântica, parecem lançar luz sobre esse problema.

Na gravidade quântica de laços, o espaço-tempo é atomizado e existe um tamanho mínimo abaixo do qual não faz sentido nem falar sobre os conceitos de área e volume. Lee Smolin, Carlo Rovelli e Kirill Krasnov, da Universidade de Nottingham, demonstraram separadamente como a teoria torna possível subdividir a área do buraco negro em pedaços microscópicos, cada um responsável por armazenar um pouquinho de informação, como uma tela digitalizada. Segundo os defensores da gravidade quântica de laços, a soma oferece a entropia certa do buraco negro.

Os teóricos das cordas têm uma concepção levemente distinta. Andrew Strominger e Cumrun Vafa, de Harvard, já revelaram que, com a teoria-M, a encarnação atual da teoria das cordas, também é possível derivar uma relação exata entre entropia, informação e a área de um buraco negro. Para um tipo particular de buraco negro, eles conseguiram mostrar como a mistura de tipos particulares de branas permite que o buraco negro acumule só a quantidade certa de informação. As branas dão aos buracos negros a microestrutura exata para resolver o paradoxo de Hawking. Em termos gerais, eles acreditam que um buraco negro pode ser visto como uma confusão efervescente de cordas e branas, como um novelo emaranhado, com as pontas e beiradas se agitando no horizonte. Esses pedacinhos de branas e cordas balançando no horizonte podem ser usados para reconstruir toda a informação contida no buraco negro. E, mais uma vez, a soma dos números oferece a entropia certa.

Embora radicalmente diferentes, tanto a gravidade quântica de laços como a teoria das cordas parecem estar em vias de resolver o paradoxo da informação. Pois, se a informação realmente reside no horizonte, pode alimentar a radiação Hawking que o buraco negro emite de forma gradual, liberando informação para o mundo exterior conforme o buraco negro lentamente irradia. Assim, quando o buraco negro enfim evaporar, terá liberado toda a informação que originalmente sugou e nenhuma informação terá se perdido.

Os teóricos das cordas são ainda mais ousados e mais aventureiros: afirmam que sua descoberta sobre a radiação Hawking é uma propriedade ainda mais profunda das teorias físicas. Buracos negros parecem estranhos porque a quantidade de informação que conseguem armazenar, embora relacionada à entropia, é na verdade uma função de sua área, não seu volume, como seria de esperar — aliás, Bekenstein e Hawking já haviam defendido a ideia de que assim seria em meados dos anos 1970. Em termos mais gerais, porém, isso quer dizer que a quantidade máxima de informação que pode ser armazenada em *qualquer* volume de espaço sempre será limitada. Para descobrir qual é a quantidade máxima de informação, basta pegar um buraco negro hipotético que contenha *exatamente* aquele volume de espaço e desvendar quanta informação pode ser armazenada na sua superfície. Assim, em vez de ter que descrever as propriedades físicas em um quinhão de espaço, seria suficiente determinar uma superfície que o envolveria, tal como um holograma bidimensional consegue codificar toda informação de uma cena tridimensional. Mas, se isso vale para um segmento do espaço, deveria valer para qualquer ponto, para o total do universo. Nesse universo holográfico, os detalhes do que o espaço-tempo está fazendo em cada ponto no universo se tornam irrelevantes. Essa propriedade é tão marcante que levou Edward Witten e alguns de seus pares na teoria das cordas a defender que o espaço-tempo é um "conceito aproximado, emergente, clássico" que não tem sentido no nível quântico.[21] Aparentemente, em qualquer das abordagens da gravidade quântica, no nível mais fundamental o espaço-tempo pode não existir de fato.

Quando, nos anos 1950, John Wheeler começou a refletir sobre o espaço-tempo e o quantum com seus alunos, ele especulou que, caso se pudesse observar o espaço bem de perto, com um microscópio ultrapoderoso e fora da realidade, seria possível ver que "a microgeometria aparentemente teria que ser considerada uma característica que lembra espuma".[22] Wheeler foi um visionário, mas, com base no que começamos a entender agora, mesmo ele, justamente ele, pode ter sido conservador demais. Nem mesmo a espuma é capaz de começar a dar conta da complexidade do espaço-tempo.

Ao que parece, uma das ideias que servem de esteio à grande teoria de Einstein, a própria geometria do espaço-tempo, precisa ser repensada. O quantum parece conduzir a relatividade geral além do que a teoria é capaz de descrever, e talvez seja necessário criar uma forma totalmente nova de pensamento. Mas existem outras pistas de que podemos estar chegando aos limites do que a teoria de Einstein pode nos dizer sobre espaço, tempo e mesmo do universo como um todo. Como Wheeler ressaltou, é quando uma teoria é forçada até seus extremos que aprendemos algo de novo e surpreendente. Nessas situações, talvez até tenhamos um vislumbre de algo maior e melhor que possa por fim suplantar a grande descoberta de Einstein.

13. Uma extrapolação espetacular

Eu havia acabado de dar uma palestra e estava com a plateia no átrio do Instituto de Astronomia da Universidade de Cambridge, bebendo vinho barato em copinhos de plástico. Estávamos em pequenos grupos, meio sem jeito, tentando animar de alguma forma as conversas. O discurso que me convidaram a proferir naquele dia era sobre gravidade modificada, na qual descrevi um grupo de teorias que propõe depor a relatividade geral como explicação para certos enigmas cosmológicos. A palestra em si fora o de sempre. No início, eu me compliquei para rebater um comentário sobre matéria escura, mas felizmente consegui me recuperar. Ninguém me disse que eu estava errado, as perguntas da plateia não se estenderam muito, e eu estava pronto para voltar para Oxford.

O diretor do instituto, George Efstathiou, veio até mim com os olhos faiscando, ostentando o copinho plástico como se fosse uma arma. "Obrigado por ter vindo", ele disse. "Foi uma fala muito interessante. Aliás, eu diria que foi uma palestra muito interessante sobre um assunto de merda." Sorri por educação, enquanto

283

ele me dava um tapinha nas costas. Não foi a primeira vez que me deparei com aquele tipo de reação, por isso não me surpreendi. Efstathiou tivera um papel fundamental para resolver os detalhes de como a matéria escura podia ter evoluído na formação da estrutura de larga escala. Também fora um dos primeiros a afirmar que havia provas de uma constante cosmológica na distribuição das galáxias. Com uma carreira de ascensão rapidíssima, Efstathiou era um homem bem-sucedido e autoconfiante. "Quando assumi o instituto, tentei declará-lo uma zona proibida para a gravidade modificada. E, no geral, acho que tive bastante sucesso." Ele abriu um sorriso radiante, enquanto o pequeno grupo à nossa volta olhava para o chão. "Por que diabos você foi trabalhar com isso?", ele me perguntou, ainda que não estivesse de fato interessado em uma resposta.

Alguns meses antes, eu participara de um pequeno painel de discussões no Royal Observatory de Edimburgo, dedicado exclusivamente a teorias alternativas sobre a gravidade. Entre os presentes havia um estranho apanhado de astrônomos, matemáticos e físicos. Era um encontro diferente. Sempre que um palestrante encerrava sua apresentação, havia uma rodada de aplausos entusiasmados, como em uma reunião de autoajuda. A empolgação pairava no ar, como se todas as palestras do dia fossem revelações revolucionárias sobre alguma lei divina da física. Todos eram profetas. Todos eram Einstein. A camaradagem me lembrou meu breve flerte com um grupo trotskista na juventude, quando experimentei uma fortíssima noção de comunidade, já que eu e meus colegas sempre concordávamos antes mesmo de abrirmos a boca sobre a corrupção inerente do mundo.

O fervor evangélico do painel de discussões me deixou profundamente desconfortável, como se eu fizesse parte de um culto de iludidos. Depois da minha fala, eu me senti quase enojado com os aplausos e tive que sair do recinto. Era uma postura injusta da minha parte; as pessoas naquela sala vinham trabalhando com teorias alternativas da gravidade fazia anos, lutando contra uma corrente que acreditava piamente em Einstein. Eram cientistas que tinham seus artigos recusados com frequência, simplesmente porque tratavam de um tópico fora de moda. Estavam acostumados a encarar plateias hostis. Nesse encontro, seu entusiasmo encontrava ouvidos simpáticos, e eles podiam discutir abertamente sua meta: derrubar a relatividade geral de Einstein.

A maioria dos meus colegas reluta em mexer na grande obra de Einstein — o que não está estragado, como diz o ditado, não precisa de conserto. Principalmente se a pessoa fizer parte da gloriosa renascença dos anos 1960, quando a relatividade geral emergiu de seu passado turvo e estagnado e voltou ao centro das atenções para se tornar a teoria estranha e bela que podia explicar tudo, desde a morte das estrelas até o destino do universo. Aquela geração de astrofísicos ainda está sob o poder mágico da teoria de Einstein. Essa lealdade profunda ficou clara para mim em outro encontro, dessa vez na Royal Astronomical Society, em 2010. Nas mesmas salas em que Eddington anunciara os resultados da expedição de observação do eclipse e confrontara Chandrasekhar por suscitar o espectro do colapso gravitacional, foi feita uma pergunta a uma plateia de astrofísicos e astrônomos: quem ali acreditava que a teoria de Einstein estava correta? Algumas mãos se ergueram, e um olhar atento perceberia que era a tropa de pioneiros que apresentara a relatividade geral ao grande público nos anos 1960. Na opinião desse grupo, a relatividade geral era estranha e bela demais para precisar de ajustes.

Ninguém pode negar os sucessos colossais da relatividade geral ao longo do século XX. Mesmo assim, um novo olhar é necessário. A ciência pode se beneficiar da aceitação do fato de que a relatividade geral está tomando o caminho da teoria da gravidade de Newton. A teoria de Newton ainda está viva — e vai bem,

285

obrigado; ela ainda é válida para explicar a mecânica da balística na Terra, o movimento dos planetas e mesmo a evolução das galáxias. A teoria se despedaça apenas em situações mais extremas. Quando a gravidade é mais forte, a teoria da relatividade geral de Einstein se mostrou mais aplicável e precisa. Pode ser o momento de dar um passo adiante e procurar a teoria capaz de superar a relatividade geral em seus extremos.

Os desafios de aplicar a relatividade geral em escalas muito grandes ou muito pequenas, ou em situações com gravidade muito forte ou mesmo muito fraca, podem ser indicativos de que a teoria desmorona em algumas circunstâncias. O casamento problemático da relatividade geral com a física quântica pode ser sinal de que as duas teorias se comportam de maneira um pouco diferente nas menores escalas quando precisam se combinar. A previsão da relatividade geral de que 96% do universo é escuro e exótico pode apenas significar que nossa teoria da gravidade está se esgarçando. Quase cem anos depois de Einstein apresentar sua teoria, pode ser hora de reavaliar sua aplicabilidade real.

A história está cheia de tentativas de revisar a relatividade geral. Praticamente desde o instante em que a publicou, Einstein considerava a relatividade geral uma questão inacabada, parte de algo maior. Ele repetidamente tentou sem sucesso embutir a relatividade geral em grandes teorias unificadas. Arthur Eddington também passou as últimas décadas de sua vida tentando chegar a uma teoria fundamental, uma confluência mágica de matemática, números e coincidências que podiam explicar tudo, desde o eletromagnetismo até o espaço-tempo. A busca de Eddington por uma teoria fundamental foi um empreendimento que, lenta mas decididamente, erodiu seu prestígio como cientista.

Paul Dirac, físico de Cambridge, achava que a relatividade geral de Einstein era o exemplo perfeito de teoria. Como disse no fim da vida: "A beleza das equações que a natureza nos dá [...] provoca uma forte reação emotiva".[1] E as equações de campo de Einstein tinham essa beleza. Mas havia algo que incomodava Dirac: embora as equações fundamentais fossem de fato belas, as coincidências entre números na natureza *não podiam* ser meras coincidências. Havia números muito, muito grandes na natureza cuja existência não poderia ser atribuída ao acaso. Compare a força elétrica entre um elétron e um próton com a força gravitacional entre os dois. A força elétrica é maior que a força gravitacional pelo fator de 1 seguido de 39 zeros, um número absurdamente alto, mais adequado a representar coisas maiores, como a idade do universo. Hermann Weyl e Arthur Eddington também defenderam que deveria haver um motivo profundo para a semelhança entre esses números de dimensão disparatada. Paul Dirac foi mais longe e conjecturou que a força da gravidade — determinada por uma constante da natureza, a constante de atração gravitacional de Newton — tinha que evoluir com o tempo, contrariando as previsões da relatividade geral.

Dirac propôs essa ideia no fim dos anos 1930, mas nunca a levou adiante. Durante os anos 1950 e 1960, Robert Dicke, um de seus alunos, mais Carl Brans em Princeton e Pascual Jordan em Hamburgo revitalizaram a ideia de Dirac e criaram uma alternativa à teoria de Einstein. Em certo sentido, era um contraponto perfeito à relatividade geral. Como explicou Carl Brans: "Os cientistas experimentais, principalmente os da Nasa, ficavam felicíssimos quando tinham um pretexto para desafiar a teoria de Einstein, que havia muito se encontrava além da comprovação experimental". Nem todos viam a situação dessa forma e, como escreveu Brans, "com o passar do tempo, vários outros teóricos também pareceram ofendidos ao ver a teoria de Einstein contaminada por mais um campo".[2]

Quando Paul Dirac se aposentou, mudou-se para a Universidade Estadual da Flórida, onde tinha liberdade para trabalhar com suas ideias mais estranhas. Às vezes ele confiava a colegas que deveria haver uma maneira melhor e mais natural de explicar a gravidade. Mas também ficou receoso em falar demais sobre seu trabalho de modificação da gravidade, pois achava que poderia ser considerado por alguns algo excêntrico e especulativo.

À época já haviam acontecido algumas tentativas de modificar a relatividade geral, a maioria motivada pelo problema de encontrar uma teoria definitiva da gravidade quântica. Quando a física quântica entra no jogo, podem acontecer coisas estranhas com a gravidade, como ressaltou o físico soviético Andrei Sakharov em fins dos anos 1960.

Sakharov fizera parte de uma equipe — junto com Yakov Zel'dovich, Lev Landau e muitos outros — que Igor Kurchatov e Lavrentiy Beria haviam montado para competir com os norte-americanos na corrida nuclear. Filho de um professor de física, Sakharov entrou na Universidade Estatal de Moscou em 1938, aos dezessete anos, trabalhou na guerra como assistente técnico e por fim obteve seu doutorado em física teórica em 1947. Tal como Zel'dovich, Sakharov se destacou como menino de ouro do sistema soviético. Se por um lado Landau caiu fora assim que Stálin morreu, Sakharov passou quase vinte anos, bem mais que Zel'dovich, trabalhando com as armas nucleares e termonucleares soviéticas.

Se por sua vez Zel'dovich era criativo, extrovertido e intuitivo, Sakharov era mais competente em termos técnicos e mais interessado em problemas abstratos. Um falava do outro com admiração. Sakharov considerava Zel'dovich "um homem de interesses universais",[3] e Zel'dovich elogiava a maneira singular e idiossincrática do colega de resolver problemas ao dizer: "Não entendo a maneira como Sakharov pensa".[4]

A partir de 1965, Andrei Sakharov passou a se concentrar em cosmologia e gravidade, mas trabalhando em seu próprio ritmo. Zel'dovich produziu uma avalanche de artigos recheados de ideias inovadoras, enquanto Sakharov teve uma produção mais espartana. Suas obras reunidas compõem um volume magro. Em meio à sua escassa produção estão verdadeiras joias sobre a formação da estrutura, a origem da matéria e a natureza do espaço-tempo. Em um artigo curto e cristalino, Sakharov afirma que as leis que regem o espaço-tempo não passam de ilusões surgidas da complexa natureza quântica da realidade. Ele argumenta que observar o espaço-tempo e seu comportamento é muito similar a observar a água, os cristais e outros sistemas complexos. O que o observador acha que vê na verdade não é nada mais que o retrato global de uma realidade elementar. As propriedades quânticas das moléculas d'água e suas combinações fluidas são o que faz a água parecer água, um líquido translúcido que se move como água e se comporta como água. Embora os detalhes variem, a visão ampla de Sakharov se provou visionária em relação à maneira como o espaço-tempo é entendido hoje, mais de quarenta anos depois, por conta dos avanços na gravidade quântica.

Sakharov examinou a teoria de Einstein e conjecturou que a geometria do espaço-tempo não era de fato fundamental, assim como a viscosidade da água ou a elasticidade do cristal não eram fundamentais. Eram propriedades que emergiam de uma descrição mais elementar da realidade. A gravidade emerge de maneira similar a partir da natureza quântica da matéria. O resultado surpreendente no artigo de Sakharov, um texto simples de apenas três páginas, é que as equações de campo de Einstein emergiram naturalmente dessa suposição. Em outras palavras, o mundo quântico naturalmente *induziria* a geometria do espaço-tempo.

A teoria da gravidade induzida de Sakharov era um pouco parecida com a relatividade geral, mas na verdade levava a um conjunto de equações mais complexas. As equações de campo de Einstein já eram um tormento; a gravidade induzida de Sakharov era muito pior. As diferenças da teoria de Einstein ficariam visíveis de fato apenas quando o espaço-tempo se tornasse muito curvo, perto de buracos negros, ou no universo primordial, quando tudo era quente e denso, ou em escalas microscópicas onde a espuma quântica de Wheeler entrasse em cena. Quando as leis físicas eram levadas a extremos, elas desmoronavam, e emergiam novas leis que englobavam as antigas.

Andrei Sakharov publicou seu artigo em 1967, quando tinha outras coisas em mente. Os anos que passou trabalhando no projeto da bomba lhe renderam elogios da cúpula do regime soviético. Assim como Zel'dovich, ele recebeu três vezes a medalha de Herói do Trabalho Socialista por sua atuação de caráter crucial. Mas o fato de ter vivido próximo à bomba o deixara ainda mais ciente das consequências catastróficas da corrida armamentista nuclear em que os soviéticos estavam envolvidos com os Estados Unidos. Conforme crescia sua oposição às armas nucleares, Sakharov foi perdendo importância e passou a ser ignorado pelos círculos oficiais. Em 1968, ele rompeu com o regime e publicou um texto com o título "Reflexões sobre progresso, coexistência pacífica e liberdade intelectual", no qual declarou de forma inequívoca suas objeções a um dos principais programas de defesa da União Soviética, o de mísseis antibalísticos. Foi o fim do período de Andrei Sakharov como cidadão soviético modelo. O dissidente renomado foi destituído de seus prêmios e privilégios, proibido de trabalhar em projetos confidenciais e exilado em Gorky. Zel'dovich desaprovava o que Sakharov definia como seu "trabalho social", dizendo aos colegas mais próximos: "Gente como Hawking se dedica à ciência. Nada mais os distrai".[5] Ainda assim, confome Sakharov escreveu em seu livro de memórias, em virtude da força de suas percepções em relação à situação na União Soviética, "me senti obrigado a me pronunciar, a agir, a deixar tudo de lado, em certo sentido até a ciência".[6]

Sakharov pode ter sofrido um retrocesso pessoal na carreira científica, mas sua pequena ideia de como o quantum podia mudar a relatividade geral ressurgiria várias vezes nas décadas seguintes. Seu artigo antecipou um bombardeio de novas ideias quânticas que iriam contrariar a relatividade geral ao longo dos anos 1970. Alguns relativistas achavam que corrigir a teoria da maneira como Sakharov havia sugerido a deixaria mais alinhada com o mundo quântico e resolveria os problemas com infinitudes que a assolavam. Porém, perto do final da década, Steven Weinberg e Edward Witten haviam provado que as infinitudes na teoria não se cancelavam. Refinar a teoria não era o bastante para consertá-la — era preciso fazer algo mais substancioso.

As "superteorias" — da supergravidade e das supercordas — com certeza eram mais substanciosas e promissoras em termos de revisão da teoria de Einstein. A ideia fundamental por trás da relatividade geral continuava sendo a mesma — a geometria do espaço-tempo ainda tinha papel central no entendimento da gravidade. Só não era o espaço-tempo quadridimensional que Einstein previra originalmente. Nos espaço-tempos de dez ou onze dimensões das superteorias, as equações eram parecidas, mas, na prática, as dimensões extras originavam um novo reino de outras partículas fundamentais e campos de força que afetam o mundo quadridimensional que percebemos à nossa volta.

Algumas vozes solitárias resistiram ao achaque à relatividade geral, mas a sensação avassaladora era que a relatividade geral, quando defrontada com o quantum e em regiões de alta densidade ou curvatura próxima a singularidades ou do Big Bang, precisava de ajustes.

*   *   *

A teoria de Einstein continuava um sucesso retumbante para que se mantivesse à distância do campo minado da gravidade quântica e não precisasse trabalhar com o universo quando ele era quente, denso e bagunçado. Em escalas grandes, na astrofísica e na cosmologia, a relatividade geral continuava rendendo.

Se a astronomia fosse uma indústria, o encontro anual da União Astronômica Internacional seria sua convenção anual, na qual praticamente todo mundo tentava vender alguma coisa. No encontro de 2000, em Manchester, mais de mil pessoas se reuniram para se gabar de suas últimas descobertas e descortinar os novos projetos que estavam prestes a entrar em operação. Os cosmólogos na reunião daquele ano estavam triunfantes, inclusive eu. O resultado das supernovas revelando um universo em aceleração havia sido anunciado fazia poucos anos. As medições da geometria do universo tinham sido anunciadas naquele ano. As observações apontavam um universo simples mas exótico, com matéria escura e constante cosmológica. Não havia mais motivo para discordância ou discussão — as preferências pessoais perderam importância. Era uma questão de ciência pura, os dados eram claros e consistentes, e aparentemente não havia contestação.

Jim Peebles presidiu uma das sessões plenárias. Em certo sentido, o encontro era uma celebração das ideias de Peebles e os avanços que propiciaram. Todas as descobertas dos anos anteriores derivavam, de uma maneira ou de outra, de um campo que ele havia fundado ao lado de um punhado de outros cientistas. Mas Peebles era do tipo que nadava contra a corrente, inclusive a que fluía de suas próprias ideias. Na sua fala, ele refreou a histeria perguntando: por que queremos fazer medições precisas do universo? E deu sua resposta: para testar nossas suposições. Ele explorou cada ângulo do modelo Big Bang: por que o universo era quente no início? De onde veio a estrutura de larga escala? Como as galáxias se formaram? No meio de seu discurso, Peebles ressaltou algo óbvio. Como escreveu posteriormente, nas atas: "A lógica elegante da teoria da relatividade geral, e seus testes de precisão, recomenda a RG como primeira opção de modelo funcional da cosmologia".[7] Mas talvez os cosmólogos não devessem tirar conclusões precipitadas, alertava ele. Embora tivéssemos demonstrado que a relatividade geral trabalhava com precisão extrema na escala do sistema solar — a precessão de Mercúrio era um belo exemplo —, não era possível afirmar que poderíamos aplicá-la com o mesmo nível de precisão na escala do universo. Segundo ele, isso seria "uma extrapolação espetacular". Peebles estava certo, embora a maioria dos participantes do congresso não tenha conseguido absorver a relevância de sua declaração.

O astrônomo francês Le Verrier defendera com ardor que, para explicar propriamente a variação na órbita de Mercúrio, teria que haver um planeta novo, ainda não descoberto, chamado Vulcano, pairando no centro do sistema solar. Sua fé na gravidade newtoniana o havia levado a prever a existência de algo novo, exótico e nunca visto. Sem Vulcano, o modelo newtoniano não estaria certo. Obviamente, comprovou-se que Le Verrier estava errado. O que era necessário não era um novo planeta, mas uma nova teoria da gravidade para corrigir o modelo.

No início do século XXI, ao que parecia, estávamos em situação similar, com uma teoria da gravidade maravilhosa que, para explicar a cosmologia, exige que mais de 96% do universo seja constituído por algo que não podemos enxergar nem detectar. Seria mais uma rachadura no palácio que Einstein construiu quase cem anos antes? Que a relatividade geral talvez precisasse ser corrigida em razão da física quântica foi aceito sem grande estardalhaço. Mas questionar a eficácia da relatividade geral em grandes escalas era outra coisa. Se a matéria escura e a energia escura do universo fossem eliminadas do panorama, a bela teoria de Einstein teria que sofrer alterações. E essa ideia era tão sedutora entre os astrofísicos quanto usar uma marreta para amassar um carro de colecionador até caber na garagem.

O relativista israelense Jacob Bekenstein começou a pensar em alterações na teoria de Einstein no início dos anos 1970, quando ainda era um pós-graduando sob orientação de John Wheeler em Princeton. Enquanto pensava sobre entropia e buracos negros, Bekenstein também ficava perplexo com a relatividade geral e intrigado com a teoria alternativa proposta por Dirac. "Em dado momento", ele declarou, "sentia que não entendia por que as coisas na relatividade geral eram feitas de determinado jeito, por que algumas questões eram importantes, enfim, por que se seguia o caminho convencional na relatividade geral. Senti a necessidade de comparação com outra abordagem."[8]

A "outra abordagem" com que Bekenstein resolveu trabalhar foi proposta por um compatriota seu, o astrofísico israelense Mordehai Milgrom, nos anos 1980. A ideia de Milgrom era uma visão radical e inovadora da maneira como a gravidade se comportava nas galáxias. Ele ressaltou que as evidências da matéria escura na rotação das galáxias pareciam surgir nas beiradas, onde a força gravitacional era muito fraca. Se a gravidade newtoniana fosse aplicada naquele regime de forças extremamente fracas, de fato faria sentido suscitar a existência de uma matéria invisível que pudesse reforçar a atração gravitacional. Mas o erro não estaria em aplicar a gravidade newtoniana naquele regime? Sendo assim, Milgrom fez uma afirmação ousada: as estrelas nas extremidades das galáxias pareciam *mais pesadas* a ponto de fazer com que a atração gravitacional das estrelas no centro da galáxia em relação às mais distantes fosse muito mais efetiva do que se pressupunha até então. Como a atração gravitacional era mais efetiva, as estrelas distantes podiam se movimentar com maior velocidade. Esse efeito podia explicar o que Vera Rubin e outros haviam observado, que as porções mais distantes de galáxias giram em torno dos centros com velocidade maior que a esperada. Milgrom batizou essa nova abordagem como Dinâmica Newtoniana Modificada, ou MOND (*Modified Newton Dynamics*).

Muitos astrofísicos consideraram que a proposta de Milgrom ia longe demais em sua modificação da gravidade. Faltava um princípio guia — as especulações válidas estavam sendo ultrapassadas para adentrar em um reino de faz de conta. Bekenstein descreveu a ideia num congresso da União Astronômica Internacional, em 1982, ocasião em que declarou: "Alguns me olharam como se eu tivesse dito que vi um óvni [...]. Quase todos acharam que a ideia emergente da matéria escura era importante, e quase todo mundo era totalmente a favor da matéria escura".[9] Nas duas décadas seguintes, a maioria esmagadora de astrofísicos e relativistas ignorou a ideia de Milgrom ou tentou derrubá-la. Vez por outra um artigo aplicava a lei de Milgrom em uma situação astrofísica diferente e mostrava que ela não tinha eficácia. Geralmente tais artigos eram remendados e incompletos, mas, desde que descartassem a MOND, eram considerados ciência de qualidade e tinham facilidade de aprovação. Caso defendessem a MOND, eram considerados ciência ruim, e conseguir espaço numa revista era batalha árdua — MOND era, como disse um astrônomo, "um palavrão".[10]

Peebles não entrou na briga, mas em 2002 se manifestou favoravelmente a Milgrom e sua turma, em tom de reprimenda: "De forma alguma descartamos a MOND, e quem trabalha com a MOND deveria receber mais incentivo do que atualmente tem".[11] Jacob Bekenstein foi mais incisivo ao creditar o tratamento até então dispensado a quem trabalhava com a MOND:

Deve-se levar em conta que a questão da MOND contra a matéria escura não é simplesmente acadêmica. Existe muito dinheiro investido na busca por matéria escura [...]. E não há como evitar; carreiras inteiras estão depositadas na matéria escura. É óbvio que, se algo como a MOND vier a ser respeitável, os orçamentos de pesquisa sobre a matéria escura serão prejudicados e diminuirá a oferta de empregos.[12]

Desde a concepção da MOND, Bekenstein vinha tentando descobrir como aprimorá-la. Com sua tendência de investigar as raízes mais profundas da teoria física, ele não se contentaria em deixar a MOND do jeito como estava. Queria algo que pudesse ser comparado à relatividade geral e aplicado em todas as escalas, desde a Terra até o universo. "Decidi", disse Bekenstein, "que era hora de encarar a discussão de peito aberto, produzindo um exemplo de teoria relativística."[13] Em 2004, Bekenstein publicou um artigo no qual construía uma nova teoria para rivalizar com a de Einstein.[14] Ele a batizou de TeVeS, ou teoria tensor-vetor-escalar da gravidade. De bela, não havia como chamá-la. O nome fazia referência a um emaranhado de campos que, quando combinados, leva a um grupo inédito de equações de campo muito mais complexas e enredadas que as da teoria da relatividade geral de Einstein. Apesar de confusa, a teoria de Bekenstein funcionava. Não só se comportava como a MOND quando aplicada às galáxias como podia ser usada para desvendar como o universo evoluíra e como as estruturas de larga escala se formaram.

A maioria dos cosmólogos e relativistas encarou a TeVeS com desdém. A ideia foi tratada como um *kludge* — uma improvisação desajeitada que não chegava ao cerne do problema. Ainda assim, era um *kludge* potente, inventado por um relativista de credenciais impecáveis. A entropia dos buracos negros de Bekenstein era uma das sacadas mais profundas da relatividade geral moderna *e também* da física quântica. Sim, havia uma tendência entre físicos mais velhos e renomados de trabalhar com ideias estranhas, deixando-se levar pelo sucesso. Mas não era o caso de Bekenstein.

Bekenstein não estava sozinho em sua investida. Enquanto suas propostas atacavam o problema da matéria escura, outros tentavam se livrar da constante cosmológica e da energia escura. O panorama das teorias rivais à relatividade geral ficou mais complexo, porém também mais rico, e a batalha pela teoria correta da gravidade se intensificou. As observações chocantes feitas com novos telescópios e novos instrumentos, desenvolvidos durante a explosão da cosmologia física, providenciaram munição extra. Um padrão se revelava sempre que a análise de um novo dado cosmológico se apresentava como confirmação da relatividade geral. O novo resultado inevitavelmente era ligado a um comunicado à imprensa e sua consequente cobertura, e mais tarde invariavelmente surgia uma avalanche de artigos ressaltando que as tais novas provas incontestes da relatividade geral não eram exatamente sólidas.

Em janeiro de 2008, um artigo na *Nature* sinalizou mais uma mudança silenciosa. Nele, uma equipe italiana de observadores analisava os dados de um levantamento de galáxias. Era o tipo de coisa que Jim Peebles e seus seguidores vinham fazendo fazia quase quarenta anos. Ao estudar como as galáxias se aglomeravam, a equipe italiana conseguiu medir a taxa com que uma caía sobre a outra, atraídas pelo campo gravitacional no qual estavam imersas. Não era nenhuma novidade; esse trabalho já fora feito algumas vezes antes, com levantamentos distintos de galáxias. O interessante era como os resultados eram apresentados: no diagrama onde mostravam os dados, os italianos sobrepuseram o que seria esperado da relatividade geral, mas consideravam também alguns modelos alternativos da gravidade. Algumas das previsões teóricas descreviam perfeitamente os dados, e outras erravam feio. Tratava-se de uma atitude óbvia: comparar teoria e observação.

O artigo da *Nature* anunciou uma mudança no espírito e na ênfase entre os observadores da cosmologia. A ênfase, desde fins dos anos 1990, era concentrada apenas em medir, caracterizar e fixar a energia escura, mas o novo artigo usava observações cosmológicas para testar a relatividade geral. Foi uma retomada dos testes das suposições fundamentais da cosmologia física.

Nos anos que se seguiram, testar a relatividade geral passou a ser uma preocupação central para a cosmologia observacional. Ainda queremos saber se existe energia escura, no que ela consiste e como as galáxias se formaram para se tornar os elementos constituintes do universo. Porém, cada vez mais, nas solicitações de verbas dos cientistas, em seminários e sessões plenárias, as ideias que visam a testar a relatividade geral vêm ganhando papel de destaque.

A gravidade modificada ainda é vista com desdém por muitos, se não por todos os relativistas. Embora mexer com a relatividade geral quando se depara com o quantum seja aceito de maneira tácita, corrigir o espaço-tempo para que entre em conformidade com as observações é outra coisa. Ainda há muito a entender e descobrir na teoria de Einstein, e, para os relativistas, modificá-la é uma complicação desnecessária e deselegante. Mas a natureza talvez não concorde e, conforme os astrônomos voltam a se interessar por Einstein, vão surgindo novas oportunidades de explorar as leis fundamentais do espaço-tempo com um olhar mais avançado e mais profundo sobre o cosmos.

As ideias de Dirac, Sakharov e Bekenstein, reforçadas por novos trabalhos na cosmologia observacional, proporcionam uma nova forma de pensar, promissora demais para ser ignorada, que dá novo propósito à força irresistível da cosmologia. Eu e colegas de Oxford e Nottingham decidimos escrever um levantamento do campo da gravidade modificada. Nós nos sentimos como exploradores na selva, descobrindo novas espécies exóticas. Havia dezenas de teorias, uma mais estranha que a outra, propondo modificações peculiares na relatividade geral, geralmente com resultados surpreendentes e realistas. Nossa revisão de literatura apresentou um catálogo rico de teorias gravitacionais, muitas delas capazes de fazer frente à relatividade geral. Há muita gente pensando nas alternativas à relatividade geral, tanto que os grandes encontros sobre a teoria — sucessores do congresso de Chapel Hill dos DeWitt e dos Simpósios Texanos de Alfred Schild — oferecem sessões paralelas com palestrantes de todas as gerações e continentes para destrinchar a relatividade geral. Ainda é uma atividade marginal, mas conta com muitos ativistas.

Quando dei minha palestra naquela tarde em Cambridge, Efstathiou se mostrou desdenhoso. Mas até mesmo Efstathiou, uma mente brilhante e um dos pioneiros do modelo cosmológico padrão atual — no qual relatividade geral, matéria escura e energia escura desempenham papéis conjuntos —, ficaria animado se novos dados astronômicos apontassem para uma nova física. Uma nova teoria da gravidade, por mais rebuscada que fosse, definitivamente poderia ser considerada uma nova física. Agora cabe aos novos dados da astronomia revelar se realmente existe algo de novo no universo.

14. Algo está para acontecer

Recentemente prestei consultoria à Agência Espacial Europeia. A ESA (*European Space Agency*) é responsável por enviar satélites científicos ao espaço, geralmente em cooperação com a Nasa. Um de seus experimentos mais famosos é o Telescópio Espacial Hubble, utilizado para obter as imagens mais cristalinas do espaço longínquo.

Os satélites são os novos postos avançados da ciência, laboratórios indescritivelmente sofisticados onde é possível realizar experimentos quase inimagináveis, flutuando no espaço dentro do limite do nosso alcance. E eles são caros: custam desde meio bilhão até vários bilhões de dólares cada um. Esses monstrinhos não são lançados ao espaço de uma hora para outra. O processo de planejamento e projeto exige anos — às vezes décadas — até que se julgue válida a decisão definitiva de mandá-los aos céus.

Na ESA, discutimos como deveriam ser as futuras missões da humanidade ao espaço, analisando diversas propostas que vinham sendo feitas por grandes equipes internacionais de cientistas. Durante a demorada reunião, na qual fomos assolados por apresentações em Powerpoint, diagramas de Gannt e estimativas de custos que fizeram meus olhos arderem, muitas vezes perdi a vontade de viver. A ciência ali era muito diferente da exploração livre, da criatividade desenfreada, da matemática belíssima que havia me atraído na época de pós-graduando. Também foi chocante ver que estávamos discutindo missões com consequências animadoras e de longo alcance como se fossem empreendimentos empresariais, como se tratássemos de abrir novas fábricas em terras distantes.

O que mais me chamou a atenção em meio ao tédio e ao jargão técnico foi que a relatividade geral estava no cerne da defesa científica de várias das propostas de missões de satélites. Sim, a relatividade geral aparecia em todas as propostas, pairando magnanimamente sobre as especificidades e os pormenores discutidos. Estávamos sendo convidados a financiar missões de bilhões de dólares que ou testariam a teoria de Einstein ou a utilizariam para explorar os confins distantes do espaço e o funcionamento intrínseco de objetos imensos e densos. Era o futuro da ciência espacial no século XXI. Nem todas as propostas poderiam ganhar verbas, nem todos os satélites iriam levantar voo, e ter que escolher era uma atribuição de tirar o fôlego.

Uma das missões propunha captar as ondulações do espaço e do tempo, as ondas da gravidade expelidas pelas colisões entre buracos negros. Seria uma cria do LIGO e do GEO600, um interferômetro descomunal composto não apenas de um, mas de três satélites que orbitariam o Sol com raios laser ultraprecisos se refletindo entre espelhos que ficariam a milhões de quilômetros de distância uns dos outros. Chamado de Antena Espacial da Interferometria a Laser, ou LISA (*Laser Interferometer Space Antenna*), entraria em atividade depois dos experimentos em solo que atualmente começam a operar, captando os sinais fracos que o LIGO e o GEO não viam.

301

Isso não era tudo. Havia outra proposta de missão: medir o histórico de expansão do espaço desde quando o universo tinha um centésimo de sua idade atual. Seriam aplicados os métodos da cosmologia física, mas elevados à enésima potência, vasculhando faixas do céu para construir catálogos de centenas de milhões de galáxias. Então, ao conferir como as galáxias se armam na vasta teia cósmica, estudando meticulosamente como os aglomerados e filamentos de luz se unem em torno de vazios a partir do colapso gravitacional, seria possível entender os efeitos da matéria escura e da energia escura ou se, de fato, como acreditam alguns atualmente, a teoria de Einstein cede nas grandes escalas.

Havia ainda mais uma proposta de satélite que pretendia observar as entranhas dos buracos negros e buscar emissões de raio X potentes que haviam aberto uma janela fenomenal no universo em fins dos anos 1960 e nos anos 1970. Dessa vez, seria possível ir além e conferir como o espaço-tempo extremamente distorcido próximo aos buracos negros retalharia matéria e luz, tal como Zel'dovich, Novikov, Rees e Lynden-Bell previram que aconteceria. Talvez fosse possível, pela primeira vez, medir processos físicos que acontecem próximos ao infame horizonte de evento, a mortalha de Schwarzschild que por muito tempo deixara tanta gente perplexa.

Durante essas reuniões, tive a prova de que a relatividade geral estará no cerne da física e da astronomia no século XXI.

Não vai ser fácil. O mundo real dos orçamentos apertados, da penúria e da recessão leva muitos a pensar duas vezes antes de gastar bilhões de euros ou dólares numa missão envolvendo um satélite. Embora não surpreenda que o governo dos Estados Unidos tenha decidido cancelar o financiamento do satélite LISA, a decisão ainda assim foi arrasadora.

O LISA teria sido o último passo na descoberta das ondas gravitacionais. A antena não só descobriria essas furtivas ondulações como seria um observatório colossal perfeito, que a partir das ondas observaria buracos negros em colisão e estrelas de nêutrons circundando umas às outras. O LISA permitiria que aprendêssemos muito mais sobre os exotismos fantásticos que a teoria da relatividade de Einstein prevê. A primeira fase do LIGO foi um sucesso tremendo, mesmo que não tenha visto nada, pois provou que a tecnologia, uma insana miscelânea de lasers, quantum e engenharia de precisão funciona de fato e pode ficar ainda melhor. A próxima fase do LIGO, chamada de "LIGO Avançado", talvez observe algo e abra caminho para o LISA. Por enquanto, com os norte-americanos de fora, o LISA está de molho. Quem estaria disposto, em um momento de dificuldade, a financiar esse monstrinho com meta tão inescrutável?

A busca pelas ondas gravitacionais é importante demais para ser deixada de lado. E por isso os europeus, através do ESA, seguem em frente.* O novo interferômetro será menor, mas ainda assim espetacular. Vai custar bilhões, mas não tantos quanto no projeto original. E os relativistas desamparados nos Estados Unidos já se reorganizaram e se recusam a jogar a toalha. Sem alarde, vários grupos espalhados pelo país começaram a trabalhar para tentar encontrar uma proposta mais viável economicamente, mais compacta e menos ambiciosa que ainda consiga enxergar os recessos distantes do espaço-tempo. Caso os europeus mudem de ideia ou se afundem ainda mais na crise financeira, existe um plano B.

---

* Conforme citado em nota anterior, a detecção de ondas gravitacionais foi anunciada pelo LIGO Avançado em 2016. Além disso, em 3 dez. 2015, a ESA lançou o satélite denominado LISA Pathfinder com o propósito de testar os princípios operacionais do LISA. A missão foi bem-sucedida. (N. R. T.)

* * *

Mas não precisamos ficar só esperando que os satélites sejam lançados. Coisas fabulosas já vêm acontecendo. Vimos a história multifacetada da singularidade e como ela foi repugnante para várias grandes mentes, de Albert Einstein e Arthur Eddington a John Wheeler (até ele enxergar a luz). Com a descoberta dos quasares, das estrelas de nêutrons e dos raios X — além da explosão fenomenal de criatividade de gente como Wheeler, Kip Thorne, Yakov Zel'dovich, Igor Novikov, Martin Rees, Donald Lynden--Bell e Roger Penrose —, os buracos negros se consolidaram na nossa consciência. Ao final do período nos anos 1960 e 1970 que Kip Thorne chamou de Era de Ouro da Relatividade Geral, os buracos negros haviam se tornado realidade, tão parte da astrofísica e da física quanto estrelas e planetas.

Na minha prateleira, tenho dois compêndios sobre a relatividade geral que saíram no final da era de ouro.[1] São textos bem diferentes. Um deles, *Gravitation*, foi escrito por John Wheeler e dois de seus ex-alunos mais brilhantes, Charles Misner e Kip Thorne. Tem mais de mil páginas, seu tamanho e sua capa preta lembram uma lista telefônica gótica, conta com ilustrações requintadas e é recheado de praticamente tudo que você possa querer saber sobre o espaço-tempo. O MTW, como é chamado, tem todas as estranhices e todos os wheelerismos que seu autor inventava para palestras e conferências. O outro compêndio é o de Steven Weinberg, um dos pais do modelo-padrão da física de partículas. Embora Weinberg tenha se estabelecido como um dos intelectos mais elevados do quantum, ele também já mexeu com relatividade geral, e seu *Gravitation and Cosmology* é uma introdução meticulosa e ponderada à teoria de Einstein. Tem muita coisa em comum com o MTW, mas sem as pirações. E, apesar das descobertas animadoras da década que o precedeu, o livro de

Weinberg não explica muito sobre os buracos negros. Na verdade, os buracos negros são mencionados com cautela ao fim de uma subseção no meio do livro, como um assunto a ser tratado com cautela, como se fosse algo que surgisse quando se leva a relatividade geral longe demais.

É compreensível que certas pessoas ainda recomendassem cautela. Sim, aparentemente todas as provas apontavam para objetos densos e pesados, tanto distantes como próximos. E era difícil explicá-los de outra forma que não como buracos negros. Mas, na verdade, ninguém havia *visto* de fato um buraco negro. Falar em ver diretamente um buraco negro é um pouco paradoxal. Não há nada para ver — buracos negros são invisíveis depois da mortalha de Schwarzschild. Mas não é porque não podemos vê-los que não devemos observá-los. Na verdade, temos um buraco negro gigantesco parado no centro da nossa galáxia: a Via Láctea. Ele pesa aproximadamente uma centena de milhão de vezes mais que o Sol e tem um raio de mais ou menos 10 milhões de quilômetros. É bem grande. Mas também fica a dezenas de milhares de anos-luz de distância, o que significa que ocupa mais ou menos um centésimo-milionésimo do céu, o que o torna menos que um furo de alfinete do nosso ponto de vista, impossível de analisar com nossos telescópios atuais. É só a astúcia e a perseverança dos astrônomos que nos permitem ter certeza de que um buraco negro existe.

Dois grupos de pesquisa, um com base em Munique e outro na Califórna, têm monitorado pacientemente o movimento de algumas estrelas próximas do centro da Via Láctea. Ao longo de mais de uma década, conseguiram acompanhar o movimento desse grupo de estrelas e descobriram que elas executam órbitas incrivelmente curvas, com certeza atraídas por uma força gravitacional gigantesca. Medindo cuidadosamente essas órbitas, eles conseguem descobrir não só como a gravidade é forte naquela região, mas também de onde vem toda a atração gravitacional. Ao combinarem suas observações, os dois grupos conseguem medir a massa do buraco negro com precisão requintada e especificar onde a singularidade no espaço-tempo deveria estar.

E não é só. Astrônomos e relativistas estão se mobilizando para construir o telescópio que *verá* de fato o buraco negro. Chamado de Telescópio do Horizonte de Evento, terá resolução de um bilionésimo de grau angular, uma fração do tamanho que o buraco negro ocupa no céu, de forma a enxergar de fato a mortalha de Schwarzschild, a superfície que Oppenheimer e Snyder mostraram ser um retrato congelado no tempo.[2] Será uma sombra negra cercada pela turbulência que Zel'dovich e Novikov conjecturaram que circundaria o buraco negro, o disco de acreção de estrelas, gás e poeira despedaçado pela atração gravitacional da singularidade.

As evidências que vêm se acumulando são muito convincentes. Embora a reticência de Weinberg fosse compreensível, hoje é difícil descobrir alguém que negue a existência de um buraco negro no meio da Via Láctea. E, tal como a Via Láctea, todas as outras galáxias deveriam ter buracos negros estabelecidos no centro, como motores gigantes cercados por enormes espirais de estrelas.

A mídia considera tudo que é relacionado à relatividade geral e às grandes ideias de Einstein atraente e digno de nota. Imagens do centro da nossa galáxia levam a manchetes como "Buraco negro confirmado na Via Láctea", na BBC,[3] e "Evidências apontam buraco negro no centro da Via Láctea", no *New York Times*.[4] No momento em que escrevo este parágrafo, o site de notícias da BBC traz o comentário de um colega de Oxford sobre a observação recente de um quasar que agora se percebe como um buraco negro supergigante com massa de 1 bilhão de sóis.[5] O que me deixa espantado é que, quase cinquenta anos depois das medições de Maarten Schmidt e do primeiro Simpósio Texano, os buracos negros ainda causem tanta comoção.

Não se passa um mês sem que se veja algo no noticiário sobre cosmologia ou buracos negros, sobre o princípio do universo ou ecos de outros universos, marcas do misterioso multiverso. Expressões como *buracos negros, Big Bang, energia escura, matéria escura, multiverso, singularidade* e *buracos de minhoca* já se infiltraram nos recessos mais profundos da cultura popular, de peças da Broadway a músicas e programas de humor e filmes de Hollywood. E ainda há as infinitas maneiras como a relatividade geral se embrenhou na ficção científica — de livros a programas de TV e filmes. Essas obras superam até os sonhos mais desvairados de Wheeler em termos de imaginação e criatividade. Parece que todos se consideram peritos na relatividade geral.

Esse fascínio é estimulante, mas às vezes também ridículo. Quando meu filho me chamou de irresponsável por, de maneira indireta, colaborar com a existência do Grande Colisor de Hádrons, ele não estava só. A mídia repetidamente propagandeou a ideia de que a teoria das cordas, uma das candidatas a teoria da gravidade quântica, previu que buracos negros se formariam assim que o Grande Colisor de Hádrons fosse ligado.[6] Quando os feixes de prótons colidissem, entre a batelada de coisas que sairia dali para os detectores, estariam buracos negros microscópicos, miniportais para outras dimensões. Meu filho também sabia que buracos negros sugam tudo ao seu redor. Todo mundo sabe. Então por que eu, ou qualquer pessoa em seu juízo perfeito, teria vontade de querer criar coisas tão perigosas? Obviamente era uma imbecilidade.

Um físico, por assim dizer, chegou a tentar deter a ativação do Colisor entrando com uma ação judicial. Quando entrevistado no programa de John Stewart, ele foi questionado sobre a probabilidade de uma catástrofe acontecer de fato e, em um floreio notável de raciocínio espontâneo, respondeu: "Cinquenta por cento". Ele perdeu a ação, o Grande Colisor foi ligado e ainda estamos aqui. Infelizmente, não se encontrou nenhum miniburaco negro por aí.

Toda vez que dou uma palestra sobre meu trabalho, me perguntam a mesma coisa: "O que existia antes do Big Bang?". Sou obrigado a recorrer a diversas explicações. Existe a resposta: "Não havia antes, não havia tempo antes do Big Bang". Ou existe a resposta mais zen, da minha colega Jocelyn Bell Burnell: "É como perguntar o que existe a norte do polo Norte".[7] Seria muito fácil se eu pudesse me valer somente da matemática, mas não posso, porque a maior parte do meu público não se julgaria capacitada a entender. E, durante décadas, por conta do livro dos teoremas da singularidade de Stephen Hawking e Roger Penrose, acreditamos que, realmente, não havia nada antes do Big Bang. É uma daquelas verdades *matemáticas* que não temos como contornar, saída diretamente da Era de Ouro da Relatividade Geral.

Não muito tempo atrás, passei a dar respostas muito mais diversas e bem menos definitivas a perguntas sobre o Big Bang. Ao longo dos últimos anos, o princípio do tempo virou uma questão totalmente aberta, graças aos avanços na gravidade quântica e na cosmologia. Quando se volta no tempo e o universo fica mais denso, mais quente e mais bagunçado, é aí que têm vez a espuma quântica, as cordas, as branas ou mesmo os laços. É aí que, para alguns, parece que o espaço-tempo se rompe e não faz mais sentido falar sobre a singularidade inicial.

Então o que aconteceu antes do Big Bang? Uma das possibilidades é que nosso universo tenha surgido de repente, do vácuo, uma bolha de espaço-tempo que cresceu e cresceu até se tornar o que é hoje. E, tal como o nosso, existiriam muitos universos que simplesmente brotaram do vácuo. Outra suspeita vem das ideias na teoria das cordas e na teoria-M, que postulam que o universo tem muito mais que quatro dimensões, que vivemos numa "brana" tridimensional neste espaço-tempo e com ela nos deslocamos. Nossa morada, nossa brana, parece um universo tridimensional que de vez em quando colide com outra brana parecida com a nossa. Quando colidem, elas se aquecem, e por conta disso parece que nosso universo passou por uma explosão quente, um Big Bang. Não existe singularidade, só uma sucessão infinita de Big Bangs, um universo cíclico que deixaria orgulhosos os filósofos ortodoxos soviéticos, talvez até Fred Hoyle e companhia. Os criadores do modelo batizaram cada novo Big Bang de *Ekpyrosis,* termo do grego antigo para a destruição periódica do universo, inevitavelmente seguido de renascimento.

Mas, é claro, muita coisa na gravidade quântica parece apontar para a fragmentação do espaço-tempo se conferida sob um microscópio que tudo vê. Se voltarmos no tempo de maneira que o espaço-tempo se concentre em um ponto, com certeza podemos nos deparar com as pecinhas que constituem o tecido do espaço-tempo. Antes que se chegue a qualquer singularidade inicial, quando a granularidade entra em ação, a física como a conhecemos se rompe. Aqueles que defendem gravidade quântica de laços dizem que houve um antes, um período em que o universo estava entrando em colapso até chegar ao muro quântico e magicamente começar a se expandir de novo. O universo passou pelo que ficou conhecido, em termos prosaicos, como um "ricochete".

Talvez nem seja necessário recorrer à época bizarra e tortuosa em que a gravidade quântica entra em jogo, na qual uma imensidade de opiniões discordantes leva a uma imensidade de conjecturas distintas. Uma possibilidade mais grandiloquente é que o espaço-tempo seja muito mais vasto do que nós antevemos, e que nosso universo seja apenas um dos incontáveis universos que juntos constituem o multiverso. Por todo o multiverso irrompem universos que crescem até proporções cósmicas, cada um a seu ritmo e constituído a seu modo. Se acompanharmos o trajeto até a existência do nosso universo, descobrimos que está embutido como uma pústula em um espaço-tempo muito mais amplo, que existiu por toda a eternidade. O multiverso é um território selvagem e imenso do que no fim das contas é estase: um estado estacionário de criação e destruição.

O multiverso, junto com uma coisa chamada princípio antrópico, emergiu como solução predileta para o problema da constante cosmológica. Em razão dos grandes sucessos da cosmologia observacional, muitos acreditam que a constante cosmológica exista de fato no universo, mesmo que a teoria quântica preveja um valor obscenamente grande, muito maior do que o observado. Teóricos das cordas agora aplicam a falta de previsibilidade em sua teoria para postular uma paisagem de vários universos possíveis, distintos, cada um com suas próprias simetrias, escalas energéticas, tipos de partículas e campos e, o principal, sua própria constante cosmológica. Qualquer um desses universos é possível, mesmo aqueles com uma constante cosmológica muito pequena. O princípio antrópico, proposto originalmente por Robert Dicke e desenvolvido por Brandon Carter, defende que o universo tem essa forma porque, se tivesse outra, não estaríamos aqui para ver. Nós só existimos e somos sencientes porque o universo tem exatamente o conjunto certo de constantes, partículas e escalas energéticas — incluindo a constante cosmológica — que permitem sua existência. Há infinitos universos possíveis, mas só aqueles com os valores certos para constantes físicas, incluindo a constante cosmológica, nos permitem existir. Dado que tal universo é possível, é natural que seja aquele, de todos os universos possíveis, que observamos.

Alguns afirmam que a cosmologia se tornou tão rica e complexa que talvez estejamos no limiar do que ainda poderia ser chamado de ciência. George Ellis é um dos céticos cuja opinião é a de que especular a respeito de um multiverso significa ir longe demais. Relativista que, junto com Hawking e Penrose, cimentou a existência das singularidades no cosmos em fins dos anos 1960, Ellis é um dos principais nomes do uso do universo como imenso laboratório e campo de testes da teoria de Einstein. "Não acredito que a existência desses outros universos tenha sido provada — ou que possa vir a ser", ele afirmou.[8] "O argumento do multiverso é uma proposta filosófica bem fundamentada, mas, como não pode ser testada, não pertence por completo ao cercado científico."[9] Nessa paisagem de amplas possibilidades, qualquer coisa pode ser prevista em qualquer lugar. Mesmo entre os teóricos das cordas existe a sensação de que a situação saiu do controle. O multiverso representa um abandono da meta definitiva da física moderna de encontrar uma explicação unificada singular e simples para todas as forças fundamentais, inclusive a gravidade. Aceitar o multiverso equivale a desistir. Até Edward Witten, o papa da teoria das cordas moderna, expressou sua insatisfação com esse estado de coisas: "Espero que a discussão atual sobre a teoria das cordas não esteja no caminho certo".[10]

Ainda assim, os defensores do multiverso só fazem crescer. Assim se resolvem alguns dos grandes problemas sem soluções, como por que existe uma constante cosmológica e por que as constantes da natureza são ajustadas para ser exatamente aquilo que medimos. Com frequência surgem comunicados à imprensa e reportagens sobre universos paralelos e provas da imensidão e pluralidade do espaço-tempo. Obviamente, trata-se de um cenário maravilhoso para especulações, uma vasta tela em branco para novas narrativas. Mas, para Ellis, simplesmente não é ciência.

* * *

Em 2009 visitei Príncipe, uma pequena e exuberante manchinha de verde no sovaco da África. Foi dali que, noventa anos antes, Arthur Eddington telegrafara uma mensagem a Frank Dyson, então presidente da Royal Astronomical Society, dizendo apenas: "Céu aberto. Esperançoso". As medições que Eddington fez de luz das estrelas durante um eclipse solar fundamentaram a teoria da relatividade geral de Einstein como a grande teoria moderna. A expedição para a observação do eclipse estabeleceu Eddington e Einstein como superestrelas internacionais.

Viajei à pequena nação insular de São Tomé e Príncipe com uma equipe heterogênea de britânicos, portugueses, brasileiros e alemães para instalar uma placa doada pela Royal Astronomical Society e pela União Astronômica Internacional no local em que Eddington e Cottingham fizeram suas medições.

São Tomé e Príncipe saíra de séculos de domínio colonial para se tornar, por algum tempo, mais um estado socialista africano. Hoje já entrou no mundo do mercado livre, com uma mistura confusa de casas novas e bonitas para turistas angolanos endinheirados que contrasta com as fazendas coloniais, grandiloquentes e decrépitas.

O casarão da Fazenda Sundy, onde Eddington fez suas medições, provavelmente estava em melhores condições do que a maioria das residências coloniais espalhadas pela exuberante zona rural. O presidente regional de Príncipe, uma ilha minúscula que não tem mais que 5 mil habitantes, usava o local como residência de férias. Acabamos descobrindo que estávamos esperançosos demais: a casa ainda estava decrépita, dilapidada e inabitável.

Considerei aquele cantinho perfeito do mundo muito comovente. Minha avó nasceu em São Tomé e Príncipe no início do século xx, e foi através dela que fiquei sabendo de muitas histórias do lugar. O mais importante, porém, foi que eu me senti testemunha de um ponto de virada na história. Foi ali que a teoria de Einstein se provou correta, na medida em que uma teoria científica pode ser demonstrada. Foi ali que a relatividade geral se tornou verdade.

Ainda havia relíquias esparsas da era longínqua em que Eddington visitou o local. A quadra de tênis estava lá, com seu chão de cimento rachado perdendo a luta contra a vegetação inexorável que se infiltrava. Para onde quer que eu olhasse, via um vermelho exuberante, avassalador. Eu estava a léguas de distância da paisagem desolada e ajardinada das planícies inglesas onde Eddington passara a maior parte da vida. Agora, com nossa visita, havia uma placa reluzente marcando a realização de Eddington e, de acordo com nossas expectativas, explicando a qualquer passante nessa localização remota como aquele acontecimento fora estupendo.

Voltando a 1919, é incrível ver como os conceitos de Einstein e Eddington evoluíram. A simples ideia de que a luz seria desviada pelo espaço-tempo distorcido — a chave para testar a teoria de Einstein — ainda é, noventa anos depois, uma das ferramentas mais poderosas da astronomia. Ao longo dos últimos vinte anos, ela se tornou a norma para verificar como a luz é desviada pelo espaço-tempo a fim de descobrir mais sobre o universo. Foi observando as estrelas de galáxias próximas e aguardando para ver se a luz repentinamente entra em foco devido à passagem de um objeto pesado e escuro diante delas que se possibilitou a busca por matéria escura na nossa galáxia. As concentrações de matéria escura, se existirem, terão o papel do Sol no experimento de Eddington, curvando a luz das estrelas, provocando o *lensing*, como ficou conhecido o efeito. Em escala mais grandiosa, hoje usamos o *lensing* para conferir aglomerados, conjuntos de dezenas e centenas de galáxias. Esses colossos se infiltram pelo espaço-tempo, criando deformações gigantescas que se espalham e alinham a luz de galáxias distantes. Os astrônomos atualmente usam as distorções e variações na luz dessas galáxias distantes para pesar os aglomerados.

Por que parar por aí? Com uma arrogância bem típica, astrônomos, cosmólogos e relativistas agora se propõem a mapear as distorções do espaço-tempo até onde for possível observar. Examinando fatias do universo e vendo como a luz dessas galáxias é afetada pelo espaço-tempo interveniente, deveria ser possível construir uma descrição detalhada de como realmente é o espaço-tempo ao nosso redor. Levando as ideias de Einstein e Eddington a outro nível, nós tomamos as rédeas do universo, descobrindo do que ele é constituído e se nossas leis atuais para o comportamento do espaço-tempo estão corretas.

Durante as festividades ao longo do dia em Príncipe, os nomes de Einstein e Eddington estavam na boca de todos. Num canto esquecido de uma ilha minúscula, era querer demais que alguém soubesse de fato do que estávamos falando. Os acenos de cabeça das autoridades locais e de fora não significavam muito, e um enxame de crianças e adolescentes corria à nossa volta durante a cerimônia. Eles não sabiam do que se tratava, mas era óbvio que já tinham ouvido falar de Einstein. E alguns conheciam inclusive o famoso Eddington, o homem da Inglaterra que viera visitá-los tantos anos antes. Todos concordaram que era uma coisa boa — o motivo da fama daquela pequena ilha.

Enquanto eu assistia à multidão participar da estranha e hermética celebração, entendi tudo aquilo como mais um sinal peculiar de como a teoria de Einstein se tornou universal e disseminada. Embora tortuosa e muitas vezes intragável, a teoria de Einstein ao mesmo tempo se revela democrática, reduzida facilmente a poucas páginas de equações condensadas. A história da relatividade geral atravessa muitos continentes, com personagens realmente diversificados de várias partes do mundo. Astrônomos britânicos, um meteorologista russo, um padre belga, um matemático neozelandês, um soldado alemão, um menino prodígio indiano, um norte-americano perito na bomba atômica, um quacre da África do Sul e tantos outros foram unidos pela elegância e pela potência da teoria de Einstein.

Naquela noite, distribuímos telescópios ao público e observamos as estrelas. O céu era de tirar o fôlego, disposto a oferecer muito mais coisas para nos ajudar a analisar com mais profundidade na teoria de Einstein. Pensei a respeito de como, mesmo agora, a teoria de Einstein estava nos conduzindo a examinar o cosmos em sua escala mais grandiosa. A nova Príncipe talvez seja no sul da África ou no deserto da Austrália, e o novo telescópio pode dispor das tecnologias mais recentes e mais potentes do século XXI.

Se Eddington utilizou um telescópio óptico, um mecanismo com lente, visor ocular e placa fotográfica, a nova fase vai se apoiar em antenas e pratos de rádio. O rádio já proporcionou muita coisa à relatividade geral, mas dessa vez ele irá mais longe do que se previa. A ideia é construir um conjunto de dezenas de milhares de antenas de rádio espalhadas ao longo de milhares de quilômetros. Conhecido como Conjunto de Quilômetro Quadrado — ou SKA (*Square Kilometer Array*), pois o total de área reunida de todas as antenas deve somar um quilômetro quadrado —, o projeto vai precisar de um, talvez dois continentes para ser posto em prática. Alguns dos telescópios ficarão na vastidão do oeste australiano, outros serão espalhados ao longo do sul da África. O coração do monstro ficará no deserto do Karoo, mas vários de seus pratos estarão espalhados pelo continente em lugares como Namíbia, Moçambique, Gana, Quênia e Madagascar. Será um empreendimento realmente continental e *africano*. E, da mesma maneira que Eddington se beneficiou do céu de Príncipe para fundamentar a relatividade geral, o SKA será o monstro que pode testar a teoria de Einstein em escalas cosmológicas com precisão nunca antes vista. O SKA detectaria inclusive se existem falhas na grande teoria de Einstein. Conseguiria detectar as esquivas ondas gravitacionais que ainda estão esperando para ser descobertas. Pode até revelar a natureza da infame energia escura que aparentemente se consolidou no modelo corrente do universo.

Naquela noite, enquanto comemorávamos as realizações colossais de Eddington e Einstein, fiquei pensando que ainda estamos só começando a explorar o que a teoria do espaço-tempo vai nos contar sobre o universo. O século XXI com certeza será o século da teoria da relatividade geral de Einstein, e me sinto grato por viver numa época em que há tantas coisas prestes a ser descobertas. Quase cem anos depois de Einstein conceber sua teoria, algo fantástico está para acontecer.

Agradecimentos

Duas pessoas fizeram este livro acontecer. Patrick Walsh me convenceu e me deu a oportunidade de escrever sobre minha obsessão. Courtney Young pegou meu manuscrito e, com graça e firmeza notáveis, transformou-o em um livro que eu gostaria de ler.

Pude me valer dos depoimentos, dos conselhos e das críticas de uma longa lista de colegas, amigos, familiares, leitores e escritores ao longo de muitos anos. Aqui vai uma tentativa de listar todos (com grandes chances de ficar incompleto): Andy Albrecht, Arlen Anderson, Tessa Baker, Max Bañados, Julian Barbour, John Barrow, Adrian Beecroft, Jacob Bekenstein, Jocelyn Bell Burnell, Orfeu Bertolami, Steve Biller, Michael Brooks, Harvey Brown, Phil Bull, Alex Butterworth, Philip Candelas, Rebecca Carter, Chris Clarkson, Tim Clifton, Frank Close, Peter Coles, Amanda Cook, Marc Davis, Xenia de la Ossa, Cécile DeWitt-Morette, Mike Duff, Jo Dunkley, Ruth Durrer, George Efstathiou, George Ellis, Graeme Farmelo, Hugo e Karin Gil Ferreira, Andrew Hodges, Chris Isham, Andrew Jaffe, David Kaiser, Janna Levin, Roy Maartens, Ed Macaulay, João Magueijo, David Marsh, John Miller,

Lance Miller, José Mourão, Samaya Nissanke, Tim Palmer, John Peacock, Jim Peebles, Roger Penrose, João Pimentel, Andrew Pontzen, Frans Pretorius, Dimitrios Psaltis, Martin Rees, Bernard Schutz, Joe Silk, Constantinos Skordis, Lee Smolin, George Smoot, Andrei Starinets, Kelly Stelle, Francesco Sylos-Labini, Kip Thorne, Neil Turok, Tony Tyson, Gisa Weszkalnys, John Wheater, Adam Wishart, Lukas Wilowski, Andrea Wulf e Tom Zlosnik. Embora a colaboração de todos tenha sido inestimável, eventuais erros ou equívocos no texto final são inteiramente meus.

A equipe da Conville e Walsh proporcionou um apoio inestimável no processo de escrita deste livro, e meus colegas da Universidade de Oxford sempre me estimularam e deram apoio. É um enorme privilégio trabalhar com eles.

Notas

Um dos prazeres de escrever este livro foi ler muitos dos artigos e das matérias originais sobre a relatividade geral, além da historiografia, das biografias e das autobiografias. Espero que as fontes especificadas a seguir sejam entendidas como incentivo para mais leituras sobre o tema. O esforço certamente vale a pena. As referências completas para as publicações citadas nesta seção podem ser encontradas na bibliografia.

Recomendo profundamente mergulhar em pelo menos parte da literatura científica, mesmo que você não tenha formação para entender muito do que é discutido. Assim você terá uma boa noção do que trata a ciência, de como as coisas são apresentadas, explicadas e promovidas, e como um elenco vasto interage a partir das publicações científicas. Infelizmente, muitas dessas revistas são de acesso pago, e alguns dos artigos a que me refiro só podem ser lidos se você estiver em uma instituição acadêmica. Mas há um número surpreendente deles que é de acesso livre, e sugiro que os procure. Recomendo utilizar um dos seguintes mecanismos de busca:

<scholar.google.com>
<inspirehep.net>
<adsabs.harvard.edu/abstract_service.html>

Cada um deles tem sua própria sintaxe, mas juntos podem auxiliá-lo a encontrar todos os artigos que procura. A comunidade científica da astronomia, da matemática e da física tem, nas últimas duas décadas, postado cópias prontamente disponíveis de artigos no repositório <arxiv.org>. Sempre que possível, listei o link de cada artigo nesse website.

Por fim, também entrevistei alguns dos protagonistas deste livro; nas notas que se seguem, identifico explicitamente citações que vieram dessas entrevistas.

PRÓLOGO [pp. 9-17]

A descrição do encontro entre A. Eddington e L. Silberstein é contada em primeira mão por Chandrasekhar (1983). Talvez seja interessante se aventurar na seção "gr-qc" do ArXiv.org para ver as coisas bizarras, mas às vezes maravilhosas, que pipocam no campo da relatividade.

1. SE UMA PESSOA EM QUEDA LIVRE... [pp. 19-32]

Muito já se escreveu sobre Einstein, o que me deixou mal-acostumado em termos de opções. Usei várias biografias soberbas para me guiar pela sua vida. A de Folsing (1998) é muito detalhada, matizada e documentada com esplendor. Isaacson (2008) capta a essência do homem, trazendo o que há de pitoresco em sua vida e época. Pais (1982) é um clássico, que se concentra no trabalho de Einstein e mapeia muitos dos passos matemáticos e físicos que levaram às grandes descobertas.

Como panorama da física no início do século XX, temos Bodanis (2001), uma obra maravilhosa de história narrativa, com foco nos preparativos e nas consequências à famosa $E = mc^2$ de Einstein. Bodanis (2006) proporciona uma ótima narrativa de como Maxwell e seus contemporâneos transformaram o mundo com seu trabalho sobre eletricidade e magnetismo. Baum e Sheehan (1997) nos conduzem pelo início do fim da gravidade newtoniana e a busca infeliz de Le Verrier pelo planeta Vulcano.

Há um mundo inteiro de pesquisadores de Einstein por aí. John Norton, John Stachel e Michael Janssen, para citar alguns poucos, tentaram todos entrar na mente do cientista e examinar nos mínimos detalhes seus sucessos e fracassos. Trata-se de uma literatura riquíssima, que transporta o leitor àquele mundo. Quem quer conferir as descobertas em primeira mão, sobretudo as do ano miraculoso de 1905, deve conferir Stachel (1998), uma compilação de seus artigos. Também vale a leitura do primeiro passo de Einstein na busca pela relatividade geral, o artigo no *Yearbook*, porém talvez seja mais fácil consultar a descrição mais acessível presente em Einstein (2001).

1. F. Haller, em Isaacson (2008), p. 67.

2. De H. Weber para Einstein, Isaacson (2008), p. 34.

3. De Einstein para W. Dällenbach, 1918, em Fölsing (1998), p. 221.

4. Einstein em Stachel (1998) e Pais (1982), p. 140.

5. Ver Proust (1996).

6. Ver Dickens (2011).

7. Le Verrier, 1859, em Baum & Sheehan (1997), p. 139.

8. Palestra de Einstein em Kyoto, 1922, em Einstein (1982).

9. De Einstein para M. Solovine, 1906, em Fölsing (1998), p. 201.

10. De J. Laub para Einstein, 1908, em Fölsing (1998), p. 235.

2. A MAIS VALIOSA DAS DESCOBERTAS [pp. 33-52]

Enquanto Fölsing (1998) faz um trabalho meticuloso de descrição do contexto da relatividade geral e de como Einstein chegou a duras penas à versão final, Pais (1982) oferece os detalhes — sendo mais matemático, porém também mais gratificante. Quanto a Eddington, apoiei-me fortemente em três livros. Chandrasekhar (1983) é um volume fino e respeitoso sobre seu trabalho e suas ideias. Stanley (2007) trata mais de sua posição em termos de misticismo e política, além de sua conduta durante a Primeira Guerra Mundial. Miller (2007) é uma leitura fantástica, em que temos uma noção da complexidade de Eddington (e de como se tornou uma pessoa difícil mais perto do fim da vida). Em Coles (2001), há uma descrição meticulosa da expedição de observação do eclipse.

1. Fölsing (1998), p. 311.

2. De H. Minkowski para seus alunos, citado em Reid (1970), p. 112, e em Fölsing (1998), p. 311.

3. Fölsing (1998), p. 311.

4. Ibid., p. 245.

5. Ibid., p. 314.

6. De Einstein para P. Ehrenfest, em Pais (1982), p. 223.

7. De Einstein para H. Zangger, 1915, em Fölsing (1998), p. 349.

8. Fölsing (1998), p. 345.

9. Ibid., p. 346.

10. Mota, Crawford e Simões (2008).

11. H. Turner, 1916, em Stanley (2007), p. 88.
12. Eddington (1916).
13. De Einstein para D. Hilbert, 1915, em Fölsing (1998), p. 376.
14. De Einstein para A. Sommerfeld, 1915, em Fölsing (1998), p. 374.
15. H. Turner, 1918, em Stanley (2007), p. 97.
16. F. Dyson, 1918, em Stanley (2007), p. 149.
17. Pais (1982), p. 304.
18. Ibid.
19. J. J. Thomson, 1919, em Chandrasekhar (1983), p. 29.
20. The Times, 7 nov. 1919.
21. The New York Times, 10 nov. 1919.
22. Einstein falando de sua teoria, The Times, 28 nov. 1919.

3. MATEMÁTICA CORRETA, FÍSICA ABOMINÁVEL [pp. 53-77]

Há informações em abundância sobre a descoberta do universo em expansão. Os principais artigos estão nas compilações de clássicos da cosmologia, sendo um dos exemplos notáveis Bernstein e Feinberg (1986). Evitei entrar na discussão sobre o "princípio de Mach", que estimulou Einstein a formular seu modelo do universo estático, mas é possível encontrar uma discussão do debate entre Einstein e De Sitter em Janssen (2006). Um histórico detalhado e bem documentado do universo em expansão encontra-se em Kragh (1996) e, mais recentemente, em Nussbaumer e Bieri (2009). Para descrições individuais e mais detalhadas dos principais protagonistas deste capítulo, ver Tropp, Frenkel e Chernin (1993) no caso de Friedmann, e Lambert (1999) e o artigo de A. Deprit em Berger (1984) no caso de Lemaître. Há uma descrição divertida de Hubble e Humason em Gribbin e Gribbin (2004), e a entrevista com Humason para o AIP em Shapiro (1965) é altamente informativa. Em relação à controvérsia de quem fez o que na descoberta do universo em expansão (e o papel subestimado de Vesto Slipher), recomendo Nussbaumer e Bieri (2011) e a homenagem do professor John Peacock a Slipher em <www.roe.ac.uk/~jap/slipher>.

1. Einstein (2001).
2. De Einstein para P. Ehrenfest, 1917, em Isaacson (2008), p. 252.
3. Ibid.
4. Friedman (1922), republicado em Bernstein e Feinberg (1986).
5. Einstein (1922), republicado em Bernstein e Feinberg (1986).
6. Carta de Friedman a Einstein, 1922, em Schweber (2008), p. 324.

7. Einstein (1923), republicado em Bernstein e Feinberg (1986).

8. Douglas (1967).

9. A discussão de H. Weyl e A. Eddington sobre o efeito De Sitter está em Weyl (1923) e Eddington (1963).

10. Os artigos competentes são Slipher (1913), Slipher (1914) e Slipher (1917), que podem ser encontrados em <www.roe.ac.uk/~jap/slipher>.

11. A tentativa de K. Lundmark de detectar o efeito De Sitter está em Lundmark (1924).

12. Lemaître (1927).

13. De Einstein para G. Lemaître no Congresso de Solvay de 1927, em Berger (1984).

14. Hubble (1926) e Hubble (1929a).

15. Um relato fascinante sobre como era trabalhar com E. Hubble em Palomar está na entrevista de M. Humason para o AIP, em Shapiro (1965).

16. Humason (1929) e Hubble (1929b).

17. Carta de G. Lemaître a A. Eddington, 1930, reproduzida em Nussbaumer e Bieri (2009), p. 123.

18. Lemaître (1931).

19. Eddington (1931).

20. *Los Angeles Times*, 11 jan. 1933.

21. A. Einstein falando de G. Lemaître em Kragh (1996), p. 55.

22. *New York Times*, 19 fev. 1933.

4. ESTRELAS EM COLAPSO [pp. 78-101]

Há vários levantamentos históricos sobre a física quântica. Eu indicaria Kumar (2009) como uma descrição excelente e atualizada de seus personagens e conceitos. A briga e o afastamento de Eddington e Chandra são descritos com riqueza de detalhes em Miller (2007), e com uma perspectiva pessoal (de Chandra) em Chandrasekhar (1983). Em Thorne (1994), é possível ver como a briga entre os dois encaixa-se na grande narrativa. Não discuti a descoberta quase simultânea do limite de massa por E. Stoner e L. Landau, mas vale a pena conferir Stoner (1929) e Landau (1932).

Oppenheimer é uma figura fascinante, e há várias biografias a seu respeito. Uma das minhas preferidas é um volume curto, quase pessoal, que descreve o homem, em Bernstein (2004), mas também usei o respeitado Bird e Sherwin (2009). Monk (2012) saiu quando eu estava terminando este livro, e também é uma referência maravilhosa.

1. Oppenheimer e Snyder (1939).
2. Carta de K. Schwarzschild a A. Einstein em Einstein (2012).
3. A. Eddington falando de K. Schwarzschild em Eddington e Schwarzschild (1917).
4. Carta de A. Einstein para K. Schwarzschild em Einstein (2012).
5. Eddington (1959), p. 103.
6. Ibid., p. 172.
7. Ibid., p. 6.
8. Ibid., p. 103.
9. Lenard (1906).
10. S. Chandrasekhar em Weart (1977).
11. Sommerfeld (1923).
12. Chandrasekhar (1935a).
13. Eddington (1935b).
14. S. Chandrasekhar falando de A. Eddington em Chandrasekhar (1983).
15. P. Bridgeman falando de J. Oppenheimer em Bernstein (2004).
16. W. Pauli falando do grupo de J. Oppenheimer em Regis (1987).
17. Gorelik (1997).
18. Oppenheimer e Volkoff (1939).
19. Eddington (1959), p. 6.
20. Bohr e Wheeler (1939).
21. Eddington (1935b).
22. S. Chandrasekhar falando de A. Eddington em Chandrasekhar (1983).
23. Einstein (1939).

5. TOTALMENTE ABILOLADO [pp. 102-24]

A criação e a rotina do Instituto de Estudos Avançados de Princeton são descritas com detalhes em Regis (1987), e a época de Einstein e Oppenheimer, assim como a relação entre os dois, está em Schweber (2008). Uma descrição fascinante e eloquente do papel de Gödel na relatividade geral e sua interação com Einstein está em Yourgrau (2005), e há uma história belíssima sobre Gödel e Turing em Levin (2001). Existe uma graphic novel sensacional sobre a história da lógica no século xx: Doxiadis e Papadimitriou (2009). Se quiser entender um pouco mais sobre a busca fracassada de Einstein pela unificação de um ponto de vista moderno, leia Weinberg (2009).

Sobre o contexto alemão do trabalho de Einstein, e especificamente sobre a relatividade geral, eu me baseei em Fölsing (1998), Wazek (2010) e Cornwell

(2004). O contexto soviético é bem mais complicado e, embora meu ponto de partida tenha sido Graham (1993) e Vucinich (2001), começam a escoar informações dos arquivos soviéticos que questionam alguns pontos de vista dos ocidentais daquilo que se passava durante aquele período. Eu me baseei fortemente em meu colega Andrei Starinets, e sua tradução de material de arquivo do período, mas existe um livro sobre a época de Landau cuja tradução espero avidamente, que é Gorobets (2008). A estagnação da relatividade geral nos Estados Unidos pode ser deduzida a partir de Thorne (1994), DeWitt-Morette (2011) e de Wheeler e Ford (1998).

1. Marx (1990).

2. ЦХСД. ф.4. Оп. 9. Д. 1487. Л. 5-7. Копия. CDMD (Repositório Central de Documentos Modernos dos Arquivos da Federação Russa) e ЦХСД. ф. 4. Оп. 9. Д. 1487. Л. 11-11 об. Копия. CDMD (Repositório Central de Documentos Modernos dos Arquivos da Federação Russa).

3. *New York Times*, 4 nov. 1928.

4. *New York Times*, 4 fev. 1929.

5. *New York Times*, 27 dez. 1949.

6. *New York Times*, 30 mar. 1953.

7. Carta de A. Einstein à rainha da Bélgica, 1933, guardada nos Arquivos Albert Einstein na Universidade Hebraica em Jerusalém, em Fölsing (1988), p. 679.

8. A. Einstein falando de K. Gödel em Yourgrau (2005), p. 6.

9. Gödel (1949).

10. A. Einstein falando da solução de Gödel em Schilpp (1949).

11. De J. Oppenheimer para seu irmão em Schweber (2008), p. 265.

12. W. Pauli e A. Einstein falando de Oppenheimer em Schweber (2008), p. 271.

13. *Time*, 8 nov. 1948.

14. Carta de F. Dyson, 1948, em Schweber (2008), p. 272.

15. S. Goudsmit em DeWitt-Morette (2011).

16. *Fortune*, maio 1953, em Schweber (2009), p. 181.

17. Bernstein (2004).

18. *New York Post*, 13 fev. 1950.

19. A. Einstein no *New York Times*, 12 jun. 1953.

20. Palestra de J. Oppenheimer, 1965, em Schweber (2008), p. 277.

21. *Time*, 8 nov. 1948.

22. J. Oppenheimer em *L'Express*, 20 dez. 1965.

6. A ERA DO RÁDIO [pp. 125-43]

A história da radioastronomia e de como acabou alimentando a relatividade geral está bem contada em Munns (2012) e em Thorne (1994). Hoyle é uma figura exuberante, e com certeza vale a pena ler sua autobiografia, Hoyle (1994), mas também duas substanciosas biografias: Gregory (2005) e Minton (2011). A entrevista do AIP com Gold e Weart (1978) é bastante reveladora, e Kragh (1996) faz um trabalho exaustivo para mapear o conflito com Ryle. Recomendo fortemente ler Jansky (1933) e Reber (1940) para entender como se descobre uma nova área.

1. F. Hoyle em transmissão da BBC Radio, 1949.

2. R. Williamson falando de F. Hoyle na Canadian Broadcasting Corporation, 1951, em Kragh (1996), p. 194.

3. A teoria fundamental de A. Eddington está descrita com todos os detalhes sórdidos em Eddington (1953).

4. E. A. Milne falando da Teoria Fundamental de Eddington em Kilmister (1994), p. 3.

5. W. Pauli falando de A. Eddington em Miller (2007), p. 89.

6. Lightman e Brawer (1990), p. 53.

7. H. Bondi em Kragh (1996), p. 166.

8. T. Gold em Kragh (1996), p. 186.

9. W. de Sitter em Kragh (1996), p. 74.

10. Hoyle (1950).

11. Ibid.

12. Filme britânico dirigido por Alberto Cavalcanti (1945).

13. Hoyle (1955), p. 290.

14. Os primeiros dois artigos sobre estado estacionário são de Bondi e Gold (1948) e Hoyle (1948).

15. E. A. Milne em Kragh (1996), p. 190.

16. Born (1949).

17. Michelmore (1962), p. 253.

18. F. Hoyle em Kragh (1996), p. 192.

19. Ibid.

20. Ibid., p. 270.

21. Jansky (1933), Reber (1940) e Reber (1944).

22. M. Ryle na RAS, 1955, em Lang & Gingrich (1979).

23. Ryle (1955).

24. T. Gold em Weart (1978).

25. Mills e Slee (1956).
26. Hanbury-Brown (1959).
27. Bondi (1960), p. 167.
28. Ryle e Clarke (1961).
29. *Evening News and Star*, 10 fev. 1961.
30. H. Bondi ao *New York Times*, 11 fev. 1961.

7. WHEELERISMOS [pp. 144-66]

Wheeler é uma grande figura e a força motriz por trás da relatividade geral moderna. Sua biografia, Wheeler e Ford (1998), expõe com candura seus dois lados: o "radical" e o "conservador". Por outro lado, igualmente importante, a atmosfera da época e a aliança bizarra entre indústria e relativistas estão bem descritas em DeWitt e Rickles (2011) e DeWitt-Morette (2011), assim como em Mooallem (2007) e Kaiser (2000). Vale a pena navegar pelo website da Fundação de Pesquisa da Gravidade, em <www.gravityresearchfoundation.org>, onde é possível encontrar o texto premiado de DeWitt.

A conclusão de que quasares são cosmológicos está bem descrita em Thorne (1994) e na entrevista de Schmidt à AIP em Wright (1975). A atmosfera no grupo de Schild em Austin é descrita com maestria em Melia (2009), e um grande relato em primeira mão do que aconteceu no primeiro Simpósio Texano pode ser encontrado em Schucking (1989) e Chiu (1964).

1. Wheeler (1998), p. 228.
2. A. Komar em Misner (2010).
3. Wheeler (1998), p. 87.
4. Há uma descrição fascinante das ideias científicas de Feynman em Krauss (2012).
5. Wheeler (1998), p. 232.
6. Ibid., p. 294.
7. "Why Physics?", ensaio de B. DeWitt em DeWitt-Morette (2011).
8. Obituário de B. DeWitt por S. Weinberg em DeWitt-Morette (2011).
9. R. Babson no website da Fundação de Pesquisa da Gravidade.
10. Ibid.
11. *New York Herald Tribune*, 21 nov. 1955.
12. *New York Herald Tribune*, 22 nov. 1955.
13. *Miami Herald*, 2 dez. 1955.
14. *New York Herald Tribune*, 20 nov. 1955.

15. Ibid.
16. Texto premiado de B. De Witt, de 1953, no website da Fundação.
17. Ibid.
18. B. DeWitt em DeWitt-Morette (2011).
19. A. Bahnson em DeWitt e Rickles (2011).
20. Feynman (1985).
21. R. Feynman em DeWitt e Rickles (2011).
22. Ibid.
23. R. Dicke em DeWitt e Rickles (2011).
24. M. Schmidt em Wright (1975).
25. *Time*, 3 nov. 1966.
26. Schucking (1989).
27. Ibid.
28. Robinson, Schild & Schucking (1965).
29. *Life*, 24 jan. 1964.
30. Chiu (1964).
31. J. Wheeler em Harrison, Thorne, Wakano e Wheeler (1965).
32. Schucking (1989).
33. Revista *Life*, 24 de janeiro de 1964.
34. Robinson, Schild e Schucking (1965).
35. Ibid.

8. SINGULARIDADES [pp. 167-90]

O melhor livro sobre a Era de Ouro da Relatividade Geral, de longe, é Thorne (1994) — pormenorizado, detalhado e repleto de anedotas, expondo as três principais escolas (Cambridge, Moscou e Princeton) que impulsionaram o renascimento da área. Melia (2009) traz uma visão complementar, que descreve como a astrofísica dos buracos negros evoluiu até hoje. Para saber o lado soviético da história, há uma coleção idiossincrática de anedotas e reminiscências sobre Zel'dovich e seus discípulos em Sunyaev (2005), algumas das quais são mais bem desenvolvidas em Novikov (2001). A descoberta dos pulsares é contada divinamente em Bell Burnell (2004).

1. R. Penrose, entrevista com o autor, 2011.
2. Thorne (1994).
3. Ibid.
4. Ibid.

5. Há uma descrição vívida de R. Kerr e R. Penrose no primeiro Simpósio Texano em Schucking (1989).

6. R. Penrose, entrevista com o autor, 2011.

7. Há um relato a respeito em Ioffe (2002).

8. L. Landau falando de Y. Zel'dovich em Gorelik (1997).

9. L. Landau em Gorelik (1997).

10. R. Penrose, entrevista com o autor, 2011.

11. Penrose (1965).

12. R. Penrose, entrevista com o autor, 2011.

13. Existe um relato a respeito em Ioffe (2002).

14. Bell Burnell (2004).

15. Ibid.

16. Ibid.

17. Hewish et al. (1968).

18. Bell Burnell (1977).

19. Bell Burnell (2004).

20. *The Sun*, 6 mar. 1968.

21. *The Daily Telegraph*, 5 mar. 1968.

22. J. Bell Burnell, entrevista com o autor, 2011.

23. Há uma seleção dos artigos mais relevantes de Zel'dovich, com comentários, em Ostriker (1993).

24. Ostriker (1993).

25. Salpeter (1964).

26. R. Penrose em John (1973).

27. Wheeler (1998), p. 296.

28. J. Wheeler no *New York Times*, 20 out. 1992.

29. Lynden-Bell (1969).

30. DeWitt e DeWitt (1973).

31. M. Rees, entrevista com o autor, 2011.

32. Novikov (2001).

33. R. Penrose, entrevista com o autor, 2011.

9. AGRURAS DA UNIFICAÇÃO [pp. 191-209]

Já se escreveu com detalhes sobre a ascensão da eletrodinâmica quântica (EDQ) e do modelo-padrão nas últimas décadas. Há um tomo de peso sobre o desenvolvimento da EDQ, Schweber (1994), mas também uma descrição mais digerível da história em Close (2011). DeWitt-Morette (2011) é uma biografia idiossincrática de Bryce DeWitt, com uma seleção interessante e variada de seus textos. Uma biografia magistral e absolutamente envolvente de Dirac é Farmelo (2010), e vale a pena ler alguns de seus artigos só para ter noção de como sua prosa é econômica.

Os anais do Simpósio de Oxford sobre Gravidade Quântica em Isham, Penrose e Sciama (1975), são fascinantes, um recorte histórico do que acontecia na época, mas é possível encontrar análises mais recentes em Duff (1993), Smolin (2000) e Rovelli (2010). O primeiro relato da descoberta da radiação dos buracos negros está em Hawking (1998) e em Thorne (1994). Ferguson (2012) é uma biografia relativamente completa de Hawking, que expande o pano de fundo de sua grande descoberta.

1. B. DeWitt em DeWitt-Morette (2011).

2. De W. Pauli para B. DeWitt em DeWitt-Morette (2011).

3. Kragh (1990), p. 184.

4. G. Ellis, entrevista com o autor, 2012.

5. M. Duff, entrevista com o autor, 2011, e Duff (1993).

6. P. Candelas, entrevista com o autor, 2011.

7. Isham, Penrose e Sciama (1975).

8. M. Duff em Isham, Penrose e Sciama (1975).

9. O relato do Simpósio de Oxford saiu com crédito anônimo na *Nature*, 248, 282 (1974).

10. Bekenstein (1973).

11. Hawking (1974).

12. Ibid.

13. P. Candelas, entrevista com o autor, 2011.

14. Hawking (1988).

15. *Nature*, 248, 282 (1974).

16. D. Sciama em Boslough (1989).

17. J. Wheeler conforme relato de B. Carr no *Observer*, 1 jan. 2012.

10. ENXERGANDO A GRAVIDADE [pp. 210-36]

A trágica história de Joseph Weber é bem conhecida na área, mas nem sempre bem contada no papel. Collins (2004) é um estudo minucioso do desenvolvimento da física das ondas gravitacionais feito por um sociólogo. Ele começou a conversar com os envolvidos quando Weber ainda estava em alta, e seu livro é cheio de entrevistas e citações. É leitura obrigatória para quem quer saber em detalhes como a área se desenvolveu e as batalhas que os proponentes do LIGO tiveram que enfrentar para construí-lo. Thorne (1994) é a versão de alguém que estava lá da história do decano da física das ondas gravitacionais. Kennefick (2007) faz um serviço excelente de discussão e contextualização das raízes da área. Bartusiak (1989) e Gibbs (2002), mais atualizados, sintetizam o avanço em diferentes fases. A história da relatividade numérica é resumida de maneira organizada em Appell (2011).

Vale muito a pena conferir parte do material original. A discussão da realidade das ondas gravitacionais no encontro de Chapel Hill em DeWitt e Rickles (2011), por exemplo, é fascinante. A sequência de artigos de Weber — Weber (1969), Weber (1970a), Weber (1970b) e Weber (1972) — é uma marcha rumo à certeza cada vez maior. Ele então é brutalmente derrubado por Garwin (1974).

1. J. Weber no *Baltimore Sun*, 7 abr. 1991.

2. A. Eddington em Kennefick (2007).

3. Encontra-se uma discussão sobre a realidade das ondas gravitacionais em DeWitt & Rickles (2011).

4. Weber (1970b).

5. A cobertura dos resultados de Weber pode ser encontrada na revista *Time* e no *New York Times* em 1970.

6. Encontra-se uma análise de fontes hipotéticas de radiação gravitacional na época em Tyson e Giffard (1978).

7. Sciama, Field e Rees (1969).

8. B. Schutz, entrevista com o autor, 2012.

9. Garwin (1974).

10. O gráfico de Taylor foi apresentado no nono Simpósio Texano em Munique, 1978, e os Anais foram publicados em Ehlers, Perry e Walker (1980).

11. C. Misner em DeWitt e Rickles (2011).

12. Os primeiros passos são descritos por L. Smarr em Christensen (1984).

13. F. Pretorius, entrevista com o autor, 2011.

14. Ibid.

15. A. Tyson no *New York Times*, 30 abr. 1991.

16. J. Ostriker ao *New York Times*, 30 abr. 1991.

17. F. Pretorius, entrevista com o autor, 2011.

18. Ibid.

19. Ibid.

20. F. Dyson em Collins (2004).

21. B. Schutz, entrevista com o autor, 2012.

11. O UNIVERSO ESCURO [pp. 237-62]

A história fenomenal e o sucesso da cosmologia moderna estão bem documentados. Peebles, Page e Partridge (2009) inclui uma lista de depoimentos e ensaios com descrição da ascensão da área. Vale muito a pena ler parte dos livros que foram surgindo ao longo do caminho, tais como Overbye (1991) ou a compilação de entrevistas em Lightman e Brawer (1990). Um livro de memórias sobre a descoberta do COBE é Smoot e Davidson (1995), com uma abordagem mais jornalística em Lemonick (1995). Panek (2011) é uma descrição fantástica da marcha rumo à constante cosmológica durante o fim dos anos 1990, com muitos detalhes sórdidos a respeito de quem fez o que nas buscas por supernovas. As entrevistas do AIP com Peebles — Harwitt (1984), Lightman (1988b) e Smeenk (2002) — são uma fonte maravilhosa para entender sua perspectiva do universo. Para explicações mais detalhadas da nossa teoria atual do universo, talvez seja interessante ler Silk (1989) e Ferreira (2007). Vale a pena folhear os primeiros artigos de relevância da cosmologia moderna em Bernstein e Feinberg (1986) e conferir os anais do Centenário de Einstein, em Hawkings e Israel (1979), e os anais dos Diálogos Críticos, em Turok (1997).

1. M. Rees em Turok (1997).

2. Peebles (1971).

3. J. Peebles, entrevista com o autor, 2011.

4. J. Peebles em Smeenk (2002).

5. J. Peebles em Lightman (1988a).

6. J. Peebles em Smeenk (2002).

7. R. Dicke conforme relato de J. Peebles em Smeenk (2002).

8. Apesar de Peebles e seus contemporâneos terem fundado o campo da cosmologia física, a ideia de que existe uma ligação fundamental entre o modelo do Big Bang aquecido em expansão e a formação das galáxias aparece primeiramente em Lemaître (1934) e em Gamow (1948).

9. As ideias que conduzem à formação da estrutura de larga escala são encontradas em Silk (1968), Sachs e Wolfe (1967), Peebles e Yu (1970) e Zel'dovich (1972).

10. J. Peebles, entrevista com o autor, 2011.

11. G. de Vaucouleurs em Lightman (1988a).

12. Ibid.

13. Ibid.

14. M. Davis falando de Peebles em Lightman & Brawer (1990).

15. J. Peebles em Lightman (1988b).

16. Um congresso histórico sobre a conexão entre "espaço interno" e "espaço externo" aconteceu no Fermilab em 1984, sobre o qual se escreveu em Kolb et al. (1986).

17. F. Zwicky em Panek (2011), p. 48.

18. Faber e Gallagher (1979).

19. J. Peebles, entrevista com o autor, 2011.

20. J. Peebles em Smeenk (2002).

21. Zel'dovich (1968).

22. Efstathiou, Sutherland e Maddox (1990).

23. Ostriker e Steinhardt (1995).

24. Peebles (1984).

25. Efstathiou, Sutherland e Maddox (1990).

26. Blumenthal, Dekel e Primack (1988).

27. Ostriker e Steinhardt (1995).

28. Coletiva de imprensa de G. Smoot no Laboratório Lawrence Berkeley, 1992.

29. *Washington Post*, 9 jan. 1998.

30. Glanz (1998).

31. cnn, 27 fev. 1998.

32. B. Schmidt no *New York Times*, 3 mar. 1998.

33. J. Peebles, entrevista com o autor, 2011.

34. Zel'dovich e Novikov (1971), p. 29.

35. O termo "energia escura" foi proposto originalmente em Huterer e Turner (1998).

12. O FIM DO ESPAÇO-TEMPO [pp. 263-82]

1. A palestra de S. Hawking está publicada na íntegra em Boslough (1989).

2. Encontra-se uma descrição pitoresca da palestra de Hawking em Susskind (2008).

3. DeWitt-Morette (2011).

4. Ibid.

5. Entrevista com M. Gell-Mann na *Science News*, 15 set. 2009.

6. E. Witten em entrevista a rádio pública sueca, 6 jun. 2008.

7. R. Feynman em Davies e Brown (1988), p. 194.

8. S. Glashow em Davies e Brown (1988).

9. Friedan (2002).

10. DeWitt-Morette (2011).

11. Ibid.
12. Ibid.
13. Ibid.
14. M. Duff, entrevista com o autor, 2011.
15. Hawking e Mlodinow (2010), p. 181.
16. M. Duff, entrevista com o autor, 2011.
17. P. Candelas, entrevista com o autor, 2011.
18. Em 2008, na festa anual da teoria das cordas — Strings 2008, realizada no CERN —, Rovelli foi finalmente convidado para defender a gravidade quântica de laços.
19. L. Smolin na *Wired*, 14 set. 2006.
20. Episódio 2, temporada 2, de *The Big Bang Theory*, Chuck Lorre Productions/ CBS.
21. Witten (1996a)
22. Wheeler (1955).

13. UMA EXTRAPOLAÇÃO ESPETACULAR [pp. 283-99]

1. P. Dirac, entrevistado por rádio canadense, 1979.
2. Brans (2008).
3. A. Sakharov falando de Y. Zel'dovich em Sakharov (1988).
4. Y. Zel'dovich falando de A. Sakharov em <www.joshuarubenstein.com/ KGB/KGB.html>.
5. Y. Zel'dovich falando de A. Sakharov in Sunyaev (2005).
6. Sakharov (1992).
7. Peebles (2000).
8. J. Bekenstein, entrevista com o autor, 2011.
9. Ibid.
10. N. Turok, entrevista com o autor, 2005.
11. J. Peebles em Smeenk (2002).
12. J. Bekenstein, entrevista com o autor, 2011.
13. Ibid.
14. Bekenstein (2004).

14. ALGO ESTÁ PARA ACONTECER [pp. 300-16]

Caso tenha interesse em entender melhor o multiverso, talvez possa se arriscar com dois de seus defensores mais eloquentes, como Susskind (2006) e Gree-

ne (2012), mas temperados com a visão contrastante de Ellis (2011b). Se quiser conferir os grandes experimentos, deverá dar uma olhada em websites como:
Eles são recheados de curiosidades sobre o que realmente se passa com quem põe as mãos na massa da pesquisa observacional da relatividade geral.

1. Os dois compêndios clássicos a que me refiro são Misner, Thorne e Wheeler (1973) e Weinberg (1972).

2. Há uma descrição do Telescópio do Horizonte de Evento em .

3. <news.bbc.co.uk/2/hi/science/nature/7774287.stm>.

4. New York Times, 6 set. 2001.

5. M. Capellari é questionado sobre o maior buraco negro descoberto até o momento em <www.bbc.co.uk/news/science-environment-16034045>.

6. Há um exemplo divertido de resposta contra buracos negros no Grande Colisor de Hádrons em <www.lhcdefense.org/press.php>.

7. Jocelyn Bell Burnell, entrevista com o autor, 2011.

8. Ellis (2011b).

9. Ellis (2011a).

10. E. Witten em Battersby (2005)

Bibliografia

LIVROS

BARROW, J. *The Constants of Nature*. Nova York: Vintage, 2003.

BARROW, J.; DAVIES, P.; HARPER JR., C. *Science and Ultimate Reality: Quantum Theory, Cosmology and Complexity*. Cambridge: Cambridge University Press, 2004.

BARROW, J.; TIPLER, F. *The Anthropic Cosmological Principle*. Oxford: Oxford University Press, 1988.

BAUM, R.; SHEEHAN, W. *In Search of the Planet Vulcan: The Ghost in Newton's Clockwork Universe*. Nova York: Basic, 1997.

BERENDZEN, R.; HART, R.; SEELEY, D. *Man Discovers the Galaxies*. Nova York: Science History Publications, 1976.

BERGER, A. *The Big Bang and Georges Lemaître*. Boston: D. Reidel, 1984.

BERNSTEIN, J. *Oppenheimer: Portrait of an Enigma*. Chicago: Ivan R. Dee, 2004.

BERNSTEIN, J.; FEINBERG, G. *Cosmological Constants: Papers in Modern Cosmology*. Nova York: Columbia University Press, 1986.

BIRD, K.; SHERWIN, M. *American Prometheus: The Triumph and Tragedy of J. Robert Oppenheimer*. Londres: Atlantic, 2009.

BODANIS, D. $E = mc^2$: *A Biography of the World's Most Famous Equation*. Londres: Pan, 2001. [Ed. bras.: $E = mc^2$: *Uma biografia da equação que mudou o mundo e o que ela significa*. Trad. Vieira de Paula Assis. Rio de Janeiro: Ediouro, 2001.]

BODANIS, D. *Electric Universe: How Electricity Switched On the Modern World*. Londres: Abacus, 2006. [Ed. bras.: *Universo elétrico: A impressionante história da eletricidade*. Trad. Paulo Cezar Castanheira. Rio de Janeiro: Record, 2008.]

BONDI, H. *Cosmology*. Cambridge: Cambridge University Press, 1960.

BOSLOUGH. J. *Stephen Hawking's Universe*. Nova York: Avon, 1989.

BURBIDGE, G.; BURBIDGE, M. *Quasi-Stellar Objects*. San Francisco: W. H. Freeman, 1967.

CHANDRASEKHAR, S. *Eddington: The Most Distinguished Astrophysicist of His Time*. Cambridge: Cambridge University Press, 1983.

CHRISTENSEN, S. (Org.). *Quantum Theory of Gravity: Essays in Honor of the 60th Birthday of Bryce S. DeWitt*. Bristol: Adam Hilger, 1984.

CLOSE, F. *The Infinity Puzzle*. Oxford: Oxford University Press, 2011.

COLLINS, H. *Gravity's Shadow: The Search for Gravitational Waves*. Chicago: University of Chicago Press, 2004.

COOK, N. *The Hunt for Zero Point*. Londres: Arrow, 2001.

CORNWELL, J. *Hitler's Scientists: Science, War and the Devil's Pact*. Londres: Penguin, 2004.

DANIELSON, D. *The Book of the Cosmos: Imagining the Universe from Heraclitus to Hawking*. Nova York: Perseus, 2000.

DAVIES, P.; BROWN, J. (Orgs.). *Superstrings*. Cambridge: Cambridge University Press, 1988.

DEWITT, C.; DEWITT, B. (Orgs.). *Relativity Groups and Topology*. Nova York: Gordon and Breach, 1964.

_____. (Orgs.). *Black Holes*. Nova York: Gordon and Breach, 1973.

DEWITT, C.; RICKLES, D. *The Role of Gravitation in Physics: Report from the 1957 Chapel Hill Conference*. Berlim: Edition Open Access, 2011.

DEWITT-MORETTE, C. *Gravitational Radiation and Gravitational Collapse*. Boston: D. Reidel, 1974.

_____. *The Pursuit of Quantum Gravity: Memoirs of Bryce DeWitt from 1946-2004*. Berlim: Springer, 2011.

DICKENS, C. *A Detective Police Party*. Londres: Read Books, 2011.

DOXIADIS, A; PAPADIMITRIOU, C. *Logicomix: An Epic Search for Truth*. Nova York: Bloomsbury, 2009. [Ed. bras.: *Logicomix: Uma jornada épica em busca da verdade*. Trad. Alexandre Boide. São Paulo: WMF Martins Fontes, 2010.]

DURHAM, F.; PURRINGTON, R. *Frame of the Universe: A History of Physical Cosmology*. Nova York: Columbia University Press, 1983.

EDDINGTON, A. *The Nature of the Physical World*. Cambridge: Cambridge University Press, 1929.

_____. *Fundamental Theory*. Cambridge: Cambridge University Press, 1953.

EDDINGTON, A. *The Internal Constitution of the Stars*. Nova York: Dover, 1959.

_____. *The Mathematical Theory of Relativity*. Cambridge: Cambridge University Press, 1963.

EHLERS, J.; PERRY, J.; WALKER, M. *9th Texas Symposium of Relativistic Astrophysics*. Nova York: New York Academy of Sciences, 1980.

EINSTEIN, A. *Relativity*. Londres: Routledge Classics, 2001. [Ed. bras.: *A teoria da relatividade*. Trad. Silvio Levy. Porto Alegre: L&PM, 2013.]

_____. *The Collected Papers of Albert Einstein*. Princeton: Princeton University Press, 2012. 13 v.

EISENSTAEDT, J. *The Curious History of Relativity: How Einstein's Theory of Gravity Was Lost and Found Again*. Princeton: Princeton University Press, 2006.

EISENSTAEDT, J.; KOX, A. (Orgs.). *Studies in the History of General Relativity*. Basileia: Birkhäuser, 1992. v. 3.

ELLIS, G.; LANZA, A.; MILLER, J. *The Renaissance of General Relativity and Cosmology*. Cambridge: Cambridge University Press, 1993.

FARMELO, G. *The Strangest Man: The Life of Paul Dirac*. Londres: Faber and Faber, 2010.

FERGUSON, K. *Stephen Hawking: His Life and Work*. Nova York: Bantam, 2012.

FERREIRA, P. *The State of the Universe: A Primer in Modern Cosmology*. Londres: Phoenix, 2007.

FEYNMAN, R. *Surely You're Joking, Mr. Feynman! Adventures of a Curious Character*. Nova York: W. W. Norton, 1985. [Ed. bras.: *O senhor está brincando, Sr. Feynman! As estranhas aventuras de um físico excêntrico*. Trad. Alexandre C. Tort. São Paulo: Elsevier, 2006.]

FEYNMAN, R.; MORINIGO, F.; WAGNER, W. *Lectures on Gravitation*. Londres: Penguin, 1999.

FÖLSING, A. *Albert Einstein*. Londres: Penguin, 1998.

GAMOW, G. *My World Line: An Informal Autobiography*. Nova York: Viking, 1970.

GOROBETS, B. *The Landau Circle: The Life of a Genius*. URSS: [s.n.], 2008.

GRAHAM, L. *Science in Russia and in the Soviet Union: A Short History*. Cambridge: Cambridge University Press, 1993.

GREENE, B. *The Elegant Universe: Superstrings, Hidden Dimensions and the Quest for the Ultimate Theory*. Nova York: Vintage, 2000. [Ed. bras.: *O universo elegante: Supercordas, dimensões ocultas e a busca da teoria definitiva*. Trad. José Viegas Filho. São Paulo: Companhia das Letras, 2001.]

_____. *The Hidden Reality: Parallel Universes and the Deep Laws of the Cosmos*. Londres: Penguin, 2012. [Ed. bras.: *A realidade oculta: Universos paralelos e as leis profundas do cosmo*. Trad. José Viegas Filho. São Paulo: Companhia das Letras, 2012.]

GREGORY, J. *Fred Hoyle's Universe*. Oxford: Oxford University Press, 2005.

GRIBBIN, J.; GRIBBIN, M. *How Far Is Up*: *The Men Who Measured the Universe*. Londres: Icon, 2003.

HARRISON, B.; THORNE, K.; WAKANO, M.; WHEELER, J. *Gravitation Theory and Gravitational Collapse*. Chicago: University of Chicago Press, 1965.

HARVEY, A. *On Einstein's Path*: *Essays in Honor of Engelbert Schucking*. Berlim: Springer, 1992.

HAWKING, S. *A Brief History of Time*: *From the Big Bang to Black Holes*. Nova York: Bantam, 1988. [Ed. bras.: *Uma breve história do tempo*. Trad. Cassio de Arantes Leite. Rio de Janeiro: Intrínseca, 2015.]

HAWKING, S.; ISRAEL, W. (Orgs.). *General Relativity*: *An Einstein Centenary Survey*. Cambridge: Cambridge University Press, 1979.

_____. (Orgs.). *Three Hundred Years of Gravitation*. Cambridge: Cambridge University Press (1989).

HAWKING, S.; MLODINOW, L. *The Grand Design*. Nova York: Random House, 2010.

HOYLE, F. *The Nature of the Universe*. Oxford: Blackwell, 1950.

_____. *Frontiers of Astronomy*. Nova York: Mentor, 1955.

_____. *Home is Where the Wind Blows*: *Chapters from a Cosmologist's Life*. Sausalito, CA: University Science Books, 1994.

HOYLE, F.; BURBIDGE, G.; NARLIKAR, J. *A Different Approach to Cosmology*: *From a Static Universe through the Big Bang towards Reality*. Cambridge: Cambridge University Press, 2000.

ISAACSON, W. *Einstein*: *His Life and Universe*. Londres: Pocket Books, 2008. [Ed. bras.: *Einstein*: *Sua vida, seu universo*. Trad. Celso Nogueira; Isa Mara Lando; Denise Pessoa. São Paulo: Companhia das Letras, 2007.]

ISHAM, C.; PENROSE, R.; SCIAMA, D. (Orgs.). *Quantum Gravity*: *An Oxford Symposium*. Oxford: Clarendon, 1975.

JOHN, L. *Cosmology Now*. Londres: BBC, 1973.

KAISER, D. *Making Theory*: *Producing Physics and Physicists in Postwar America*. Cambridge, MA: Universidade Harvard, 2000. Tese (Doutorado em Física).

KENNEFICK, D. *Travelling at the Speed of Thought*: *Einstein and the Quest for Gravitational Waves*. Princeton: Princeton University Press, 2007.

KILMISTER, C. *Eddington's Search for a Fundamental Theory*: *A Key to the Universe*. Cambridge: Cambridge University Press, 1994.

KOLB, E.; TURNER, M.; OLIVE, K.; SECKEL, D. *Inner Space/ Outer Space*. Chicago: University of Chicago Press, 1986.

KRAGH, H. *Dirac*: *A Scientific Biography*. Cambridge: Cambridge University Press, 1990.

KRAGH, H. *Cosmology and Controversy: The Historical Development of Two Theories of the Universe*. Princeton: Princeton University Press, 1996.

KRAUSS, L. *Quantum Man: Richard Feynman's Life in Science*. Nova York: W. W. Norton, 2012.

KUMAR, M. *Quantum: Einstein, Bohr and the Great Debate about the Nature of Reality*. Londres: Icon, 2009.

LAMBERT, D. *Un atome d'univers: La vie et l'oeuvre de Georges Lemaître*. Bruxelas: Racine, 1999.

LANG, K.; GINGRICH, O. *A Source Book in Astronomy & Astrophysics 1900-1975*. Cambridge, MA: Harvard University Press, 1979.

LEMONICK, M. *The Light at the Edge of the Universe*. Princeton: Princeton University Press, 1995.

LÊNIN, V. *Materialism and Empiriocriticism*. Whitefish, MT: Literary Licensing, 2011.

LEVIN, J. *A Madman Dreams of Turing Machines*. Londres: Phoenix, 2010.

LICHNEROWICZ, A.; MERCIER, A.; KERVAIRE, M. *Cinquantenaire de la théorie de la relativité*. Basileia: Birkhäuser, 1956.

LIGHTMAN, A.; BRAWER, R. *Origins: The Lives and Worlds of Modern Cosmologists*. Cambridge, MA: Harvard University Press, 1990.

LOURIE, R. *Sakharov: A Biography*. Waltham, MA: Brandeis University Press, 2002.

MARX, K. *Capital*. Londres: Penguin Classics, 1990. [Ed. bras.: *O Capital*. Trad. Reginaldo Sant'Anna. São Paulo: Civilização Brasileira, 2008.]

MELIA, F. *Cracking the Einstein Code: Relativity and the Birth of Black Hole Physics*. Chicago: University of Chicago Press, 2009.

MICHELMORE, P. *Einstein: Profile of the Man*. Nova York: Dodd, Mead & Co., 1962.

MILLER, A. *Empire of the Stars: Friendship, Obsession and Betrayal in the Quest for Black Holes*. Londres: Abacus, 2007.

_____. *Deciphering the Cosmic Number: The Strange Friendship of Wolfgang Pauli and Carl Jung*. Nova York: W. W. Norton, 2009.

MINTON, S. *Fred Hoyle: A Life in Science*. Cambridge: Cambridge University Press, 2011.

MISNER, C.; THORNE, K.; WHEELER, J. *Gravitation*. San Francisco: W. H. Freeman, 1973.

MONK, R. *Inside the Centre: The Life of J. Robert Oppenheimer*. Londres: Jonathan Cape, 2012.

MUNNS, D. *A Single Sky: How an International Community Forged the Science of Radio Astronomy*. Cambridge, MA: MIT Press, 2012.

NORTH, J. *The Measure of the Universe: A History of Modern Cosmology*. Nova York: Dover, 1965.

NOVIKOV, I. *River of Time*. Cambridge: Cambridge University Press, 2001.

NUSSBAUMER, H.; BIEIRI, L. *Discovering the Expanding Universe*. Cambridge: Cambridge University Press (2009).

OSTRIKER, J. *Selected Works of Yakov Borisevich Zeldovich*. Princeton: Princeton University Press, 1993.

OVERBYE, D. *Lonely Hearts of the Cosmos*. Nova York: Harper Collins, 1991.

PAIS, A. *Subtle Is the Lord: The Science and Life of Albert Einstein*. Oxford: Oxford University Press, 1982. [Ed. bras.: *Sutil é o Senhor: A ciência e a vida de Albert Einstein*. Trad. Fernando Parente; Viriato Esteves. Rio de Janeiro: Nova Fronteira, 1995.]

PAIS, A.; CREASE, R. *J. Oppenheimer: A Life*. Oxford: Oxford University Press, 2006.

PANEK, R. *The 4% Universe: Dark Matter, Dark Energy and the Race to Discover the Rest of Reality*. Boston: Houghton Mifflin Harcourt, 2011. [Ed. bras.: *De que é feito o universo: A história por trás do prêmio Nobel da Física*. Trad. Alexandre Cherman. Rio de Janeiro: Zahar, 2014.]

PEAT, D. *Superstrings and the Search for the Theory of Everything*. Chicago: Contemporary, 1988.

PEEBLES, P. *Physical Cosmology*. Princeton: Princeton University Press, 1971.

PEEBLES, P.; PAGE, L.; PARTRIDGE, B. *Finding the Big Bang*. Cambridge: Cambridge University Press, 2009.

PROUST, M. *In Search of Lost Time*. Nova York: Vintage Classics, 1996. v. 5: *The Captive and the Fugitive*. [Ed. bras.: *Em busca do tempo perdido*. Trad. Fernando Py. São Paulo: Ediouro, 2009.]

REGIS, E. *Who Got Einstein's Office? Eccentricity and Genius at the Princeton Institute for Advanced Study*. Londres: Penguin, 1987.

REID, C. *Hilbert*. Berlim: Springer, 1970.

ROBINSON, I.; SCHILD, A.; SCHUCKING, E. *Quasi-stellar Sources and Gravitational Collapse*. Chicago: University of Chicago Press, 1965.

ROVELLI, C. *Quantum Gravity*. Cambridge: Cambridge University Press, 2010.

SAKHAROV, A. *Collected Scientific Works*. Nova York: Marcel Dekker, 1982.

_____. *Memoirs*. Nova York: Vintage, 1992.

SCHILPP, P. *Albert Einstein: Philosopher-Scientist*. Chicago: Open Court, 1949.

SCHRÖDINGER, E. *Space-Time Structure*. Cambridge: Cambridge University Press, 1960.

SCHWEBER, S. *QED and the Men Who Made It*. Princeton: Princeton University Press, 1994.

SCHWEBER, S. *Einstein and Oppenheimer: The Meaning of Genius*. Cambridge, MA: Harvard University Press, 2008.

SILK, J. *The Big Bang*. San Francisco: W. H. Freeman, 1989.

SMOLIN, L. *Three Roads to Quantum Gravity*. Londres: Weidenfeld & Nicholson, 2000.

_____. *The Trouble with Physics: The Rise of String Theory, the Fall of Science and What Comes Next*. Bristol: Allen Lane, 2006.

SMOOT, G.; DAVIDSON, K. *Wrinkles in Time: The Imprint of Creation*. Londres: Abacus, 1995.

SOMMERFELD, A. *Atomic Structure and Spectral Lines*. Londres: Methuen, 1923.

STACHEL, J. (Org.). *Einstein's Miraculous Year: Five Papers That Changed the Face of Physics*. Princeton: Princeton University Press, 1998.

STÁLIN, I. *Problems of Leninism*. Beijing: Foreign Languages Press, 1976.

STANLEY, M. *Practical Mystic*. Chicago: University of Chicago Press, 2007.

SUNYAEV, R. (Org.). *Zeldovich: Reminscences*. Milton Park: Taylor & Francis, 2005.

SUSSKIND, L. *The Cosmic Landscape: String Theory and the Illusion of Intelligent Design*. Nova York: Back Bay, 2006.

_____. *The Black Hole War: My Battle With Stephen Hawking to Make the World Safe for Quantum Mechanics*. Nova York: Back Bay, 2008.

THORNE, K. *Black Holes and Time Warps: Einstein's Outrageous Legacy*. Londres: Picador, 1994.

TROPP, E.; FRENKEL, V.; CHERNIN, A. *Alexander A. Friedman: The Man Who Made the Universe Expand*. Cambridge: Cambridge University Press, 1993.

TUROK, N. (Org.). *Critical Dialogues in Cosmology*. Cingapura: World Scientific, 1997.

VUCINICH, A. *Einstein and Soviet Ideology*. Stanford, CA: Stanford University Press, 2001.

WAZEK, M. *Einsteins Gegner*. Frankfurt: Campus, 2010.

WEINBERG, S. *Gravitation and Cosmology*. Hoboken, NJ: John Wiley & Sons, 1972.

_____. *Lake Views: This World and the Universe*. Cambridge, MA: Harvard University Press, 2009.

WHEELER, J. *Geometrodynamics*. Cambridge, MA: Academic Press, 1962.

_____. *At Home in the Universe*. Nova York: AIP Press, 1994.

WHEELER, J.; FORD, K. *Geons, Black Holes and Quantum Foam: A Life in Physics*. Nova York: W. W. Norton, 1998.

WOIT, P. *Not Even Wrong: The Failure of String Theory and the Continuing Challenge to Unify the Laws of Physics*. Nova York: Vintage, 2007.

YAU, S-T.; NADIS, S. *The Shape of Inner Space: String Theory and the Geometry of the Universe's Hidden Dimensions*. Nova York: Basic, 2010.

YOURGRAU, P. *A World without Time: The Forgotten Legacy of Gödel and Einstein*. Bristol: Allen Lane, 2005.

ZEL'DOVICH, Y.; Novikov, I. *Relativistic Astrophysics: Stars and Relativity*. Chicago: University of Chicago Press, 1971.

ARTIGOS

ABADIES, J. Disponível em: <arxiv.org/abs/1003.2480>. 12 mar. 2010. Acesso em: jul. 2016.

ABRAMOWICZ, M.; FRAGILE, P. Disponível em: <arxiv.org/abs/1104.5499>. 28 abr. 2011. Acesso em: jul. 2016.

ALBRECHT, A.; STEINHARDT, P. *Physical Review Letters*, n. 48, p. 1220, 1982.

ALPHER, R.; BETHE, H.; GAMOW, G. *Nature*, n. 73, p. 803, 1948.

ALTSHULER, B. Disponível em: <arxiv.org/abs/hep-ph/0207093>. 5 jul. 2002. Acesso em: jul. 2016.

APPELL, D. *Physics World*, p. 36, out. 2011.

ASHTEKHAR, A. *Physical Review Letters*, n. 57, p. 2244, 1986.

_____. *Physical Review D*, n. 36, p. 1587, 1987.

ASHTEKHAR, A.; GEROCH, R. *Reports on Progress in Physics*, n. 37, p. 122, 1974.

BACHALL, N. et al. *Science*, n. 284, p. 1481, 1999.

BARBOUR, J. *Nature*, n. 249, p. 328, 1974.

BARREIRA, M.; CARFORA, M.; ROVELLI, C. Disponível em: <arxiv.org/abs/gr-qc/9603064>. 1 abr. 1996. Acesso em: jul. 2016.

BARTUSIAK, M. *Discover*, p. 62, ago. 1989.

BATTERSBY, S. *New Scientist*, p. 30, abr. 2005.

BEKENSTEIN, J. *Physical Review D*, n. 7, p. 2333, 1973.

_____. *Physical Review D*, n. 11, p. 2072, 1975.

_____. *Scientific American*, p. 58, ago. 2003.

_____. Disponível em: <arxiv.org/abs/astro-ph/0403694>. 30 mar. 2004. Acesso em: jul. 2016.

_____. Disponível em: <arxiv.org/abs/astro-ph/0701848>. 30 jan. 2007. Acesso em: jul. 2016.

BEKENSTEIN, J.; MEISELS, A. *Physical Review D*, n. 18, p. 4378, 1978.

_____. *Physical Review D*, n. 22, p. 1313, 1980.

BEKENSTEIN, J.; MILGROM, M. *Astrophysical Journal*, n. 286, p. 7, 1984.

BELINSKY, V.; KHALATNIKOV, I.; LIFSHITZ, E. *Advances in Physics*, n. 19, p. 525, 1970.

BELL BURNELL, J. *Annals of the New York Academy of Sciences*, n. 302, p. 665, 1977.

_____. *Astronomy & Geophysics*, n. 45, v. 1, p. 7, 2004.

BLANDFORD, R.; REES, M. *Monthly Notices of the Royal Astronomical Society*, n. 169, p. 395, 1974.

BLUMENTHAL, G.; DEKEL, A.; PRIMACK, J. *Astrophysical Journal*, n. 326, p. 539, 1988.

BOHR, N.; WHEELER, J. *Physical Review*, n. 56, p. 426, 1939.

BONDI, H.; GOLD, T. *Monthly Notices of the Royal Astronomical Society*, n. 108, p. 252, 1948.

BORN, M. *Nature*, n. 164, p. 637, 1949.

BOWDEN, M. *Atlantic Monthly*, jul. 2012.

BRANS, C. Disponível em: <arxiv.org/abs/gr-qc/0506063>. 10 jun. 2005. Acesso em: jul. 2016.

_____. *AIP Conference Proceedings*, n. 1083, p. 34, 2008.

CALDER, L.; LAHAV, O. *Astronomy & Geophysics*, n. 49, v. 1, p. 13, 2008.

CANDELAS, P. et al. *Nuclear Physics B*, n. 258, p. 46, 1985.

CARROLL, S.; PRESS, W.; TURNER, E. *Annual Review of Astronomy and Astrophysics*, n. 30, p. 499, 1992.

CARTER, B. *Physical Review*, n. 141, p. 1242, 1966.

_____. *Physical Review*, n. 174, p. 1559, 1968.

_____. Disponível em: <arxiv.org/abs/gr-qc/0604064>. 15 abr. 2006. Acesso em: jul. 2016.

CENTRELLA, J. et al. *Review of Modern Physics*, n. 82, p. 3069, 2010.

CHANDRASEKHAR, S. *Astrophysical Journal*, n. 74, p. 81, 1931.

_____. *Monthly Notices of the Royal Astronomical Society*, n. 91, p. 456, 1931.

_____. *The Observatory*, n. 57, p. 373, 1934.

_____. *The Observatory*, n. 58, p. 33, 1935(a).

_____. *Monthly Notices of the Royal Astronomical Society*, n. 95, p. 207, 1935(b).

_____. *Monthly Notices of the Royal Astronomical Society*, n. 95, p. 226, 1935(c).

CHANDRASEKHAR, S.; MILLER, C. *Monthly Notice Royal Astronomical Society*, n. 95, p. 673, 1935.

CHANDRASEKHAR, S.; WRIGHT, J. *Proceedings of the National Academy of Sciences*, n. 47, p. 341, 1961.

CHIU, H. *Physics Today*, p. 21, maio 1964.

CHOPTUIK, M. *Astronomical Society of the Pacific Conference Series*, n. 123, p. 305, 1997.

COLES, P. Disponível em: <arxiv.org/abs/astro-ph/0102462>. 27 fev. 2001. Acesso em: jul. 2016.

CREASE, R. *Physics World*, p. 19, jan. 2010.

DAVIS, M. et al. *Astrophysical Journal*, n. 292, p. 371, 1985.

_____. *Nature*, n. 356, p. 489, 1992.

DE BERNARDIS, P. et al. *Nature*, n. 404, p. 955, 2000.

DE SITTER, W. *Proceedings of the Royal Netherlands Academy of Arts and Sciences*, n. 20, p. 229, 1918.

DE SITTER, W. *The Observatory*, n. 53, p. 37, 1930.

DEVORKIN, D. Entrevista com V. Rubin para o AIP. Disponível em: <www.aip.org/history-programs/niels-bohr-library/oral-histories/5920-1>. 21 set. 1995. Acesso em: jul. 2016.

DEWITT, B. *Physical Review*, n. 160, p. 1113, 1967(a).

_____. *Physical Review*, n. 162, p. 1195, 1967(b).

_____. *Physical Review*, n. 162, p. 1239, 1967(c).

_____. *General Relativity and Gravitation*, n. 41, p. 413, 2009.

DICKE, R. et al. *Astrophysical Journal*, n. 142, p. 414, 1965.

DIRAC, P. *Nature*, n. 168, p. 906, 1958.

_____. *Proceedings of the Royal Society of London A*, n. 246, p. 333, 1958.

_____. *Proceedings of the Royal Society of London A*, n. 338, p. 439, 1974.

DOROSHKEVICH, A.; SUNYAEV, R.; ZEL'DOVICH, Y. *IAU Symposia*, n. 63, p. 213, 1974.

DOROSHKEVICH, A.; ZEL'DOVICH, Y.; NOVIKOV, I. *Soviet Astronomy*, n. 11, p. 233, 1967.

DOUGLAS, D. *Journal of the Royal Astronomical Society of Canada*, n. 61, p. 77, 1967.

DUFF, M. *Physical Review D*, n. 7, p. 2317, 1971.

_____. *New Scientist*, p. 96, jan. 1977.

_____. Disponível em: <arxiv.org/abs/hep-th/9308075>. 16 ago. 1993. Acesso em: jul. 2016.

_____. *Scientific American*, p. 64, fev. 1998.

_____. Disponível em: <arxiv.org/abs/1112.0788>. 4 dez. 2011. Acesso em: jul. 2016.

DYSON, F.; EDDINGTON, E.; DAVISON, C. *Philosophical Transactions of the Royal Society of London A*, n. 220, p. 291, 1920.

EARMAN, J.; GLYMOUR, C. *Archive for History of Exact Sciences*, n. 19, p. 291, 1978.

EDDINGTON, A. *The Observatory*, n. 36, p. 62, 1913.

_____. *The Observatory*, n. 38, p. 93, 1915.

_____. *The Observatory*, n. 39, p. 270, 1916.

_____. *The Observatory*, n. 40, p. 93, 1917.

_____. *The Observatory*, n. 42, p. 119, 1919(a).

_____. *Nature*, n. 114, p. 372, 1919(b).

EDDINGTON, A. *Proceedings of the Royal Society of London A*, n. 102, p. 268, 1922.

_____. *Monthly Notices of the Royal Astronomical Society*, n. 90, p. 668, 1930.

_____. *Nature*, n. 127, p. 447, 1931.

_____. *Monthly Notices of the Royal Astronomical Society*, n. 95, p. 194, 1935(a).

_____. *The Observatory*, n. 58, p. 33, 1935(b).

_____. *Monthly Notices of the Royal Astronomical Society*, n. 96, p. 20, 1935(c).

_____. *Proceedings of the Royal Society of London A*, n. 162, p. 55, 1937.

_____. *Proceedings of the Physical Society*, n. 54, p. 491, 1942.

_____. *The Observatory*, n. 37, p. 5, 1943.

_____. *Monthly Notices of the Royal Astronomical Society*, n. 104, p. 20, 1944.

EDDINGTON, A.; SCHWARZSCHILD, K. *Monthly Notices of the Royal Astronomical Society*, n. 77, p. 314, 1917.

EFSTATHIOU, G.; SUTHERLAND, W.; MADDOX, S. *Nature*, n. 348, p. 705, 1990.

EINSTEIN, A. *Annals of Physics*, n. 17, p. 891, 1905(a).

_____. *Annals of Physics*, n. 18, p. 639, 1905(b).

_____. *Annals of Physics*, n. 19, p. 289, 1906(a).

_____. *Annals of Physics*, n. 19, p. 371, 1906(b).

_____. *Jahrbuch der Radioaktivität und Elektronik*, n. 4, p. 411, 1907.

_____. *Annals of Physics*, n. 35, p. 989, 1911.

_____. *Sitzungsberichte de Preussischen Akademie der Wissenschaften*, p. 315, 1915.

_____. *Sitzungsberichte de Preussischen Akademie der Wissenschaften*, p. 142, 1917.

_____. *Zeitschrift für Physik*, n. 11, p. 326, 1922.

_____. *Zeitschrift für Physik*, n. 16, p. 228, 1923.

_____. *Philosophy of Science*, n. 1, p. 163, 1934.

_____. *Annals of Mathematics*, n. 40, p. 992, 1939.

_____. *Physics Today*, p. 45, ago. 1982.

EINSTEIN, A.; GROSSMAN, M. *Zeitschrift für Physik*, n. 62, p. 225, 1913.

ELLIS, G. Disponível em: <www.faraday.st-edmunds.cam.ac.uk/CIS/Ellis/>. 6 mar. 2007. Acesso em: jul. 2016.

_____. *Nature*, n. 469, p. 294, 2011(a).

_____. *Scientific American*, p. 38, ago. 2011(b).

ESPOSITO, G. Disponível em: <arxiv.org/abs/1108.3269v1>. 16 ago. 2011. Acesso em: jul. 2016.

FABER, S.; GALLAGHER, J. *Annual Review of Astronomy and Astrophysics*, n. 17, p. 135, 1979.

FERREIRA, P. *New Scientist*, p. 12, out. 2010.

FOCK, V. *Voprosy Philosophii*, n. 1, p. 168, 1953.

FOWLER, R. *Monthly Notices of the Royal Astronomical Society*, n. 87, p. 114, 1926.

FRIEDAN, D. Disponível em: <arxiv.org/abs/hep-th/0204131>. 17 abr. 2002. Acesso em: jul. 2016.

FRIEDMANN, A. *Zeitschrift für Physik*, n. 10, p. 377, 1922.

GAMOW, G. *Nature*, n. 162, p. 680, 1948.

GARWIN, R. *Physics Today*, n. 27, p. 9, 1974.

GIACCONI, R. et al. *Physical Review Letters*, n. 9, p. 439, 1962.

GIBBS, G. *Scientific American*, p. 89, abr. 2002.

GIDDINGS, S. Disponível em: <arxiv.org/abs/1105.6359v1>. 30 maio 2011(a). Acesso em: jul. 2016.

_____. Disponível em: <arxiv.org/abs/1108.2015v2>. 9 ago. 2011(b). Acesso em: jul. 2016.

GLANZ, J. *Science*, n. 279, p. 651, 1998.

GÖDEL, K. *Review of Modern Physics*, n. 21, p. 447, 1949.

GOENNER, H. *Living Reviews in Relativity*, n. 7, 2004.

GORELIK, G. *Scientific American*, p. 72, ago. 1997.

GREEN, M.; SCHWARZ, J. *Physics Letters B*, n. 149, p. 117, 1984.

GREENSTEIN, J. *Annual Review of Astronomy and Astrophysics*, n. 22, p. 1, 1984.

GROSS, D. *Nuclear Physics B*, n. 236, p. 349, 1984.

GUTH, A. *Physics Review D*, n. 23, p. 347, 1981.

GUZZO, L., et al. Disponível em: <arxiv.org/abs/0802.1944>. 13 fev. 2008. Acesso em: jul. 2016.

HAMBER, H. Disponível em: <arxiv.org/abs/0704.2895v3>. 22 abr. 2007. Acesso em: jul. 2016.

HANANY, S. *The Astrophysical Journal Letters*, n. 545, p. 5, 2000.

HANBURY-BROWN, R. *IAU Supplement*, n. 9, p. 471B, 1959.

HANNAM, M. *Classical and Quantum Gravity*, n. 26, 114001, 2009.

HARVEY, A.; SCHUCKING, E. *American Journal of Physics*, n. 68, p. 723, 1999.

HARWITT, M. Entrevista com P. J. E. Peebles para o AIP. Disponível em: <www.aip.org/history-programs/niels-bohr-library/oral-histories/4814>. 27 set. 1984. Acesso em: jul. 2016.

HAWKING, S. *Physics Review Letters*, n. 17, p. 444, 1966.

_____. *Communications in Mathematical Physics*, n. 25, p. 152, 1971(a).

_____. *Physical Review Letters*, n. 26, p. 1344, 1971(b).

_____. *Nature*, n. 248, p. 30, 1974.

_____. *Communications in Mathematical Physics*, n. 43, p. 199, 1975.

_____. *Physical Review D*, n. 13, p. 13, 1976(a).

_____. *Physical Review D*, n. 14, p. 2460, 1976(b).

_____. *Nuclear Physics B*, n. 144, p. 349, 1978.

_____. *Communications in Mathematical Physics*, n. 87, p. 395, 1982.

HAWKING, S.; ELLIS, G. *Astrophysical Journal*, n. 152, p. 25, 1968.

HAWKING, S.; PENROSE, R. *Proceedings of the Royal Society of London A*, n. 314, p. 529, 1970.

HEGYI, D. "6th Texas Symposium on Relativistic Astrophysics", *Annals of the New York Academy of Sciences*, n. 224, 1973.

HETHERINGTON, N. *Nature*, n. 316, p. 16, 1986.

HEWISH, A.; BELL, S.; PILKINGTON, J.; SCOTT, P.; COLLINS, R. *Nature*, n. 217, p. 709, 1968.

HOYLE, F. *Monthly Notices of the Royal Astronomical Society*, n. 108, p. 372, 1948.

HOYLE, F.; Burbidge, G. *Astrophysical Journal*, n. 144, p. 534, 1966.

HOYLE, F.; NARLIKAR, J. *Proceedings of the Royal Society of London A*, n. 273, p. 1, 1963.

HOYT, W. "Biographical Memoirs", *National Academy of Sciences*, n. 52, p. 411, 1980.

HUBBLE, E. *Astrophysical Journal*, n. 64, p. 321, 1926.

_____. *Astrophysical Journal*, n. 69, p. 103, 1929(a).

_____. *Proceedings of the National Academy of Sciences*, n. 15, p. 168, 1929(b).

HUGHES, S. Disponível em: <arxiv.org/abs/hep-ph/0511217>. 17 nov. 2005. Acesso em: jul. 2016.

HUMASON, M. *Proceedings of the National Academy of Sciences*, n. 15, p. 167, 1929.

HUTERER, D.; TURNER, M. Disponível em: <arxiv.org/abs/astro-ph/ 9808133>. 13 ago. 1998. Acesso em: jul. 2016.

IOFFE, B. Disponível em: <arxiv.org/abs/hep-ph/0204295>. 25 abr. 2002. Acesso em: jul. 2016.

ISHAM, C. Disponível em: <arxiv.org/abs/gr-qc/9210011>. 21 out. 1992. Acesso em: jul. 2016.

ISRAEL, W. *Physical Review*, n. 164, p. 1776, 1967.

JACOBSON, T. Disponível em: <arxiv.org/abs/gr-qc/9908031>. 10 ago. 1999. Acesso em: jul. 2016.

JACOBSON, T.; SMOLIN, L. *Nuclear Physics B*, n. 299, p. 295, 1988.

JANSKY, K. *Proceedings of the IRE*, n. 21, p. 1387, 1933.

JANSSEN, M. "University of Minnesota Colloquium". Disponível em: <sites.google. com/a/umn.edu/micheljanssen/home/talks>. 20 out. 2006. Acesso em: jul. 2016.

JENNISON, R.; DAS GUPTA, M. *Nature*, n. 172, p. 996, 1953.

KENNEFICK, D. *Physics Today*, p. 43, set. 2005.

KERR, R. *Physical Review Letters*, n. 11, p. 237, 1963.

KRAGH, H. *Centaurus*, n. 32, p. 114, 1987.

KRAGH, H.; SMITH, R. *History of Science*, n. 41, p. 141, 2003.

KRASNOV, K. Disponível em: <arxiv.org/abs/gr-qc/9710006>. 1 out. 1997. Acesso em: jul. 2016.

LANDAU, L. *Physikalische Zeitschrift der Sowjetunion*, n. 1, p. 258, 1932.

_____. *Nature*, n. 364, p. 333, 1938.

LEMAÎTRE, G. *Annales de la Société Scientifique de Bruxelles*, n. A47, p. 49, 1927.

_____. *Nature*, n. 127, p. 706, 1931.

_____. *Proceedings of the National Academy of Sciences*, n. 20, p. 12, 1934.

_____. *Richerche Astronomiche*, n. 5, p. 475, 1958.

LENARD, P. Palestra no prêmio Nobel. Disponível em: <www.nobelprize.org/nobel_prizes/physics/laureates/1905/>. 28 maio 1906. Acesso em: jul. 2016.

LE VERRIER, U. *Annales de l'Observatoire Impérial de Paris*, v. IV, 1858.

LIFSHITZ, E.; KHALATNIKOV, I. *Soviet Physics-JETP*, n. 12, p. 108, p. 558, 1961.

LIGHTMAN, A. Entrevista com G. De Vaucouleurs para o AIP. Disponível em: <www.aip.org/history-programs/niels-bohr-library/oral-histories/33930>. 7 nov. 1988(a). Acesso em: jul. 2016.

_____. Entrevista com P. J. E. Peebles para o AIP. Disponível em: <www.aip.org/history-programs/niels-bohr-library/oral-histories/33957>. 19 jan. 1988(b). Acesso em: jul. 2016.

LINDE, A. *Physical Letters B*, n. 108, p. 389, 1982.

LUNDMARK, K. *Monthly Notices of the Royal Astronomical Society*, n. 84, p. 747, 1924.

LYNDEN BELL, D. *Nature*, n. 223, p. 690, 1969.

LYNDEN BELL, D.; REES, M. *Monthly Notices of the Royal Astronomical Society*, n. 152, p. 461, 1971.

MAKSIMOV, A. *Red Fleet*, 14 jun. 1952.

MATHUR, S. Disponível em: <arxiv.org/abs/gr-qc/0502050>. 11 fev. 2005. Acesso em: jul. 2016.

_____. Disponível em: <arxiv.org/abs/0909.1038v2>. 5 set. 2009. Acesso em: jul. 2009.

MILGROM, M. *Astrophysical Journal*, n. 270, p. 365, 1983.

MILLS, B.; SLEE, O. *Australian Journal of Physics*, n. 10, p. 162, 1956.

MISNER, C. *Review of Modern Physics*, n. 29, p. 497, 1957.

_____. *Astrophysics and Space Science Library*, n. 367, p. 9, 2010.

MOOALLEM, J. *Harper's Magazine*, p. 84, out. 2007.

MOTA, E.; CRAWFORD, P.; SIMÕES, A. *The British Journal of History of Science*, n. 42, p. 245, 2008.

NEYMAN, J.; Scott, E. *Astrophysical Journal*, n. 116, 144, 1952.

_____. *The Astrophysical Journal Supplement Series*, n. 1, p. 269, 1954.

NORTON, J. *Reflections on Spacetime*. Dordretch: Kluwer, 1992.

_____. *Studies in History and Philosophy of Modern Physics*, n. 31, p. 135, 2000.

NOVIKOV, I. *Soviet Astronomy*, n. 11, p. 541, 1967.

NUSSBAUMER, H.; BIERI, L. Disponível em: <arxiv.org/abs/1107.2281>. 12 jul. 2011. Acesso em: jul. 2016.

OPPENHEIMER, J. R.; SERBER, R. *Physical Review*, n. 54, p. 540, 1938.

OPPENHEIMER, J. R.; SNYDER, H. *Physical Review*, n. 56, p. 455, 1939.

OPPENHEIMER, J. R.; VOLKOFF, G. *Physical Review*, n. 55, p. 375, 1939.

OSTERBROCK, D.; BRASHEAR, R.; GWINN, J. *Astronomical Society of the Pacific Conference Series*, n. 10, p. 1, 1990.

OSTRIKER, J.; STEINHARDT, P. *Nature*, n. 377, p. 600, 1995.

OVERBYE, D. *New York Times*, 11 nov. 2003.

PEACOCK, J. Disponível em: <arxiv.org/abs/0809.4573>. 26 set. 2008. Acesso em: jul. 2016.

PEAT, D.; BUCKLEY, P. Entrevista com P. Dirac. Disponível em: <www.fdavidpeat. com/interviews/dirac.htm>. 1972. Acesso em: jul. 2016.

PEEBLES, P. *Astrophysical Journal*, n. 142, p. 1317, 1965.

_____. *Astrophysical Journal*, n. 146, p. 542, 1966(a).

_____. *Physical Review Letters*, n. 16, p. 410, 1966(b).

_____. *Astrophysical Journal*, n. 147, p. 859, 1967.

_____. *Nature*, n. 220, p. 237, 1968.

_____. *Astrophysical Journal*, n. 158, p. 103, 1969.

_____. *IAU Symposia*, n. 58, p. 55, 1974.

_____. *Astrophysical Journal Letters*, n. 263, p. 1, 1982.

_____. *Astrophysical Journal*, n. 284, p. 439, 1984.

_____. *Nature*, n. 327, p. 210, 1987(a).

_____. *Astrophysical Journal Letters*, n. 315, p. 73, 1987(b).

_____. Disponível em: <arxiv.org/abs/astro-ph/0011252v1>. 13 nov. 2000. Acesso em: jul. 2016.

_____. Disponível em: <arxiv.org/abs/astro-ph/0410284v1>. 11 out. 2004. Acesso em: jul. 2016.

PEEBLES, P.; YU, J. *Astrophysical Journal*, n. 162, p. 815, 1970.

PENROSE, R. *Physical Review Letters*, n. 14, p. 57, 1965.

_____. *Nature*, n. 229, p. 185, 1971.

PENZIA, A; WILSON, R. *Astrophysical Journal*, n. 142, p. 419, 1965.

PERLMUTTER, S. et al. *Astrophysical Journal*, n. 517, p. 565, 1999.

PRETORIUS, F. *Physical Review Letters*, n. 95, p. 121101, 2005.

_____. Disponível em: <arxiv.org/abs/0710.1338>. 6 out. 2007. Acesso em: jul. 2016.

PRINGLE, J.; REES, M.; PACHOLCZYK, A. *Astronomy & Astrophysics*, n. 29, p. 179, 1973.

REBER, G. *Astrophysical Journal*, n. 91, p. 621, 1940.

_____. *Astrophysical Journal*, n. 100, p. 279, 1944.

REES, M. *Monthly Notices of the Royal Astronomic Society*, n. 135, p. 145, 1967.

_____. *IAU Symposium*, n. 64, p. 194, 1974.

_____. *The Observatory*, n. 98, p. 210, 1978.

REES, M.; SCIAMA, D. *Nature*, n. 207, p. 738, 1965(a).

_____. *Nature*, n. 208, p. 371, 1965(b).

_____. *Nature*, n. 211, p. 468, 1966.

REISS, A. et al. *Astrophysical Journal*, n. 16, p. 1009, 1998.

ROBERTSON, H. *Proceedings of the National Academy of Sciences*, n. 93, p. 527, 1949.

ROVELLI, C. Disponível em: <arxiv.org/abs/gr-qc/9603063>. 30 mar. 1996. Acesso em: jul. 2016.

_____. Disponível em: <arxiv.org/abs/1012.4707v2>. 21 dez. 2010. Acesso em: jul. 2016.

ROVELLI, C.; SMOLIN, L. *Physical Review D*, n. 61, p. 1155, 1988.

_____. *Nuclear Physics B*, n. 331, p. 80, 1990.

_____. *Physical Review D*, n. 52, p. 5743, 1995.

RUBIN, V. *Proceedings of the National Academy of Sciences*, n. 40, p. 541, 1954.

_____. *Astrophysics Journal*, n. 159, p. 379, 1970.

_____. *Physics Today*, p. 8, dez. 2006.

RUFFINI, R.; WHEELER, J. *Physics Today*, p. 30, jan. 1971.

RYLE, M. *The Observatory*, n. 75, p. 13, 1955.

RYLE, M.; BAILEY, J. *Nature*, n. 217, p. 907, 1968.

RYLE, M.; CLARKE, R. *Monthly Notices of the Royal Astronomical Society*, n. 172, p. 349, 1961.

RYLE, M.; SMITH, F; ELSMORE, B. *Monthly Notices of the Royal Astronomical Society*, n. 110, p. 508, 1950.

SACHS, R.; WOLFE, A. *Astrophysical Journal*, n. 147, p. 73, 1967.

SAKHAROV, A. *Nature*, n. 331, p. 671, 1988.

SALPETER, E. *Astrophysical Journal*, n. 140, p. 796, 1964.

SCHUCKING, E. *Physics Today*, p. 46, ago. 1989.

_____. Disponível em: <arxiv.org/abs/0903.3768>. 23 mar. 2009. Acesso em: jul. 2009.

SCIAMA, D. *Nature*, n. 224, p. 1263, 1969.

SCIAMA, D.; FIELD, G.; REES, M. *Physical Review Letters*, n. 23, p. 1514, 1969.

SCIAMA, D.; REES, M. *Nature*, n. 211, p. 1283, 1966.

SHAPIRO, B. Entrevista com Milton Humason para o AIP. Disponível em: <www.aip.org/history-programs/niels-bohr-library/oral-histories/4686>. c. 1965. Acesso em: jul. 2016.

SHIELDS, G. *Publications of the Astronomical Society of the Pacific*, n. 111, p. 661, 1999.

SILK, J. *Astrophysical Journal*, n. 151, p. 459, 1968.

SLIPHER, V. *Lowell Observatory Bulletin*, n. 58, 1913.

———. *Lowell Observatory Bulletin*, n. 62, 1914.

———. *Proceedings of the American Philosophical Society*, n. 56, p. 403, 1917.

SMEENK, C. Entrevista com P. J. E. Peebles para o AIP. Disponível em: <www.aip. org/history-programs/niels-bohr-library/oral-histories/25507-1>. 4 abr. 2002. Acesso em: jul. 2016.

SMOLIN, L. *Nuclear Physics B*, n. 160, p. 253, 1979.

SMOOT, G. et al. *The Astrophysical Journal Letters*, n. 396, p. 1, 1992.

STELLE, K. Disponível em: <arxiv.org/abs/hep-th/0503110v1>. 13 mar. 2005. Acesso em: jul. 2016.

———. *Nature Physics*, n. 3, p. 448, 2007.

———. *Fortschritte der Physik*, n. 57, p. 446, 2009.

STONER, E. *Philosophical Magazine*, n. 7, p. 63, 1929.

STRAUMANN, N. Disponível em: <arxiv.org/abs/gr-qc/0208027>. 13 ago. 2002. Acesso em: jul. 2016.

STROMINGER, A. *Nuclear Physics B*, n. 192, p. 119, 2009.

STROMINGER, A.; VAFA, C. *Physics Letters B*, n. 379, p. 99, 1996.

SUSSKIND, L. Disponível em: <arxiv.org/abs/hep-th/9309145v2>. 27 set. 1993. Acesso em: jul. 2016.

SUSSKIND, L.; THORLACIUS, L. Disponível em: <arxiv.org/abs/hep-th/ 9308100 v1>. 20 ago. 1993. Acesso em: jul. 2016.

SUSSKIND, L.; THORLACIUS, L. UGLUM, J. Disponível em: <arxiv.org/abs/hep-th/ 9306069>. 16 jun. 1993. Acesso em: jul. 2016.

T' HOOFT, G. *Nuclear Physics B*, n. 256, p. 727, 1985.

———. *Nuclear Physics B*, n. 335, p. 138, 1990.

———. Disponível em: <arxiv.org/abs/gr-qc/9310026v2>. 19 out. 1993. Acesso em: jul. 2016.

———. Disponível em: <arxiv.org/abs/hep-th/0003004v2>. 1 mar. 2000. Acesso em: jul. 2016.

THORNE, K. *LIGO Report*, P-000024-00-D, 2001.

TOLMAN, R. *Physical Review D*, n. 55, p. 364, 1939.

TRIMBLE, V. *Beam Line*, n. 28, p. 21, 1998.

TYSON, A.; GIFFORD, R. *Annual Review of Astronomy and Astrophysics*, n. 16, p. 521, 1978.

UNZICKER, A. Disponível em: <arxiv.org/abs/0708.3518>. 16 dez. 2008. Acesso em: jul. 2016.

VAN DEN BERGH, S. Disponível em: <arxiv.org/abs/astro-ph/9904251>. 19 abr. 1999. Acesso em: jul. 2016.

VITTORIO, N.; Silk, J. *Astrophysical Journal*, n. 297, p. L1, 1985.

WANG, L. et al. *Astrophysical Journal*, n. 530, p. 17, 2000.

WAZAK, M. *New Scientist*, p. 27, nov. 2010.

WEART, S. Entrevista com Subrahmanyan Chandrasekhar para o AIP. Disponível em: <www.aip.org/history-programs/niels-bohr-library/oral-histories/4551-1>. 17 maio 1977. Acesso em: jul 2016.

_____. Entrevista com T. Gold para o AIP. Disponível em: <www.aip.org/history-programs/niels-bohr-library/oral-histories/4627>. 1 abr. 1978. Acesso em: jul. 2016.

WEBER, J. *Physical Review Letters*, n. 22, p. 1320, 1969.

_____. *Physical Review Letters*, n. 24, p. 276, 1970(a).

_____. *Physical Review Letters*, n. 25, p. 180, 1970(b).

_____. *Nature*, n. 240, p. 28, 1972.

WEBER, J.; WHEELER, J. *Reviews of Modern Physics*, n. 29, p. 509, 1957.

WEINBERG, S. *Physical Review*, n. 138, p. 988, 1965.

_____. *Physical Review Letters*, n. 59, p. 2607, 1987.

WEYL, H. *Zeitschrift für Physik*, n. 24, p. 230, 1923.

WHEELER, J. *Physical Review*, n. 97, p. 511, 1955.

_____. *Annals of Physics*, n. 2, p. 604, 1957. Disponível em: <www.sciencedirect.com/science/journal/00034916/2>. Acesso em: jul. 2016.

_____. *Annual Review of Astronomy and Astrophysics*, n. 4, p. 393, 1966.

WHITE, S. et al. *Nature*, n. 330, p. 451, 1987.

WICK, G. *Physics Today*, p. 1237, fev. 1970.

WILLIAMSON, R. *Journal of the Royal Astronomical Society of Canada*, n. 45, p. 185, 1951.

WITTEN, E. *Physics Today*, p. 24, abr. 1996(a).

_____. *Nature*, n. 383, p. 215, 1996(b).

_____. *Notices of the AMS*, n. 45, p. 1124, 1998.

WOODARD, R. Disponível em: <arxiv.org/abs/0907.4238>. 24 jul. 2009. Acesso em: jul. 2016.

WRIGHT, P. Entrevista com M. Schmidt para o AIP. Disponível em: <www.aip.org/history-programs/niels-bohr-library/oral-histories/4861>. 10 mar. 1975. Acesso em: jul. 2016.

ZEL'DOVICH, Y. *Soviet Physics — Doklady*, n. 9, p. 195, 1964.

_____. *Soviet Physics Uspekhi*, n. 11, p. 381, 1968.

_____. *JETP Letters*, n. 14, p. 180, 1971.

_____. *Monthly Notices of the Royal Astronomical Society*, n. 160, p. 7, 1972.

ZEL'DOVICH, Y.; GUSEINOV, O. *Astrophysical Journal*, n. 144, p. 840, 1965.

ZEL'DOVICH, Y.; STAROBINSKY, A. *Soviet Physics — JETP*, n. 34, p. 1159, 1972.

Índice remissivo

Academia de Ciências da Prússia, 38, 45, 60, 79, 81

aceleração: gravidade e, 29-30, 34-5; no modelo do universo em expansão, 257-8, 292

Agência Espacial Europeia (ESA — European Space Agency), 300, 303

Alemanha: físicos judeus fogem da, 99, 105

anãs brancas, estrelas, 84, 87-92, 100, 127, 181-2, 193

Andrômeda, galáxia de, 67; identificação da, 69; Rubin e a, 249

Antena Espacial da Interferometria a Laser *ver* LISA (Laser Interferometer Space Antenna)

"Apelo aos europeus" (Einstein), 39

Arecibo, Observatório de (Porto Rico), 142

Ashtekar, Abhay: soluciona equações de campo, 273, 276

astronomia: efeitos da relatividade geral na, 54; física newtoniana na, 26; usa das ondas gravitacionais na, 221-2, 231

Baade, Walter, 245

Babson, Roger: e a gravidade, 151-4

Bahcall, John, 232

Bahnson, Agnew: e a gravidade, 154-6

Barden, James, 187

barras de Weber: e busca por ondas gravitacionais, 214, 217, 223

Bekenstein, Jacob: e a Dinâmica Newtoniana Modificada, 294-5; e a teoria tensor-vetor-escalar, 296; e buracos negros, 203, 205, 209, 263, 294-5; e equações de campo, 296; e modificações na relatividade geral, 294, 298

Belinski, Vladimir, 177

Bell, Jocelyn, 308; descobre pulsares, 181-2; e quasares, 181; ignorada pelo prêmio Nobel, 183; "Observações de uma radiofonte com pulsação veloz", 182

Bergmann, Peter, 170, 268

Beria, Lavrentiy, 109, 288

Bethe, Hans, 99

Big Bang Theory (série de TV), 279

"Big Bang", teoria do: Dicke e, 241; e a relatividade geral, 291; e o modelo do universo em expansão, 247; Eddington opõe-se à, 75, 131; Einstein aceita a, 76; evidência observacional da, 178, 241; Gamow e a, 179; Hawking e a, 180, 308; Hoyle opõe-se à, 125, 177; Lemaître propõe a, 74-5, 93, 125, 129, 131, 178, 247; Peebles e a, 240, 246-8, 255, 292; Penrose e a, 308; Penzias e a, 178, 180, 241, 243; radiação vestigial na, 241, 243-4, 249, 256-7; Rees e a, 237; Sachs e a, 243; Sciama aceita a, 177-8; Silk e a, 243, 248, 256; teoria das cordas e, 308; Wilson e a, 178, 180, 241, 243; Wolfe e a, 243; Zel'dovich e a, 243, 247-8, 256

Blumenthal, George: e a constante cosmológica, 255

Bohr, Niels, 97, 111, 172; e física quântica, 146

Bohr, Niels & John Archibald Wheeler: "Mecanismo da fissão nuclear", 97

Boltzmann, Ludwig, 21, 114

bomba atômica, 99, 102, 106, 128, 146, 315; projeto alemão de desenvolvimento da, 106; União Soviética desenvolve, 109, 171, 173, 288-9

Bomba H (bomba de hidrogênio), 122-3, 146

Bondi, Hermann, 126, 128, 142, 170; e a relatividade geral, 142, 168, 213; e a teoria do estado estacionário, 130-2, 139-41, 168; e as ondas gravitacionais, 213

Born, Max, 92, 106, 132

bósons, 193-4, 265

Brans, Carl, 287

Bronstein, Matvei, 110, 199

buracos de minhoca: Wheeler e, 147, 158

buracos negros, 12-6; área dos, 202, 205, 209, 281; Bekenstein e os, 203, 205, 209, 263, 294-5; Carter e os, 187, 202; Chandra, fala de, 90, 100; colisão de, 226, 233, 301, 303; como radiofontes, 185; Cygnus X-1, 187; DeWitt e os, 187-8, 208, 226; e a relatividade geral, 167, 175, 185, 188, 279, 304; e busca pelas ondas gravitacionais, 224-5, 233, 303; e discos de acreção, 186; e paradoxo da informação, 267, 279, 281; Eddington opõe-se aos, 175-6, 188, 304; Einstein opõe-se aos, 100, 175-6, 188, 304; entropia dos, 203, 205, 209, 263, 280; estudo com satélites dos, 301-2; evidência observacional dos, 186, 304-5; física quântica e os, 206; Hawking e os, 180, 187-9, 201, 205, 263-5; horizonte de evento dos, 204-5, 302; Israel e os, 202; Kerr e os, 184; Khalatnikov e os, 174-6; Lifshitz e os, 174-6; Lynden-Bell e, 186, 302, 304; natureza dos, 186, 188-9; Newman e os, 188; no centro da Via Láctea, 305-6; Novikov e os, 185, 187, 189, 256, 261, 302, 304, 306;

Oppenheimer e Snyder estudam os, 78-80, 99, 169, 174; Penrose e os, 175-7, 181, 185, 190, 202, 205, 304; produção de energia dos, 185; quasares como, 306; radiação dos, 208, 263-6, 279-81; Rees e os, 189, 237, 302, 304; Schwarzschild descobre os, 80-1, 100, 113, 184-5; Sciama e os, 207; Smarr e os, 226, 228; Thorne e os, 187-9, 304; Wheeler e os, 144, 148, 165, 167, 174, 186, 188, 208, 239, 304; Zel'dovich e os, 184-6, 189, 205, 302, 304-5; *ver também* estrelas, evolução e declínio das

Burbidge, Geoffrey & Margaret: e as fontes de energia estelares, 142, 161

Burnell, Jocelyn *ver* Bell, Jocelyn

Butterfield, Herbert, 133

Cadeira Lucasian de Matemática (Cambridge), 192, 198, 208, 263-4, 278

Calabi-Yau, geometria de: e teoria das cordas, 270

Caltech, 76, 93, 119, 187, 190, 230, 232, 245, 270

Cambridge, Universidade de: a cosmologia na, 126-9, 131-3, 135-6, 139-41, 168

"campo de criação": Hoyle e, 132, 157

Candelas, Philip, 200; e a teoria das cordas, 270, 277; fala de Hawking, 207

Carter, Brandon: e o princípio antrópico, 310; e os buracos negros, 187, 202

CDM (*cold dark matter*), modelo do universo, 251, 253-6, 259; constante cosmológica no, 252-4, 257; e formação de galáxias, 251-2; estrutura de larga escala e, 257; modelo inflacionário e, 252; *ver também* matéria escura

Cefeidas, 69

Centro da Relatividade (Austin), 162

Centro de Estudos Avançados do Sudoeste (Dallas), 163

Centro Nacional para Aplicações de Supercomputação (Illinois), 228

CERN (Genebra): e a teoria unificada, 197, 200

Chandrasekhar, Subrahmanyan: e evolução e declínio das estrelas, 88-90, 100, 163, 193, 285; e física quântica, 87-93; e Gödel, 119; e radioastronomia, 136; Eddington opõe-se a, 91, 100, 285; fala de buracos negros, 90, 100

cíclico, modelo do universo, 309

COBE (Cosmic Background Explorer), satélite, 256

"Colapso gravitacional e singularidades do espaço-tempo" (Penrose), 176

Coleman, Sidney, 273

concordância do universo, modelo da: estrutura de larga escala e, 259, 261

constante cosmológica: Blumenthal e, 255; Davis e a, 253; Dekel e a, 255; Eddington e a, 253; Efstathiou e a, 284; Einstein apresenta a, 55, 59, 65, 239, 253; energia e a, 253; energia escura e a, 263, 292; evidência observacional da, 254, 258-9; Frenk e a, 254; Gott e a, 255; gravidade quântica e, 263; High-Z de Locali-

Localização de Supernovas (projeto) e a, 258; Lemaître e a, 253; na teoria das cordas, 311; no modelo CDM, 252-4, 257, 259; no modelo do multiverso, 310; Ostriker e a, 254; Peebles e a, 240, 254, 260; Primack e a, 255; Projeto Cosmologia Supernova e a, 257-8; reaceitação da, 257-9, 261; rejeitada, 73, 253; Schmidt e a, 259; Spergel e a, 255; Steinhardt e a, 254; supernovas e a, 257; Turner e a, 255; White e a, 254; Zel'dovich e a, 253, 260-1
"Constante cosmológica e a matéria escura fria, A" (Efstathiou), 254
constante de Hubble, 130
"Contestando a detecção de ondas gravitacionais" (Garwin), 220
"Contra a crítica ignorante das teorias modernas na física" (Fock), 109
"Contra o einsteinianismo reacionário na física" (Maximow), 109
Copérnico, Nicolau, 54
cordas, teoria das: Candelas e, 270, 277; constante cosmológica na, 310; DeWitt fala sobre, 275; Duff fala sobre, 276; e a gravidade quântica, 270, 275, 279; e a relatividade geral, 16; e a teoria do "Big Bang", 308; e abordagem covariante do espaço-tempo, 269, 275; espaço-tempo na, 279, 281; Feynman fala sobre, 272; Friedan fala sobre, 272; Gell-Mann e a, 270; geometria de Calabi-Yau e, 270; Glashow fala sobre, 272; grávitons na, 270; Green e a, 270, 278; Hawking fala sobre, 276; Horowitz e a, 270; hostilidade contra a, 278; modelo do universo

na, 310-1; modelo padrão e a, 270, 272-3; princípios e falhas da, 269-71; Schwartz e a, 270, 278; Smolin fala sobre, 277; Strominger e, 270, 280; supercordas, 270, 272, 291; teoria-M, 271, 276, 280, 309; Vafa e, 280; Witten e, 270, 281, 311
cosmologia: estrutura de larga escala na, 238, 244; evidência observacional na, 297-9, 310; Gott fala de, 238; Hoyle populariza a, 125, 132; interesse popular por, 307; modelo cíclico, 309; modelo da concordância, 259, 261; modelo do multiverso, 310; modelo do universo em expansão, 56, 59-60, 65, 67, 72-3, 75-6, 109, 129, 242; modelo do universo estático, 54-5, 59-61, 63, 75, 132; modelo do universo inflacionário, 247; na Universidade de Cambridge, 126-9, 131-3, 135-6, 139-41, 168; natureza da, 237, 258; Peebles e a, 240-1; radioastronomia e, 140; Rees fala de, 237; Sakharov e a, 288; Spergel fala de, 238; teoria do estado estacionário na, 126, 130-3, 139; Turner fala de, 239
"Cosmologia do Big Bang — enigmas e panaceias, A" (Dicke & Peebles), 246
Cosmos (série de TV), 10
Cottingham, Edward, 48-9, 312
Crommelin, Andrew, 48-9
Curso de física teórica (Landau), 110
Cygnus A (radiofonte), 159-60
Cygnus X-1 (buraco negro), 187

Davidson, Charles, 48-9

Davis, Marc, 245; e a constante cosmológica, 254; e a formação da galáxia, 251

De Sitter, Willem, 46; e o modelo do universo em expansão, 56, 59, 63-5, 67, 70-2; e o modelo do universo estático, 55, 64; efeito De Sitter, 64-6, 70-2, 129; fala da idade do universo, 130

Dekel, Avishai: e a constante cosmológica, 255

Deser, Stanley, 199, 273

desvio para o vermelho, efeito do: e radiofontes, 160, 177; Hubble mede, 70-2, 117, 129, 158, 258; Humason mede, 70-2, 75, 85, 117, 258; Slipher mede, 66-71, 85, 117

"Detective Police, The" (Dickens), 27

DeWitt, Bryce: e a eletrodinâmica quântica, 198, 268; e a gravidade, 153; e a gravidade quântica, 191, 198, 268, 273, 275; e abordagem canônica do espaço-tempo, 267, 273; e buracos negros, 187, 188, 208, 226; e grávitons, 198, 208, 267; e o Instituto de Física Fundamental, 154, 157; fala de teoria das cordas, 275; formação de, 150; Wheeler e, 268

DeWitt-Morette, Cécile, 150, 273

diagramas de Penrose, 167, 171

Diálogos Críticos sobre Cosmologia (Princeton — 1996), 237

Dicke, Robert, 245, 256; e a relatividade geral, 159, 240, 287; e a teoria do "Big Bang", 240; e o princípio antrópico, 310

Dicke, Robert & Philip Peebles: "A cosmologia do Big Bang — enigmas e panaceias", 246

Dickens, Charles: "The Detective Police", 27

Dinâmica Newtoniana Modificada (MOND — Modified Newton Dynamics), 295-6

Dirac, Paul, 11, 40, 199, 268; como professor da Cadeira Lucasian de Matemática, 192, 197, 208, 263; e a eletrodinâmica quântica, 196; e a física quântica, 168, 192-5, 197-8; e a gravidade, 288; e a matemática, 192, 194-5, 197; e a teoria unificada, 192-3; e equações de campo, 287; e modificações na relatividade geral, 294, 298; e o modelo padrão, 197; equação de Dirac, 193-5; formação e personalidade de, 192, 197; ganha prêmio Nobel, 194; Sciama e, 169

discos de acreção, 186, 189

Doppler, efeito, 67

Drever, Ronald, 230, 236

Duff, Michael: e a gravidade, 199, 201; fala sobre teoria das cordas, 276

Dyson, Frank, 47, 49-50, 312

Dyson, Freeman: e Weber, 234; fala sobre relatividade geral, 121

Eddington, Sir Arthur, 127-8; carreira acadêmica, 39; difunde a relatividade geral, 40, 46, 51, 56, 81, 100, 126; e a constante cosmológica, 253; e a teoria unificada, 126, 192, 286; e acúmulos de matéria, 75; e evolução e declínio das estrelas, 82, 84, 87-90, 100-1, 161; e fusão nuclear, 97; e Lemaître, 63, 72; e o modelo do universo em expansão, 63-4, 68, 70, 75; fala de Schwarzchild, 79; opõe-se a Chandra, 91, 100, 285; opõe-se à teoria do "Big Bang", 75, 131; opõe-se aos buracos negros, 175-76, 188, 304; opõe-se às ondas gravitacionais, 212; personalidade de, 39; *Stars and Atoms*, 127; *The Fundamental Theory*, 127; *The Internal Constitution of the Stars*, 87, 89, 96

efeito De Sitter, 64-6, 70-2, 129

"Efeito do vento e da densidade do ar na trajetória de projéteis, O" (Schwarzschild), 79

efeito Doppler, 67

efeito fotoelétrico, 85

Efstathiou, George: "A constante cosmológica e a matéria escura fria", 254; e a constante cosmológica, 284; e a estrutura de larga escala, 283; e formação de galáxias, 251; e o modelo padrão, 299

Ehrenfest, Paul, 57

Eidgenössische Technische Hochschule (ETH — Zurique): Einstein professor do, 22

Einstein, Albert: aceita a teoria do "Big Bang", 76; "Apelo aos europeus", 39; busca pela teoria unificada, 110-1, 113, 126, 157, 192, 285, 286; casamento com Lowenthal, 38, 102; casamento com Mari , 21, 31, 38; como celebridade, 103-04, 314; como *fellow* da Academia de Ciências da Prússia, 38, 45; como perito em patentes na Suíça, 20, 22, 29, 31, 35, 52; como professor universitário, 32, 35; consagração popular de, 51; difunde modelo do universo estático, 57, 59-61, 63-4, 68;

132; dirige o Instituto de Física Kaiser Wilhelm, 38; divorcia-se de Mari , 38; e a distribuição da matéria, 117; e a matemática, 33, 35, 43, 46, 110, 114, 271; e a Primeira Guerra Mundial, 38, 42; e decaimento orbital, 221; e evolução e declínio das estrelas, 100; e o efeito fotoelétrico, 85; e o espaço-tempo, 291; e o mccarthismo, 122; e o modelo do universo em expansão, 72-3, 75-6, 131; e ondas gravitacionais, 211-2; emigra para os Estados Unidos, 104-6, 110, 113; estuda geometria não euclidiana, 35, 43, 45; fala sobre a teoria do estado estacionário, 132; fim da vida, 102; formação de, 20-1, 51-2; Grossmann auxilia, 35-6, 38, 43; introduz a constante cosmológica, 55, 59, 65, 239, 253; morte de, 123; no Instituto de Estudos Avançados, 102-03, 110, 169; opõe-se aos buracos negros, 100, 175-6, 188, 304; oposição ao modelo do universo em expansão, 57, 59-61, 63, 68; Oppenheimer e, 120-4; personalidade de, 20; relação com Hilbert, 42, 45; relação com Lemaître, 68, 76, 100; Schwarzschild e, 79-81; "Sobre o princípio da relatividade e suas implicações" (1907), 22, 31; "Sobre uma nova determinação das dimensões moleculares" (1905), 21

Einstein, Eduard, 35

Einstein, Hans Albert, 31

Einstein, Maja, 102

eletrodinâmica quântica (EDQ), 270;

DeWitt e a, 198, 269; Dirac e a, 195; e a teoria unificada, 195, 197, 201; partículas e a, 195; Schwinger e a, 195, 198

eletromagnetismo: gravidade e o, 112, 198; Hertz e o, 211; Maxwell e o, 24, 85, 157, 196, 211; na teoria unificada, 111, 196-8

elétrons, 82, 86, 88-90, 179, 193-5, 198, 244, 272, 275

Ellis, George, 180; e a relatividade geral, 311; fala sobre o modelo do multiverso, 311

Encontro Sobre Relatividade Geral e Cosmologia, Terceiro (Londres — 1965), 175

energia: distribuição da, 53; e a constante cosmológica, 253; produzida por buracos negros, 185; relação com massa, 20, 82

energia escura, 16, 238, 261, 293, 297-9, 302, 307, 316; e a constante cosmológica, 261, 292

energia nuclear, 94, 122, 152

entropia: dos buracos negros, 203, 205, 209, 263, 280

equação de Dirac, 193-5

equações de campo: Ashtekar resolve as, 273, 276; Bekenstein e as, 296; Dirac fala das, 287; Friedmann e as, 58-9, 117, 119; Gödel resolve as, 117-9; Hoyle e as, 132; Kerr resolve as, 170, 176, 188, 205; Lemaître e as, 103, 117, 119; Lifshitz e as, 243; na teoria unificada, 112; ondas gravitacionais e, 226; Pretorius resolve as, 232, 233; Sakharov e as, 289; Schwarzschild resolve as, 79-82, 84, 92, 96-7, 100, 103, 119, 170, 176, 188

Erhard, Werner: patrocina palestras sobre física, 265

espaço-tempo: abordagem canônica do, 268, 274-5, 277-8; abordagem covariante do, 269, 272, 275, 279; curvatura do, 36, 45, 56, 58, 65, 246-8; efeito da gravidade no, 79-80, 93, 96-7, 305; efeitos da relatividade geral no, 25, 45, 147, 153, 167-9, 174, 211, 224, 244, 268, 275; efeitos do modelo do universo inflacionário no, 248; Einstein e o, 291; evidência observacional do, 313-4; geometria do, 45, 111, 156, 169, 273, 282, 289; na teoria das cordas, 279, 281; Sakharov e o, 288-9

estado estacionário, teoria do: Bondi e a, 130-2, 139-41, 168; Born fala sobre, 132; Einstein fala sobre, 132; Gold e a, 130-2, 139, 142, 157; Heisenberg e a, 132; Hoyle difunde a, 125, 130-3, 139-41, 161, 168-9, 177, 309; Milne fala da, 132; Rees e a, 178; Ryle ataca a, 137-8, 140-1, 169, 177; Sciama e a, 168, 177

"estado final" ver estrelas, evolução e declínio das

Estados Unidos: Comissão de Energia Atômica dos, 122; Einstein emigra para, 104-6, 110, 113; Gödel emigra para, 116; NASA (National Aeronautics and Space Administration), 287, 300

"Estática cósmica" (Reber), 136-7

estático, modelo do universo, 54, 59; De Sitter e o, 55, 64; Einstein difunde o, 57, 59-61, 63-4, 68, 132; instabilidade do, 75

361

estrelas: aglomerados globulares, 252; anãs brancas, 84, 87-92, 100, 127, 181-2, 193; Eddington e as, 82, 84, 87; efeito da gravidade sobre, 83, 89-90, 184; estrelas de raios x, 185-6, 188, 302, 304; evolução e declínio das, 81-2, 84, 169, 174, 224; física quântica e, 81-2, 84, 87-9; fontes de energia nas, 82, 94-5, 127, 161, 163; Oppenheimer e as, 97, 100, 113, 144, 149, 163-4, 183; Snyder e as, 96-7, 100, 113, 120, 146, 164; supernovas, 224, 257-8, 292

estrelas de nêutrons, 15, 181-3, 193, 210, 221, 224-5, 303-4; e a relatividade geral, 221; e ondas gravitacionais, 221-2, 224, 303; Hulse e Taylor e, 221-2, 224; *ver também* pulsares

estrutura de larga escala do universo, 239, 245-6, 248, 254-5, 257, 260, 293; e o modelo CDM, 251, 255; e o modelo da concordância, 259; e o modelo inflacionário, 248; galáxias e a, 243; matéria escura na, 284, 302; na cosmologia, 238, 244

expansão, modelo do universo em, 56; a teoria do "Big Bang" e, 247; aceleração no, 257, 292; De Sitter e o, 55, 59, 63-5, 67, 72; e o efeito do desvio para o vermelho, 64-5, 67, 70-1; Eddington e o, 63-4, 68, 75; Einstein e o, 72-3, 75-6, 131; Friedmann e o, 59-61, 63-4, 68, 72-3, 75-6, 79, 109, 129, 131-3, 139, 242; gravidade e o, 242; Hoyle e o, 129-30; Lemaître e o, 65, 67, 71-3, 75-6, 80, 129, 131-3, 139, 242; Lifshitz e o, 110; Weyl e o, 64, 68

expansão, modelo do universo em: Einstein opõe-se ao, 59

experimentos mentais: Bondi faz, 213; Einstein faz, 22-3, 25, 29, 46, 108; Wheeler faz, 147

Faber, Sandra: e a matéria escura, 250

Faraday, Michael, 20

Fermi, Enrico, 196

férmions, 193-4, 265

Feynman, Richard, 99, 199, 266; e a eletrodinâmica quântica, 195; e a física quântica, 146, 156; e a relatividade geral, 156, 158; e as ondas gravitacionais, 213; fala da teoria das cordas, 272; ganha prêmio Nobel, 195; Wheeler e, 146

Field, George: e ondas gravitacionais, 218

física newtoniana: e a relatividade geral, 37, 45; gravidade na, 26-8, 80, 285-6, 293-4; inconsistências e limitações da, 24-5; luz na, 85; na astronomia, 26-8; previsão na, 86

física nuclear, 99, 144, 149

física quântica, 11, 17; Bohr e a, 146; Chandra e a, 87-90, 92-3; Dirac e a, 168, 192-5, 197-98; e a relatividade especial, 193-4; e a relatividade geral, 74, 78-9, 117, 121, 124, 149, 191, 201, 208, 264, 268-9, 286, 292; e as estrelas, 81-2, 84, 87-9; e o materialismo dialético, 107-8; e os buracos negros, 206; evidência observacional na, 191-2; Feynman e a, 146, 156; Heisenberg e a, 86, 88, 145, 168; Hoyle e a, 127; informação e previsibilidade na, 266; Landau e a, 94, 172; luz na, 85; na

362

União Soviética, 109-10; Oppenheimer e a, 78, 92-3; princípio da exclusão na, 88, 120, 193-4; princípio da incerteza na, 86, 88; princípios básicos da, 86; Schrödinger e a, 86, 88, 112, 145, 168, 268; Wheeler e a, 145, 281

Flerov, Georgii, 172

Fock, Vladimir: "Contra a crítica ignorante das teorias modernas na física", 109

força forte: na teoria unificada, 197-8

força fraca: a gravidade como, 294; na teoria unificada, 196-8

fótons, 85, 179, 194-5, 198, 206

Fowler, Ralph, 40; e a evolução e o declínio das estrelas, 88-9, 193; e fontes de energia estelares, 161

Fowler, William, 142

Frenk, Carlos: e a constante cosmológica, 254; e a formação de galáxias, 251

Freud, Sigmund, 184

Friedan, Daniel: fala sobre teoria das cordas, 272

Friedmann, Alexander, 53, 158; e equações de campo, 58-9, 117, 119; e o modelo do universo em expansão, 59-61, 63-4, 68, 72-3, 75-6, 79, 109, 129, 131-3, 139, 242; formação e personalidade de, 58; morte de, 62; na Primeira Guerra Mundial, 57-8, 62, 79; "Sobre a curvatura do espaço", 59

Fundação de Pesquisa da Gravidade, 151, 153-4

Fundamental Theory, The (Eddington), 127

galáxias: distribuição das, 252, 261, 297, 302; e a estrutura de larga escala, 243; e discos de acreção, 186; formação e estrutura das, 242-3, 249-50, 252, 293-4, 297, 313; Gamow e, 242-3; gravidade e, 242-3, 250, 294; na relatividade geral, 242, 297; nebulosas identificadas como, 69; Vaucouleurs e superaglomerados de, 245; Zwicky e, 250

Galilei, Galileu, 19

Gallagher, Jay: e a matéria escura, 250

Galle, Gottfried, 27

Gamow, George: e a teoria do "Big Bang", 179; e as galáxias, 242-3

Garwin, Richard: "Contestando a detecção de ondas gravitacionais", 220

Gauss, Carl Friedrich: e geometria não euclidiana, 36-7, 44

Gell-Mann, Murray: e teoria das cordas, 270

geometria não euclidiana: Einstein estuda a, 35, 43, 45; Gauss e a, 36, 37, 44; Riemann e a, 37, 43-4, 46, 111-2

geometria quântica, 274

geral, teoria da relatividade ver relatividade geral

Giaccone, Riccardo, 186

Glashow, Sheldon: e força eletrofraca, 197; e o modelo padrão, 200; fala de teoria das cordas, 272

Glenn L. Martin Company, 153

Gödel, Kurt: Chandra e, 119; e a relatividade geral, 113, 116, 118-9; e matemática, 114-6; e o teorema da incompletude, 115; e viagens no tempo, 118; emigra para os Estados Unidos, 116; formação de, 114;

363

morte de, 119; no Instituto de Estudos Avançados, 116; soluciona equações de campo, 117-9

Gold, Thomas, 126-8, 138, 162; e a radioastronomia, 142; e a teoria do estado estacionário, 130-2, 139, 142, 157; fala de relatividade geral, 166

Gott, J. Richard: e a constante cosmológica, 255; fala sobre cosmologia, 238

Goudsmit, Samuel: e a relatividade geral, 121

Grande Colisor de Hádrons, 307

Grande Nuvem de Magalhães, 224

gravidade: Babson e a, 151-2, 154; Bahnson e a, 154; Brans e a, 287; como força fraca, 294; desvia a luz, 34, 41, 44, 47-9, 51; DeWitt e a, 153, 191, 198, 268; Dirac e a, 287; Duff e a, 200; e aceleração, 29, 34; e as galáxias, 242, 250, 294; e o eletromagnetismo, 112, 198; e o modelo do universo em expansão, 242; Hawking e a, 208, 264; Hilbert fala da, 45; Jordan e a, 287; Milgrom e a modificação da, 294; na física newtoniana, 26-8, 80, 285-6, 293-4; na relatividade geral, 25, 29, 38, 43-5, 55, 199, 201, 285, 297; na teoria unificada, 196; pesquisas sobre antigravidade, 151-2; Sakharov e a, 289; supergravidade, 265, 291; teoria das ondas de *ver* ondas gravitacionais; teoria tensor-vetor-escalar, 296; teorias alternativas à, 283

gravidade quântica: DeWitt e a, 200, 268-9, 273, 275; e a constante cosmológica, 263; gravidade quântica de laços, 274-5, 277, 279-80, 309; grávitons na, 270, 277; Hawking e a, 264-5; Jacobson e a, 273; Krasnow e a, 280; Rovelli e a, 274, 280; Smolin e a, 273-4, 277, 280; teoria das cordas e a, 270, 275, 279; Woit e a, 277

Gravitation (Wheeler, Misner & Thorne), 304

Gravitation and Cosmology (Weinberg), 304

grávitons: na gravidade quântica, 270, 277; na teoria das cordas, 270

Green, Michael: como professor da Cadeira Lucasian de Matemática, 278; e teoria das cordas, 270, 278

Grossmann, August, 22

Grossmann, Marcel: auxilia Einstein, 21, 35-6, 38, 43

Guth, Alan: e modelo inflacionário do universo, 247-8

Hawking, Stephen, 198, 290; Candelas fala sobre, 207; como professor da Cadeira Lucasian de Matemática (Cambridge), 207, 263-5, 278; e a gravidade, 207, 264; e a gravidade quântica, 263-5; e a relatividade geral, 311; e a supersimetria, 265; e a teoria do "Big Bang", 180, 308; e as ondas gravitacionais, 217; e buracos negros, 180, 187-9, 201, 205, 263-5; e centenário de Einstein, 246; e o modelo padrão, 264; fala sobre "fim da física teórica", 264; fala sobre teoria das cordas, 276; formação de, 180; "Paradoxo da informação em buracos negros", 266; problemas de saúde, 180, 202; Sciama e, 180, 201

Heisenberg, Werner, 199; e a física quântica, 86, 88, 145, 168; e a teoria do estado estacionário, 132; princípio da incerteza, 86, 88; Stark confronta, 106

hélio, 82-3, 98, 179, 244, 252

Hertz, Heinrich: e o eletromagnetismo, 211

Hewish, Antony, 181; ganha prêmio Nobel, 183

hidrogênio, bomba de ver Bomba H

High-Z de Localização de Supernovas, Projeto: e a constante cosmológica, 258

Hilbert, David, 64, 92, 102; e matemática, 115; e o teorema da incompletude, 116; fala sobre gravidade, 45; relação com Einstein, 42, 45

Horowitz, Gary: e teoria das cordas, 270

Hoyle, Fred, 193; criticado por colegas, 126, 132-3; difunde a cosmologia, 125, 132; difunde a teoria do estado estacionário, 125, 130-3, 139-41, 161, 168-9, 177, 309; e a física quântica, 127; e as equações de campo, 131; e as pesquisas do radar, 128; e fontes de energia estelares, 127, 161; e o "campo de criação", 132, 157; e o modelo do universo em expansão, 129-30; e o prêmio Nobel, 142; formação de, 127; opõe-se à a teoria do "Big Bang", 125, 177; Ryle e, 138

Hubble, Edwin, 93; constante de Hubble, 130; formação e personalidade de, 68; identifica nébulas como galáxias, 68-9; mede efeito do desvio para o vermelho, 70-2, 117, 129, 158, 258; na Primeira Guerra Mundial, 68; "Uma relação entre distância e velocidade radial nas nebulosas extragaláticas", 71

Hubble, Telescópio Espacial, 258, 300

Huchra, John, 245

Hulse, Russell: e estrelas de nêutrons, 221, 224, 225

Humason, Milton: mede efeito do desvio para o vermelho, 70-2, 75, 85, 117, 258

incompletude, teorema da, 103, 115-6

Infeld, Leopold, 162

inflacionário, modelo do universo: e o modelo CDM, 248, 252, 254; efeitos sobre o espaço-tempo, 248; estrutura de larga escala e o, 248; Guth e o, 247; na teoria unificada, 247

Instituto de Astronomia (Cambridge), 283

Instituto de Estudos Avançados (Princeton), 102, 116, 119, 169, 232

Instituto de Física Fundamental (IOFP — Institute of Fundamental Physics), 155-6

Instituto de Física Kaiser Wilhelm (Berlim), 38

Instituto de Pesquisa para Estudos Avançados (Glenn L. Martin Company), 153

interferometria a laser, 222-3; GEO600, 230, 301; TAMA, 230

Internal Constitution of the Stars, The (Eddington), 87, 89, 96

Israel, Werner: e buracos negros, 202; e o centenário de Einstein, 246

Jacobson, Theodore: e a gravidade quântica, 273, 274

Jansky, Karl: "Perturbações elétricas de origem aparentemente extraterrestre", 135

Jodrell Bank, Observatório (Manchester), 135, 140

Jordan, Pascual: e a gravidade, 287

Jornada nas Estrelas (série de TV), 10

judeus, físicos: "física judaica", oposição dos nazistas a, 105; fogem da Alemanha, 99, 105

Kaluza, Theodor: e o universo pentadimensional, 111-2

Kennedy, John F.: assassinato de (1963), 164

Kerr, Roy: e os buracos negros, 184; no Centro da Relatividade, 170; soluciona equações de campo, 170, 176, 188, 205

Khalatnikov, Isaak: e os buracos negros, 174-6

Klein, Oskar: e o universo pentadimensional, 111-2

Krasnov, Kirill: e a gravidade quântica, 280

Kurchatov, Igor, 288

lambda *ver* constante cosmológica

Landau, Lev Davidovich, 288; *Curso de física teórica*, 110; e a física nuclear, 172; e a física quântica, 94, 172; e as fontes de energia estelares, 94-5; e evolução e declínio das estrelas, 149, 183, 193

Le Verrier, Urbain: e a descoberta de Netuno, 27; e Mercúrio, 27-8, 43-4, 293

Lemaître, Georges, 53, 158; como jesuíta, 62; difunde a relatividade

geral, 63, 108; e a constante cosmológica, 253; e equações de campo, 103, 117, 119; e o modelo do universo em expansão, 65, 67, 71-3, 75-6, 80, 129, 131-3, 139, 242; Eddington e, 63, 72; na Primeira Guerra Mundial, 62; "O princípio do mundo do ponto de vista da teoria quântica", 74; propõe a teoria do "Big Bang", 74-5, 93, 125, 129, 131, 178, 247; relacionamento com Einstein, 68, 76, 100

Lenard, Philipp: descobre efeito fotoelétrico, 85; ganha prêmio Nobel, 105; opõe-se à relatividade geral, 105

Lifshitz, Evgeny: e as equações de campo, 243; e buracos negros, 174, 176; e o modelo do universo em expansão, 110

LIGO (Laser Interferometer Gravitational Wave Observatory), 230-2, 234-5, 301, 303

LISA (Laser Interferometer Space Antenna), 301-3

Lovell, Bernard: e a radioastronomia, 135; e as radiofontes, 159

Lowell, Observatório (Flagstaff), 66

Lowenthal, Elsa: casamento com Einstein, 38, 102

Lundmark, Knud: mede distância de nebulosas, 67, 70-2

luz: e o efeito do desvio para o vermelho *ver* desvio para o vermelho; gravidade desvia a, 34, 41, 44-9, 51; na física newtoniana, 85; na física quântica, 85; relação com massa, 148; teoria das partículas da, 20, 85; velocidade da, 20, 24, 29, 31, 89, 160, 184, 212

Lynden-Bell, Donald: e buracos negros, 186, 302, 304

Manhattan, Projeto, 99, 122, 146, 171
Marić, Mileva: casamento com Einstein, 21, 31, 38; Einstein divorcia-se de, 38
massa: relação com a energia, 20, 82; relação com a luz, 148
matemática: Dirac e a, 192, 194-5, 197; Einstein e a, 33, 35, 43, 46, 110, 114, 271; Gödel e a, 114-6; Hilbert e a, 115; renormalização na, 195-8
matéria: distribuição da, 53, 59; Eddington e acúmulos de, 75; Einstein e a distribuição da, 117
matéria escura, 16, 238; Dinâmica Newtoniana Modificada e, 294; distribuição da, 250, 294; evidência observacional da, 313; Faber e a, 250; modelo padrão e, 238; na estrutura de larga escala, 283, 302; Peebles e a, 250; relatividade geral e, 293; ver também CDM (cold dark matter), modelo do universo
materialismo dialético: física quântica e, 107-8; relatividade geral e, 107-8
"Materialismo dialético e histórico" (Stálin), 107
Maximow, Alexander: "Contra o einsteinianismo reacionário na física", 109
Maxwell, James Clark: e o eletromagnetismo, 24, 85, 157, 196, 211
McCarthy, Joseph, 122
"Mecanismo da fissão nuclear" (Niels & Wheeler), 97
Mercúrio: Le Verrier e, 27-8, 43-4, 293; órbita de, 28, 31, 80-1, 293

Milgrom, Mordehai, 294-5
Mills, Bernard: e radiofontes, 140
Milne, E. A.: fala da teoria do estado estacionário, 132
Minkowski, Hermann, 43
Misner, Charles, 147, 176, 226, 268, 304
modelo padrão das forças, 201, 269, 271; Dirac e o, 197; e a matéria escura, 239; e a teoria das cordas, 270, 272-3; Efstathiou e o, 299; Glashow e o, 199; Hawking e o, 264; Salam e o, 199, 272; Weinberg e o, 199, 272, 304
MOND ver Dinâmica Newtoniana Modificada (MOND — Modified Newton Dynamics)
Monte Wilson, Observatório (Pasadena), 70, 73
multiverso, modelo do universo: constante cosmológica no, 310; Ellis fala sobre, 311; teoria das cordas no, 311

Na solidão da noite (filme), 131
NASA (National Aeronautics and Space Administration), 287, 300
Nature of the Universe, The (série da rádio BBC), 125
nazistas: oposição à "física judaica", 105
nebulosas: Hubble identifica-as como galáxias, 69; Lundmark mede a distância das, 67, 69, 71
Nernst, Walther, 38
Netuno: Le Verrier e a descoberta de, 27
nêutrons, 82-3, 94, 193, 196, 275; *ver também* estrelas de nêutrons

367

Newman, Ezra: e os buracos negros, 188

Newton, Sir Isaac, 9, 19, 25, 51-2; como professor da Cadeira Lucasian de Matemática, 192, 263; *ver também* física newtoniana

Novikov, Igor: e buracos negros, 185, 187, 189, 256, 261, 302, 304, 306

"Observações de uma radiofonte com pulsação veloz" (Bell), 182

Observatório de Ondas Gravitacionais por Interferometria a Laser *ver* LIGO (Laser Interferometer Gravitational Wave Observatory)

ondas gravitacionais: barras de Weber e busca pelas, 214-8, 222, 224, 234; Bondi e as, 213; buracos negros e a busca por, 224-5, 233, 303; detecção das, 210, 214-8, 222, 224, 228-35, 303; e equações de campo, 225-6; Eddington opõe-se às, 212; Einstein e as, 211; estrelas de nêutrons e, 221-2, 224, 303; Feynman e as, 213; Field e as, 218; Hawking e, 217; interferometria a laser e busca pelas, 222-3, 230, 301; Ostriker fala das, 231; Penrose e as, 217; Pretorius e as, 227; Rees e as, 218; relatividade geral e, 231; Sciama e as, 218; supernovas e as, 224; Thorne e as, 230, 232, 235; Tyson fala das, 231; uso na astronomia, 220-2, 231; Via Láctea como fonte de, 216-8

Oppenheimer, J. Robert, 132, 158; dirige o Instituto de Estudos Avançados, 103, 119, 124; e a fissão nuclear, 97-9; e a relatividade geral, 93, 95, 97, 119-20; e Einstein, 120, 122-4; e evolução e declínio das estrelas, 97, 100, 113, 144, 149, 163-4, 183; e física quântica, 78, 92-3; e fontes de energia estelares, 95; e o Projeto Manhattan, 99, 122; e os buracos negros, 78-80, 99, 169, 174; e os cientistas europeus refugiados, 99; e quasares, 163-4; formação de, 92; Pauli fala de, 93; personalidade de, 92-3

Ostriker, Jeremiah: e a constante cosmológica, 254; e a formação de galáxias, 250; fala sobre as ondas gravitacionais, 231

"ovo primordial", 74, 131; *ver também* Big Bang", teoria do

"Paradoxo da informação em buracos negros" (Hawking), 266

partículas: antipartículas, 194-5, 206; bósons, 193-4, 265; e a eletrodinâmica quântica, 194-5; elétrons, 82, 86, 88-90, 179, 193-5, 198, 244, 272, 275; férmions, 193-4, 265; fótons, 85, 179, 194-5, 198, 206; grávitons, 199, 208, 269; nêutrons, 82-3, 94, 193, 196, 275; prótons, 82-3, 88, 94, 179, 193, 196, 198, 244, 272, 275, 307; quarks, 196; tipos de, 193-5, 264, 269

Pauli, Wolfgang, 11, 191, 199; e o princípio de exclusão, 120, 127, 193; fala de Oppenheimer, 93

Pawsey, Joseph: e a radioastronomia, 135, 137

Peebles, Philip James: e a constante cosmológica, 240, 254, 259; e a Dinâmica Newtoniana Modificada,

295; e a evolução do universo, 243-4, 248; e a formação de galáxias, 242-3, 250, 292, 297; e a matéria escura, 251; e a teoria do "Big Bang", 240, 246-8, 255, 292; e cosmologia, 240; e o modelo CDM, 251-2, 256, 259; fala de relatividade geral, 292; formação e personalidade de, 239, 259; *Physical Cosmology*, 239

Penrose, diagramas de, 167, 171

Penrose, Roger, 190, 193; "Colapso gravitacional e singularidades do espaço-tempo", 176; cria redes de *spin*, 274; e a relatividade geral, 167-70, 311; e a teoria do "Big Bang", 308; e as ondas gravitacionais, 217; e buracos negros, 175-7, 181, 185, 190, 202, 205, 304; no Centro da Relatividade, 170

Penrose, super-radiância de, 205

Penzias, Arno: e a teoria do "Big Bang", 178, 180, 241, 243; ganha prêmio Nobel, 241

Perlmutter, Saul: ganha prêmio Nobel, 259

Perrine, Charles, 41

"Perturbações elétricas de origem aparentemente extraterrestre" (Jansky), 135

Physical Cosmology (Peebles), 239

Physical Review, 95, 97, 121, 171, 176, 212

Planck, Max, 38

planetas: órbitas de, 26, 27

plutônio, 98-9, 146

pósitrons, 194, 195

prêmio Nobel: Bell ignorada pelo, 183; Dirac vence o, 194; Feynman vence o, 195; Hewish vence o, 183; Hoyle e o, 142; Lenard vence o, 105; Penzias e Wilson vencem o, 241; Perlmutter vence o, 259; Riess vence o, 259; Ryle vence o, 143, 183; Schmidt vence o, 259; Smoot vence o, 256; Townes vence o, 222

Pretorius, Frans: e ondas gravitacionais, 227, 232; soluciona equações de campo, 232-3

Primack, Joel: e a constante cosmológica, 255

Primeira Guerra Mundial: cientistas britânicos e a, 41, 47, 62; Einstein e a, 38, 42; Friedmann na, 57, 62, 79; Hubble na, 68; Lemaître na, 62; Schwarzschild na, 79

Príncipe, expedição à ilha de (1919): Eddington lidera, 9, 48-9, 51, 81, 312-5

Principia Mathematica (Whitehead & Russell), 40

princípio antrópico: Carter e o, 310; Dicke e o, 310

princípio da exclusão de Pauli, 88, 120, 193-4

"Princípio do mundo do ponto de vista da teoria quântica, O" (Lemaître), 74

Projeto Cosmologia Supernova, 257-9

prótons, 82

pulsares, 183, 224, 236; Bell descobre os, 182; *ver também* estrelas de nêutrons

quântica, física *ver* física quântica

quarks, 196

quasares, 304; Bell e os, 181; como buracos negros, 306; e a relatividade geral, 164-5, 177, 188; no Simpósio Texano de Astrofísica Relativista (1963), 163-5; Oppenheimer e os, 163-4; Rees e os, 186; Sciama e os, 177, 186; *ver também* radiofontes

radar: desenvolvimento na Segunda Guerra Mundial, 128, 134; Hoyle nas pesquisas do, 128, 134; Ryle nas pesquisas do, 134, 137

radiação Hawking *ver* buracos negros: radiação dos

radiação vestigial: medição da, 256-7; na teoria do "Big Bang", 241, 243-4, 249, 256-7

radioastronomia: Chandra e, 136; desenvolvimento da, 135-6, 140; e a cosmologia, 135-6, 140; e a Via Láctea, 135-7; e relatividade geral, 315; Gold e a, 142; Lovell e a, 135-6; Pawsey e a, 135-6; Ryle e a, 135-6

radioestrelas, 139, 161, 163, 164, 182; *ver também* quasares; radiofontes

radiofontes: buracos negros como, 185; distribuição das, 136-8, 140; efeito do desvio para o vermelho e as, 160, 177; Lovell e as, 159; Mills e as, 140; natureza física das, 159-61, 163; Reber e as, 137, 159; Ryle e as, 139, 140, 159, 181; Schmidt e as, 160, 163, 307; Slee e as, 140; *ver também* quasares

radiotelescópio, 142, 181; Reber inventa, 136

raios x, 185-8, 221, 302, 304

Reber, Grote: e as radiofontes, 137, 159; "Estática cósmica", 136-7; inventa o radiotelescópio, 136

redes de *spin*, 274-5

Rees, Martin, 180, 198; e a teoria do "Big Bang", 237; e as ondas gravitacionais, 218; e os buracos negros, 189, 237, 302, 304; e quasares, 186; e teoria do estado estacionário, 178; fala de cosmologia, 237

referencial inercial, sistema de, 23

"Reflexões sobre progresso, coexistência pacífica e liberdade intelectual" (Sakharov), 290

"Relação entre distância e velocidade radial nas nebulosas extragaláticas, Uma" (Hubble), 71

relatividade especial: física quântica e, 193-4; princípios básicos da, 83, 89, 193; Silberstein e, 10

relatividade geral: a teoria do "Big Bang" e a, 291; Bekenstein e modificações à, 294, 298; Bondi e a, 142, 168, 213; buracos negros e a, 167, 175, 185, 188, 279, 304; como a "teoria perfeita", 13, 287; como conceito científico chave, 314; como ortodoxia, 285-6, 288; Dicke e a, 159, 240, 287; dificuldade em entender, 53; Dirac e modificações na, 294, 298; Dyson fala da, 121; e a evolução do universo, 54, 59-61, 63-4; e a matéria escura, 293; e a origem do universo, 72-6; e a teoria das cordas, 16; e missões de satélite, 300-2; e o materialismo dialético, 107-8; e ondas gravitacionais, 231; e previsibilidade, 158; Eddington difunde, 40, 46, 51, 56, 81, 100, 126; efeitos sobre astronomia, 54; efeitos sobre espaço-tempo, 25, 45, 147, 153, 167-9, 174, 211, 224, 244, 268, 275; Ellis e a,

370

311; equações de campo de *ver* equações de campo; estrelas de nêutrons e, 221; evidência observacional da, 34, 46-9, 51, 63-4, 68, 84, 97, 104, 118, 159, 240, 289, 297-8, 302, 312-4; Feynman e a, 156, 158; física newtoniana e a, 37, 45; física quântica e, 74, 78-9, 117, 121, 124, 149, 191, 201, 208, 264, 268-9, 286, 292; galáxias na, 242, 297; Gödel e a, 113, 116, 118-9; Gold fala da, 166; Goudsmit e a, 121; gravidade na, 25, 29, 38, 43-5, 55, 199, 201, 285, 297; Hawking e a, 311; Lemaître difunde, 63, 108; Lenard opõe-se à, 105; limitações da, 281-2, 293, 301; na União Soviética, 107-9, 171, 173-4, 309; Oppenheimer e a, 93, 95, 97, 119-20; Peebles fala de, 292; Penrose e, 167-70, 311; princípios básicos da, 23, 25, 147; propostas de modificação à, 283-6, 288, 294-5, 297; quasares e, 164-5, 177, 188; radioastronomia e, 315; Sakharov e as modificações à, 290; Schild e a, 162; Stark opõe-se à, 105; teoria tensor-vetor-escalar e, 296; Weinberg e, 304; Wheeler e, 121, 144-7, 149-50, 157, 183, 282; Zel'dovich e, 183

relatividade numérica, 227-8, 232

Riemann, Bernhard: e a geometria não euclidiana, 37, 43- 4, 46, 111-2

Riess, Adam: ganha prêmio Nobel, 259

Robertson, H. P., 119

Rosen, Nathan, 213

Rovelli, Carlo: e a gravidade quântica, 274, 280

Royal Astronomical Society, 9, 41, 50, 90, 137, 141, 285, 312

Rubin, Vera, 295; e a galáxia de Andrômeda, 249

Ruffini, Remo, 187

Russell, Bertrand, 40; e o teorema da incompletude, 116

Rutherford, Ernest, 40

Ryle, Martin: ataca teoria do estado estacionário, 137-8, 140-1, 169, 177; e a radioastronomia, 135-6; e as radiofontes, 139-40, 159, 181; e Hoyle, 138; e pesquisa do radar, 134, 137; formação de, 134; ganha prêmio Nobel, 143, 183

Sachs, Rainer: e a teoria do "Big Bang", 243

Sagan, Carl, 10

Sakharov, Andrei: e a cosmologia, 288-9; e a gravidade, 289; e as equações de campo, 289; e modificações à relatividade geral, 290; e o espaço-tempo, 288-9; formação de, 288; "Reflexões sobre progresso, coexistência pacífica e liberdade intelectual", 290; Zel'dovich e, 288-90

Salam, Abdus, 199; e a força eletrofraca, 197; e o modelo padrão, 199, 272

Salpeter, Edwin, 185

satélites/missões satelitais: relatividade geral e, 300-1

Schild, Alfred, 299; formação de, 162; funda o Centro da Relatividade, 162

Schmidt, Brian: e a constante cosmológica, 259; ganha prêmio Nobel, 259

Schmidt, Maarten: e as radiofontes, 160, 163, 307

Schrödinger, Erwin, 11; e a física quântica, 86, 88, 112, 145, 168, 268; foge da Alemanha, 106; *Space-Time Structure*, 168

Schutz, Bernard, 219, 235

Schwartz, John: e a teoria das cordas, 270, 278

Schwarzschild, Karl, 81, 158; descobre buracos negros, 80-1, 100, 113, 184-5; e Einstein, 79-81; e os efeitos da gravidade sobre o espaço-tempo, 79-80, 96; Eddington fala de, 79; na Primeira Guerra Mundial, 79; "O efeito do vento e da densidade do ar na trajetória de projéteis", 79; soluciona equações de campo, 79-82, 84, 92, 96-7, 100, 103, 119, 170, 176, 188; "superfície Schwarzschild", 80, 96, 168-9, 184, 202, 306

Schwinger, Julian: e a eletrodinâmica quântica, 195, 198

Sciama, Dennis, 171, 186, 193, 198-9, 207; aceita a teoria do "Big Bang", 177-8; e a teoria do estado estacionário, 168, 177; e as ondas gravitacionais, 218; e Dirac, 169; e Hawking, 180, 202; e os buracos negros, 207; e os quasares, 177, 186; formação de, 168-9

Seaborg, Glenn: descobre o plutônio, 99

Segunda Guerra Mundial: desenvolvimento do radar na, 128, 134; física nuclear avança na, 99; início da, 97

Serber, Robert, 95

Silberstein, Ludwik: e a relatividade especial, 10

Silk, Joseph: e a estrutura de larga escala, 255; e a teoria do "Big Bang", 243, 248, 256

Simpósio de Oxford sobre Gravidade Quântica (1974), 200, 269

Simpósios Texanos de Astrofísica Relativista, 163-4, 166-7, 171, 181, 189-90, 221, 299, 307

Sirius B (estrela anã branca), 84, 88

SKA (Square Kilometer Array), 315

Slee, Bruce: e radiofontes, 140

Slipher, Vesto: mede o efeito do desvio para o vermelho, 66-9, 71, 85, 117

Smarr, Larry: e buracos negros, 226, 228

Smolin, Lee: e a gravidade quântica, 273-4, 277, 280; fala sobre teoria das cordas, 277

Smoot, George: e o COBE, 256; ganha prêmio Nobel, 256

Snyder, Hartland: e buracos negros, 78-80, 99, 169, 174; e evolução e declínio das estrelas, 96-7, 100, 113, 120, 146, 164

"Sobre a curvatura do espaço" (Friedmann), 59

"Sobre o princípio da relatividade e suas implicações" (Einstein), 22, 31

"Sobre uma nova determinação das dimensões moleculares" (Einstein), 21

Sommerfeld, Arnold, 87

Space-Time Structure (Schrödinger), 168

Spergel, David: e a constante cosmológica, 255; fala sobre cosmologia, 238

Stálin,Ióssif, 15, 95, 107, 109, 288; e o projeto da bomba atômica soviética, 172-3; "Materialismo dialético e histórico", 107

Stark, Johannes, 22; ataca Heisenberg, 105; opõe-se à relatividade geral, 105

Starobinsky, Alexei, 205

Stars and Atoms (Eddington), 127

Steinhardt, Paul: e a constante cosmológica, 254-5

Stern, Otto, 33

Strominger, Andrew: e a teoria das cordas, 270, 280

Sunyaev, Rashid, 256

"superfície Schwarzschild", 80, 96, 168-9, 184, 202, 306

super-radiância de Penrose, 205

supersimetria: Hawking e a, 265, 276

Taylor Jr., Joseph, 183; e as estrelas de nêutrons, 221-2, 224

"teia cósmica", 246, 302

Telescópio do Horizonte de Evento, 306

Telescópio Espacial Hubble, 258, 300

Teller, Edward, 99, 146, 226

tensor-vetor-escalar da gravidade (TeVeS), teoria: Bekenstein e, 296; e a relatividade geral, 296

teoria especial da relatividade *ver* relatividade especial

teoria geral da relatividade *ver* relatividade geral

termodinâmica, segunda lei da, 203-4

Thomson, J. J., 40, 51

Thorne, Kip, 148, 167; e as ondas gravitacionais, 230, 232, 235; e os buracos negros, 187-9, 304

Tomonaga, Sin-Itiro: e a eletrodinâmica quântica, 195

Townes, Charles: ganha prêmio Nobel, 222

Turner, Herbert, 41

Turner, Michael: e a constante cosmológica, 255; fala de cosmologia, 239

Tyson, Tony: fala de ondas gravitacionais, 231

Uhuru (satélite), 187

União Astronômica Internacional, 70, 292, 295, 312

União Soviética: desenvolve bomba atômica, 109, 171, 173, 288-9; física quântica na, 109-10; físicos perseguidos na, 110; relatividade geral na, 107-9, 171, 173-4, 309

unificada, teoria: CERN e a, 197, 200; Dirac e a, 192-3; Eddington e a, 126, 192, 286; Einstein em busca da, 110-1, 113, 126, 157, 192, 285-6; eletrodinâmica quântica e, 195, 197, 201; eletromagnetismo na, 111, 195, 197; equações de campo na, 112; força eletrofraca na, 197-8; força forte e força fraca na, 196-8; geometria do espaço-tempo na, 111; gravidade na, 196; modelo do universo inflacionário na, 247

Universidade Alemã Charles-Ferdinand (Praga): Einstein como professor da, 32

Universidade de Berna: Einstein como professor convidado da, 32

Universidade de Zurique: Einstein como professor da, 32

universo: De Sitter e a idade do, 130; distribuição de energia e matéria no, 53, 59, 117; distribuição de radiofontes no, 136-8; evolução do,

373

125, 130, 242, 244, 247; modelo CDM do, 251-5, 257; modelo da concordância, 259, 261; modelo da expansão, 55-6, 59-60, 63-5, 67, 70-3, 75-6, 79, 109, 129, 131-3, 139, 242; modelo estático do, 54, 59-61, 63, 75, 132; modelo inflacionário do, 247-8, 253-4; rotação proposta do, 118; teorias sobre origem do, 72-3, 75-6, 130-1, 178
Urano: órbita de, 26

Vafa, Cumrun: e a teoria das cordas, 280
Vaucouleurs, Gérard de, 245
Via Láctea, galáxia, 54, 69; buraco negro no centro da, 305-6; como fonte de ondas gravitacionais, 217-8; radioastronomia e a, 135-7
viagens no tempo: Gödel e, 118
Volkoff, George, 95-6
Von Neumann, John, 43, 99, 102, 116
Vulcano: como planeta teórico, 28, 293

Weber, Joseph: barras de Weber, 214, 217, 223; Dyson e, 234; e interferometria laser, 222; formação e personalidade de, 213, 234; metodologia experimental questionada, 216-8, 220; procura ondas gravitacionais, 210-18, 220, 222, 224, 234-5
Weinberg, Steven, 200, 291; e a força eletrofraca, 197; e a relatividade geral, 304; e o modelo padrão, 199, 272, 304; *Gravitation and Cosmology*, 304
Weiss, Rainer, 230, 236

Weyl, Hermann, 11, 43, 65, 102, 120, 287; e o modelo do universo em expansão, 64, 68, 70
Wheeler, John Archibald, 97, 170, 187, 199, 203, 214, 239, 294, 307; cria "wheelerismos", 144, 147-8, 304; e a evolução e declínio das estrelas, 165, 176, 180, 239; e a física nuclear, 144, 149, 172; e a física quântica, 145, 281; e a relatividade geral, 121, 144-50, 157, 183, 282; e De-Witt, 268; e Feynman, 146; e o Projeto Manhattan, 146; e os abordagem canônica do espaço-tempo, 268, 273, 276; e os buracos de minhoca, 147; e os buracos negros, 144, 148, 165, 167, 174, 186, 188, 208, 239, 304; faz experimentos mentais, 147; formação de, 145, 155; personalidade de, 145-6
Wheeler, John Archibald, Charles Misner & Kip Thorne: *Gravitation*, 304
Wheeler-DeWitt, equação de, 268, 274, 276
White, Simon: e a constante cosmológica, 254; e a formação das galáxias, 251
Whitehead, Alfred North & Bertrand Russell: *Principia Mathematica*, 40
Wilson, Robert: e a teoria do "Big Bang", 178, 180, 241, 243; ganha prêmio Nobel, 241
Witten, Edward, 291; e a teoria das cordas, 270, 281, 311
Wittgenstein, Ludwig: e o teorema da incompletude, 116
Woit, Peter: e a gravidade quântica, 277

Wolfe, Arthur: e a teoria do "Big Bang", 243

World Wide Web, 228

Yerkes, Observatório (Chicago), 91

Yu, Jer: e a evolução do universo, 244, 249

Zel'dovich, Yakov: e a constante cosmológica, 253, 260-1; e a estrutura de larga escala, 255; e a física nuclear, 172-3; e a relatividade geral, 183; e a teoria do "Big Bang", 243, 247-8, 256; e os buracos negros, 184-6, 189, 205, 302, 304-5; e Sakharov, 288, 290

Zermelo, Ernst, 43

Zwicky, Fritz: e as galáxias, 245, 250

ESTA OBRA FOI COMPOSTA EM MINION PELO ACQUA ESTÚDIO E IMPRESSA
PELA RR DONNELLEY EM OFSETE SOBRE PAPEL PÓLEN SOFT DA SUZANO
PAPEL E CELULOSE PARA A EDITORA SCHWARCZ EM FEVEREIRO DE 2017

A marca FSC® é a garantia de que a madeira utilizada na fabricação do papel deste livro provém de florestas que foram gerenciadas de maneira ambientalmente correta, socialmente justa e economicamente viável, além de outras fontes de origem controlada.